丹尼斯・唐肯 & 亞當・史密斯（Dennis Duncan & Adam Smyth）編
韓絜光 譯

如何做

一本書

BOOK

書中的每個小地方都有存在的用意，了解書的架構，重新認識一本書

PARTS

謹獻給

Philippa Jevons（索引專員）、Marten Sealby（封面設計）、
Dawn Preston（審稿專員）、Anna Scully（字體設計）、
SPi 排版設計團隊、Jacqueline Norton（資深組稿編輯）、
Aimee Wright（資深助理組稿編輯）、
Catherine Owen 與 John Smallman（編輯助理）、
Elakkia Bharathi（專案經理）、Jack Lynch（封底文案作者）、
Stephen Orgel（讀者二號），以及不具名的讀者一號。

❀ 目錄 ❀

第十三章　題　辭　175

題辭最早出現的地方是建築物，而不是書。至少可以說，這個名詞最初為人使用時，指的是建築物、紀念碑、石柱、銅匾上永久銘刻的文字。要到 19世紀，這個名詞才固定指稱印在文本開頭的摘錄或引文，可當作參考點、詮釋方向、範例或反例，引導讀者閱讀文本。

第十四章　舞台指示　187

為表演者或讀者所寫的簡短實用指示，多以不純正的拉丁語寫成，作者不明，通常出現在印刷劇本的開頭、結尾，或散見於其間。「舞台指示」一詞是詩人兼編輯亞歷山大‧波普和劇作家兼編輯路易斯‧西奧巴德兩人，對莎士比亞劇作《亨利五世》中的一句話有歧見，在爭論過程中所創的名詞。

第十五章　逐頁題名（書眉）　201

位於每頁上方的一行字，通常由頁碼、幾格空白，以及能指明書名的幾個字組成，描述該章節或該頁的內容，也／或會寫出作者姓名。而構成頁頭標題的詞彙經常被稱為逐頁題名，兩千年多來一直是書頁設計的固有特徵。早在久遠以前，已為希望按圖索驥或解讀各種書籍內容的讀者提供「情報」。

第十六章　木刻版畫　219

手壓印刷時期，木刻版畫作為書的構成元素，最常見者是與文字一起印在頁面上的圖形花樣。除了書中插畫和圖飾以外，木刻圖也被用於製作書的封面圖案，待書名頁成為印刷書的特徵後，書名頁的印製可能完全使用木刻版；也可能配合每一本新書，將金屬活字與木刻圖畫或圖飾，或木刻鑲框一起排進需要的版面裡。

第十七章　金屬雕版　231

對傳達詳細視覺資訊的書籍插畫來說，金屬雕版可為讀者和觀賞者提供一定程度以上的細緻、精確和圖形密度，是其木刻近親罕能企及的。世界地圖、天文圖表、解剖圖解，以及動植物的圖畫紀錄，都仰賴雕版師傅在平面上創造的繽紛效果，也需要雕版圖畫書作為載體交易販售。

第十八章　註　腳　245

提供一種親密的中介形式，帶領讀者走近一個衍生自大量參考來源、並保存於印刷書中的有形知識群體。

第十九章　勘誤表

勘誤表，或稱「究責」頁，就是訂正錯誤的機制之一，其他還有如套印、蓋印、手寫騰改、蝕改、劃銷、貼上插頁等等。

第二十章　索　引

目錄是依照文本出現的順序揭示整體架構，索引的主要作用機制則決定於人為。索引的首要創新之處，在於填補了作品結構與目錄架構之間的空缺。索引的排序考慮的是讀者，而非文本——只要知道自己想查什麼，字母排序提供了一個獨立於文本之外的通用系統供你查找。

第二十一章　封裡頁

精裝書的封裡頁和書中文字沒有關聯，但確實能讓人在好心情之中展書閱讀，有審美功能。在手工裝幀中，封裡頁的基本用途，是承受翻開書封時的拉力，否則拉力會作用在書本起始和末尾的區塊或頁紙上。這對書的封面和起始的區塊或頁紙來說格外重要。

第二十二章　出版品封套廣告

出版品封套廣告是屬於當代的一種行銷工具，敘述的語調、內容、角色都是在對特定讀者說話，以最能有效打動預設買主的方式包裝文本。作為一種為吸引潛在顧客而生的書寫形式，出版品封套廣告既是邀請函也是介紹信。

花飾圖案說明：本書使用的花飾是 FCaslon Ornament 或 Adobe Caslon Pro；分隔段落的書本圖案則是 Anna Scully 繪圖。

第一章

序，以及前言、導讀、緒論、簡介

丹尼斯・唐肯與亞當・史密斯

我們問維尼序的相反是什麼，他說「什麼的什麼？」我們原本希望他幫得上忙，結果他沒幫上多少。幸好貓頭鷹腦筋還清醒，告訴我們說，親愛的維尼，序的相反就是自相矛盾啊。

——《小熊維尼和老灰驢的家》，米恩（A. A. Milne）

這篇序（introduction）將如米恩所述，是個矛盾的命題，但我們希望還不至於淪為序的相反。我們在這裡要小心平衡兩件事，一是替名為「序」的書本構件寫一段歷史介紹，二是同時為**書本構件**的歷史寫一篇序。可以說，這篇序既是書本體的一環，但又跳脫出來，從外部凝視這個環節。挺像奇書《項迪傳》（*The Life and Opinions of Tristram Shandy, Gentleman*, 1761）第五卷第十章所述的：「此乃我的章外之章，」崔斯坦宣告：「我保證睡前寫完。」[1] 序是自相矛盾的體裁，出現在主文本之前，但往往在文本完成後才寫成（你眼前這章也是）。序為接下來的作品框定架構，但光憑序這個詞，並不能分辨給定框架是作者或另有其人——可能是編輯，也可能是文壇名人（比如，艾略特〔T.S. Eliot〕為推理小說《月光石》〔*The Moonstone*〕作序，塞爾夫〔Will Self〕為《啟示錄》作序）。[2] 如果不是作者自己寫的序，其定位便顯得曖昧不明，一方面它是所介紹文本的補充，但它對定下解讀基調也有關鍵作用；換言之，序是自謙的文章，但也是具有主導力的文章。有些書本構件是單純的操作步驟，比如按下按鍵，文件從頭到尾就會自動出現頁碼（pagination），不必由誰多插手。但也有一些構件是人創造的，是某個人寫的，只是作者不會署名。例如法律顧問不會替版權頁署名，索引頁也不會標明索引員是誰。序就不同了。我們只有在封底出版品封套廣告才會看到像序一樣，有不是作者本人且身分明確的聲音出現；而且一如封底出版品封套廣告，序也會告訴我們應該如何思考手上這本書。序是一個特異的空間，允許別人，允許某個具名的干涉

者，先開口說話。

（編註：受限於原書的敘述，本文將 introduction 的中文以「序」泛稱之，但較精準的譯文宜為：foreword 是非作者的他人所寫，即中文書的「序」；preface 是作者所寫，即中文書的「代序」；introduction 則意為「引言、前言、導言、緒論、簡介」，是內容的簡介，通常視為正文的一部分。）

　　序該不該讀呢？或許應該留待最後，因為說不定會預先揭露情節。通篇由序文構成的法國實驗小說《無神論者》（*L'Organiste Athée*, 1964）就指出，讀者習慣把序文視為可有可無的材料。的確，序往往已經先在頁面上表明自己的從屬角色，頁碼使用羅馬數字，以免干擾主文本的排序。另一方面，當讀者不確定該不該投入心力閱讀接下來的作品時，序也能當作招徠讀者的廣告。18 世紀初法國文學家阿貢內（Bonaventure d'Argonne）描述的就是這種例子：「義大利人把書首的作者序稱為『書的調味料』（la salsa del libro）。」一篇好的序，效果確實如同美味醬汁，能促進食慾，令讀者等不及大快朵頤這本書。[3]

　　「據我觀察，」作家艾薩克・狄斯雷利（Isaac D'Israeli）針對序言寫道：「普通讀者習慣跳過這些短小精巧的文章。」兩個世紀後，電子書閱讀器往往仍會跳過副文本，直接降落在主文本的第一頁。[4]但既然你都已經讀到這裡了，想必不是普通讀者，所以我們接著就想用一篇序文來介紹這本書。書籍史研究領域與日成長，這本書半途介入，用意是想介紹通常構成一本實體書的各項要素的歷史沿革。希望讀者不只把書看成一個固定的整體，也能發現書是個別組件的集合排列，每一個組件各有獨有的傳統和歷史，與主文本有不同的互動關係，每一個也都是耗費不同類型心力的產物。這本書嘗試從分門別類拆解構造的角度來思考及書寫一本「書」。就像愛德蒙・史賓塞（Edmund Spencer）在《婚曲》（*Epithalamion*, 1595）一詩中描述：「她美麗的雙眼輝燦如藍寶石／額頭白若象牙／臉頰蘋果般紅潤。」

本書也嘗試將一個整體（在這裡是一本書）拆分為一連串的構件，各自受到詳盡的觀察、分析，甚或推崇。把完整的一本書拆解開來，以便更清楚檢視各部分的作用和歷史演變。換言之，這是解剖學之下的書籍史，換個比喻，可以把書想像成原子的群集，每個推擠的原子各司其職，而不只是書目中一個既有的存在。借用愛爾蘭詩人路易斯‧麥克尼斯（Louis MacNeice）的話，我們把書當作「不可改的複數」＊來閱讀。[5]

　　本書共有二十二章，分別介紹實體書中的某一構件，依照從頭閱讀到尾會遇到的順序排列，始自書衣，止於出版品封套廣告。每一章都很短，以免過度延伸，強作歷史定論。我們希望呈現的是，生動分析各個構件在什麼時代嶄露頭角並固定下來（書衣是 19 世紀，勘誤表是 16 世紀），但也會看看較晚近的實例，有時還會溯及更早的例子。由於 15 世紀末到 17 世紀，印刷術的文化地位升高，以近代時期作品為例的很多，但也有些作者發現其他值得關注的時代。各章主要都聚焦於單一時代，但也會回顧長期演進。我們希望讀者得以透過新的視角，重新認識「書」這個我們自認為知之甚詳的物件，並從中獲得些許樂趣。[6] 我們討論的地域範圍大抵聚焦於英國，但也不時會提到其他國族的書籍文化。我們盡可能在詳確（書籍的自然狀態）與廣博（書籍史研究目前的走向）之間取得平衡。

　　以副文本（paratext）為題的研究，現已是書籍史的重要特徵。[7]這方面的研究發想有很多借鑑自法國學者吉奈特（Gérard Genette）的著作 Seulis，該書出版於 1987 年，1997 年英譯為《副文本》（Paratext）。[8] 法語原書名的意思是**門檻**，這個書名提醒我們，副文本是位居邊緣的工具。該書共二十二章，只有討論舞台指示和插畫的那幾章所關注的副文本與主文本共享同一個空間。副文本顧名思義是

＊ 譯註：incorrigibly plural，出自麥克尼斯的詩作〈雪〉（Snow）。詩人以此形容世界千姿萬貌，細膩而豐富，一如剝開橘子後片片多汁的橘瓣。

邊緣的體裁。不論位置在頁面邊緣或書首書尾，副文本就像中世紀宗教評論的註解一樣環繞著主文本（**彩圖1**）。被頁碼、檢索關鍵字、引言、索引、封裡頁包圍的主文本——作者志得意滿地交付給印刷商的手稿，或如今日交給出版社編輯的 Word 檔，只是書籍成品的一環而已。討論副文本，將之從邊緣召回，推上舞台中心，為的是提醒我們，沒有哪一本書是大名印在封面的作者單獨一人的作品。倒不如說，每本書都是一連串傳統與合作總和得出的結果。例如說到書衣，書誌學家查爾斯‧霍根（Charles Beecher Hogan）就霸氣地宣告：「那是一張與作者分毫無關的包裝紙。」[9]討論副文本也是在提醒我們，一本書並非所有內容都是為我們這些讀者寫的。有些部分專為其他人而做，比如裝幀師、圖書館員、律師——書的這些部分如果製作得宜，作用就像劇場提詞人一樣，能不著痕跡地對目標對象悄聲耳語，而不被觀眾聽見。

　　吉奈特的著作設想周到，關注書籍概念上的與實質上的邊緣，是使副文本研究衍生成一門學問的催化功臣，但仍不免有其局限。特別是書中焦點幾乎僅放在 19 與 20 世紀小說，因此缺少歷史、文類、取材的廣度。雖然副文本的概念在本書十分重要，但本書書名也暗示著另一個不同的重要研究取向，反映我們對衡量材料形式和文類所投入的心力。我們討論的書本構件，既包含文學傳統下的寫作文類，也包含構成一本書的具體組件，例如出版以後才黏上去的勘誤表，或書衣包裝，或手工增刪的索引。

　　話雖如此，本書根本上關注的不是書的構造或設計。所以不會有章節討論裝訂、紙材乃至於字型（況且這些主題在學術界已經有無數優秀且詳盡的論述）。[10]以手抄本為範例的書本結構在某幾章有些許討論，因為像是卷首尾空白頁或書衣的功能和外觀，假如不提未免罔顧常情。但大抵來說，本書主要關注的仍是文字與圖像。同時有必要說明在先，本書所指的「書」是嚴格定義上的紙本書。現行許多書籍史研究離開書誌學對西方手抄本歷史的關注，將目光投向對閱讀方法

及書寫材料的全球化研究，範圍涵蓋從羊皮卷軸與泥板竹簡，到貝殼與獸骨上的銘文。確實，我們會提到的一兩種副文本，例如目錄或題辭，源頭的確可追溯到卷軸的時代。但我們之所以彙編後續各章，是為了描述你現在手上可能正捧著的那種書──現代正統的紙本書（無意冒犯電子書），以及紙本書可拆解成的各個構件，包括出版業界所說的「前文」（front matter）和「後文」（back matter），還有像是頁碼和插圖等等不太能夠納入廣泛分類的幾種額外元素。可做的研究還很多，難以一舉而竟全功。即使我們用粗泛的標題盡可能網羅內容，有些讀者還是會覺得有漏網之魚（是不是應該多加一章討論縮寫表？註解呢？傳統會插入書中保護附圖的薄頁紙呢？）有些全球書籍史專業的讀者也可能會注意到，假如能把網撒向西方紙本書以外，也許可免於某些疏忽。我們希望眾家學者會受到鼓舞，接下戰帖，把我們不熟悉的書本構件的故事也寫出來，從各方面剖析一本書。

❦📖❦

是著作的介紹，或宴席的菜單。
亨利・菲爾汀（Henry Fielding），
《湯姆・瓊斯》（Tom Jones, 1749）I. I. i. I.

　　前言、獻辭、序文、文註、導讀、引言、緒言、前文、緒論──不論我們把出現在主文本前的各種文章，當成是延遲機制也好，是賣力延遲（並因此換得）閱讀樂趣的小苦差事也罷；是建立脈絡規範讀者閱讀方式的強制力，是讓正文更充分更正當的補遺，又或是協助讀者適應手中作品呈現之新觀點的集體環境，總而言之別的不談，序的歷史是特定一種前言形式，從眾多形式紛雜的總匯濃湯中脫穎而出的故事。

　　序與本書另外還會討論的其他前文（梅根・布朗論致讀者信，海

倫・史密斯論謝辭與獻辭），彼此之間的界線往往模糊不明。即使我們想提出一條普遍適用的規則，例如假設前言是書的作者所寫，序則是他人所作？歷史也不會支持我們。菲利蒙・霍蘭德（Philemon Holland）翻譯古羅馬作家老普林尼（Pliny the Elder）的著作，有兩個部分標示為「前言」，一個是老普林尼原來寫的，一個則是霍蘭德後來所作，這個例子全然無視我們設法劃分的界線。[11]18世紀初，史奎布勒流斯讀書會（Scriblerus Club）能言善辯的成員把焦點投向前言時，對經典再版時由評論者增補的序言，與原作者本人寫的序言，也未加以區分。例如約翰・德萊頓（John Dryden）為其詩作寫的序。

1526年，寫作於流亡途中的威廉・廷道爾（William Tyndall），則是兩邊都下了注。他評註《保羅致羅馬人書》（*Epistle to the Romans*，又譯為《羅馬書》），書名頁稱這部作品是「簡明扼要的序、前言或緒論」。[12]然而書中的逐頁題名（書眉）則摒棄其他名詞，定調為序——這算是排版人員初步嘗試定義文類嗎？廷道爾的原文也具有許多現代「序」的特徵（雖然書中實際並未收錄序中述及的文本，頗有點波赫士〔Borges〕風格）。廷道爾後來翻譯《約拿書》，再度用上「序」一詞，這次正文終於忠實承接序。他也延伸註解自己作序的目的，在書名頁寫道：

> 先知約拿之語前，先作介紹以解其教誨，明曉經文正確用法、為何而寫、可求之道理，以及經文當中閱讀者反覆苦讀猶不能解之隱晦深鎖處；亦闡述用何鑰匙可解，使讀者從而得悉真知真義，不受人之曲解或假教義所礙。[13]

用這段話當作標題，確實拗口又冗長。寬容一點或許可替他緩頰那畢竟是古代。但以敘述序文的用意來看，廷道爾這段自述其實相當現代，絕對能引起現今任何一名學術界編輯的共鳴。對作者自詡能闡明所介紹之著作的「真義」，當代的編輯想必頗有微詞，但說到協助讀者了解作品為何而寫，提供用以解讀的鑰匙？從序問世的五百年

來，這幾個目的改變不大。

英語文學史上，序或引言的使用，或可追溯到歷史記載之初。9世紀最後十年，阿佛烈大帝（Alfred the Great）親自翻譯了教宗額我略一世（St Gregory）的著作《牧靈手札》（*Pastoral Care*），並且寫下一篇序──或 fore-spæc，即前言，收錄在書首。序中概述他的翻譯策略（遵照著名公式：時而字譯，時而意譯〔hwilum word be worde, hwilum andgit of andgite〕），也說明當下時空何以迫切需要這本著作。蘇格蘭作家阿拉斯岱爾・格雷（Alasdair Gray）的《序言書》（*The Book of Prefaces*, 2000），用「摘要序」（excerpted prefaces）這個廣義名詞將引言含納在內，提出他所做的編年調查。從 7 世紀中葉的詩人卡德蒙（Caedmon）一路到 20 世紀初的詩人威爾弗雷德・歐文（Wilfred Owen），有些序是著作的原作者所寫，有些則否，不論何者，格雷（與許多副文本寫作者一樣，借建築為比喻）都把序視為「言語堆砌的門檻，幫助讀者脫離平日行走的地面，一窺堂奧」。在格雷看來，序夾在兩股拉力之間，一方面要推銷這本著作，一方面要讓讀者為接下來的閱讀任務做好準備；序「既是廣告也是戰帖」，我們或許可以期待不必看到累贅的修辭。格雷指出他希望讀者閱讀序時可感受到某些「樂趣」，包括「看大作家發脾氣」和觀察「傳記花絮」（「我們發現雪萊在草皮平台上寫作兼曬太陽」「聽作者交談的樂趣」）。[14]

近代的書籍雖然通常附有某種具序言性質的聲明，但大約 1800 年以後出版的書，序往往用於標舉該書的文化意義，乃至於提出該書可列為經典的理由。現代版本的序，則是用來為作品貼上文學評論和機關認可的標籤。從約翰・彌爾頓（John Milton）《失樂園》（*Paradise Lost*）的出版歷史即可看出，「序」被當作文學與圖書的固有要素，這是相對晚近才出現的概念。《失樂園》問世於 1667 年，沒有任何前文素材；1668 年再刷才在正文前增加了 7 頁，包含一篇分別為上下冊所作的「提要」（情節摘要），另有印刷商山繆・西蒙

斯（Samuel Simmons）作序（「為滿足眾多欲一睹為快之人，我千方百計購得本書」），外加彌爾頓為無韻詩寫的辯護，以及一份標題為「勘誤」的 13 處錯誤校正清單。[15]1674 年的第二版將全詩拆為十二卷，而非首版的十卷，並收錄一幅由華特・道爾（Walter Dolle）繪製的彌爾頓雕版畫，以及山繆・巴洛（Samuel Barrow）用拉丁語和安德魯・馬維（Andrew Marvell）用英語寫的頌詩。1688 年則首度嘗試製作插畫版，卷首插畫刊印羅伯・懷特（Robert White）繪製的雕版肖像畫，其後每一卷都有對應的雕版畫。到了 18 世紀，各版詩前漸漸出現連篇累牘的副文本材料。如 1757 年的湯瑪斯・紐頓（Thomas Newton）版，收錄 10 頁給巴斯伯爵的獻辭、一篇介紹文本歷史與編輯理念的「前言」、85 頁的「彌爾頓生平」，以及喬瑟夫・艾迪森（Joseph Addison）的〈評失樂園〉（Critique upon Paradise Lost）。19 世紀後的版本，也延續收錄彌爾頓的生平簡介（有時劃分成傳記事實與對詩人「道德人格」的討論），以及山繆・約翰生（Samuel Johnson）與其他人所作的範評，1821 年約翰・邦普斯（John Bumpus）印行的版本即為一例。以上所述的各個版本均未使用「序」一詞，但序的概念約莫就在此時漸漸為人採用，例如 1874 年大衛・麥森（David Masson）的版本，就在前言中收入「書誌、傳記、評註」材料。麥森版這個做法，突顯現代（即 1800 年後）已知利用序來彙整早期的副文本，讓比較分散的架構變得條理一貫。到了 20 世紀末，新版本若未把卷首的討論統整成一篇「引言」，反倒不尋常。就以 2007 年芭芭拉・勒沃斯基（Barbara Tversky）的版本來說，引言是溫習彌爾頓詩作書寫與出版歷史的空間，並簡單向彌爾頓的生平致意，同時概述文類傳統及詩作多變的歷史脈絡，闡述與其他彌爾頓文本的關聯，斷言詩作所探究的核心問題。以上組成要素的占比會因版本而異，但這些要素的存在和學術性引言的總體結構，已經非常固定。

　　引言也是經典地位的可靠表徵，至少表示該作品有不容小覷的重

要地位。另一個更明確的文化聲望表徵，則是出現獨立於文本以外且長可成書的序言。例如約翰‧布羅德本特（John Broadbent）為校園和大學教學所著的《失樂園序言》（*Paradise Lost: Introduction*, 1972）。近年，即 1980 年代末以來，「賞析」（companion）或「導讀」（guide）等名詞逐漸取而代之，占領這個領域。專門用語的轉變也暗示一種有來有往的教學型態，閱讀一首艱澀的詩作是需要齊心協力之事，布羅德本特以往與讀者之間那種偏向上對下的階層關係如今令人不安。

　　18 世紀初的「古今之爭」（Battle of the Books），可見到正反雙方中自稱「古派」（Ancient）的一方，對學界發明的各種文本裝置大加訕笑。像是《格魯布日記》（*Grub Street Journal*）翻譯法國教士休特（Pierre Daniel Huet）的評論，並大表贊同。休特回顧文學作品少有附加副文本的時代，不勝感慨地說：「古人之作不得不只能閱讀手稿……〔而〕那些功能性的附錄……例如**翻譯、前言、摘要、分章、註釋、評論、索引、文法、詞彙**和學習重點，彼時盡皆罕見。」[16] 休特絮絮叨叨地列舉出眾多書本構件，前言作為其中一項，特別又被該時代多位英格蘭作家挑出來抨擊。亞歷山大‧波普（Alexander Pope）認為前言是智識退化的表現。他在詩作《文丑傳》（*Dunciad*）第一節第 277 行寫著「序曲衰頹為前言」，認為前言是詩歌格律萎縮成散文。[17] 同樣也在《格魯布日記》裡，前言的前身不是序曲，而是另一種副文本：索引。書中主張，在索引移至卷尾後，出版商覺得卷首看上去空空蕩蕩，才因此發明純粹填空用的前言：

> **序言**的發明再如何自詡，也比不上印刷古老。**經典作品**的出版者很少冒險逾越界線，頂多只會略談作者生平及簡列一份**索引**。我看過的 1600 年以前印行的書，索引大多位於**序言**現今所在的位置。但是將**索引**挪至卷末的做法漸興，開始有人覺得書看來太過赤裸，因此用一長串文字填補原本**索引**所

在的空位，但那些文字在那裡既無道理也無意義。[18]

與此同時，喬納森・斯威夫特（Jonathan Swift）則埋怨 18 世紀的讀者對前言若非置之不理，就是過分關注：

令人望而生悲，於今我們這個時代，許多懶惰的讀者打著呵欠，將四、五十頁（當代慣有的）前言和獻辭一翻而過，彷彿那寫的全是拉丁文。但反之也必須承認，我知道有為數可觀的讀者，除了前言一概不讀，便逕行評論，自作聰明。[19]

真的有那麼多人除了前言一概不讀嗎？這個控訴所反映的景象，肯定比狄斯雷利聲稱普通讀者懶得讀引言更慘。我們希望兩者在這本書都不會發生。現代學術引言常用吹捧書中文章的方式收尾，但這麼厚的一本書，要一一總結各章很累人。何況斯威夫特警告過，大意有可能取代原文，也為我們這篇序帶來新的焦慮。所以我們寧可學崔斯坦寫道：「我的章外之章就到這裡」，當機立斷結束這一章，讓我們把目光焦點從菜單移向盛宴。[20]

第二章

書　衣

吉爾・帕丁頓

書衣（dust jacket）如何算是書的一部分？書衣印有書名，因此屬於那一本書，卻仍是個獨立存在且可以分開的實體。書衣是一個特例，是一個分離的部分。書衣與書這種若即若離的奇特關係，正如本章所示，恰是定義書衣的特徵，且可以追溯歷史，回到這個特徵初次出現的時候。書衣確切起源於何時很難判定，在史料記載以前，已經以包裝紙形態存在了很長一段時間，至少從近代早期以來已有讀者用自己變通製作的包裝紙來保護書籍。[21] 書衣也與書盒和硬紙殼有密切關係，後兩者的存在略早於書衣。[22] 無論如何，書衣作為特製的「可拆卸的印刷包裝」，是書籍設計的一項獨特創舉，且顯然是在 1820 年代，因應書商裝訂出版的來臨才出現的。[23] 在此之前販售的書，要不是未裝訂，就是只有暫時的封面，有待買主自行選擇裝訂方式。而今出版的書，有永久的布面裝訂已是標準規格。[24] 書商深切盼望裝訂書能以完好的狀態擺入顧客的書架，因此開始會用紙套包裝新書。

不過，書衣在這段時期的歷史證據很罕見。最古老書衣的殊榮，多年來一直封給一張不單與書分離、還遺失不見的書衣。這本書是查爾斯・希斯（Charles Heath）彙編的《紀念冊》（*The Keepsake*），1833 年出版的文學年鑑。將近一個世紀後，古物研究家約翰・卡特（John Carter）鑑定該書是最早有訂製紙套包裝的書籍標本。但 1951 年，這本珍貴書籍送往牛津波德利圖書館向藏書家學會展出時，它最出名的特徵不知何故竟脫離書本且不知去向。[25] 波浪紋緞面裝訂的《紀念冊》本體，現仍收藏於波德利圖書館，但書衣的下落依舊成謎。雖然消失不見，但它最古老書衣的紀錄仍維持了半個世紀。如此怪異的情況後來總算部分獲得解決。相關人員設法尋找《紀念冊》消失的書衣時，不意發現了另一張更古老的書衣。隸屬於另一本名為《友誼餽贈》（*Friendship's Offering*）的文學年鑑，出版於 1829 年，目前仍公認是最早的標本。這張書衣同樣也與書分離，幸而這一次是收藏在不同地點，悉心保存在一個獨立標籤下。[26]

不過早期這些文物，不全然是現代意義下的書衣。仔細看看《友誼饋贈》的外封皮，以及遺失的《紀念冊》書衣留下的照片紀錄，兩者都是全包封套。觀察書名文字的位置及摺痕和褪色的分布，顯見兩者原本都是完全包住整本書，前者甚至加上蠟封。根據馬克・戈伯恩（Mark Godburn）所述，兩者與禮物包裝紙雷同並非巧合，因為書名即已暗示，像《紀念冊》和《友誼饋贈》這樣的文學年鑑，原意就是送禮用書。蠟封包裝能吸引讀者把紙撕開，而這些外包裝紙幾乎全都「會在購買者拆開之後遭破壞或丟棄」。[27] 但這兩個特例託當年讀者之福得以保留下來，其中《紀念冊》的書衣很明顯曾沿著裝訂重新摺過，用以增加一層外皮。這張早期的臨時書衣，不只彰顯 19 世紀愛書人的聰明巧思，也突顯這件物品自誕生之初就存在的矛盾。書衣經重複使用而令人費解的摺疊與使用痕跡，直指其根本上的不確定性：書衣到底是什麼，是可丟棄的包裝紙？還是書不可缺少的一部分？

　　書商的確可能認定，一旦書本收進書架，這些封裝紙就會被丟棄，但讀者看來並不那麼肯定。最明顯的證據是，假如丟棄書衣被視為理所當然，現在也不會留下任何例子。封裝紙最後轉變成現代的書衣，有摺口摺進封面內側，也許部分為的是跟上某些讀者的習慣。這些讀者沒有丟掉包裝紙，反而已經曉得加以利用。當時甚至有一些「複合式」包裝的例子，包裝紙上印有虛線和裁切摺紙教學，讀者希望的話，能把包裝紙沿裝訂摺成書衣。例如約翰・惠洛克（John E. Wheelock）的《尋金記》（In Search of Gold）即印有「沿此線裁切可用包裝紙做書套」的使用說明，顯見封裝紙不只是現代摺口式書衣的前身，兩者之間甚至有多多少少的混種。[28] 話雖如此，從封裝紙過渡到現代書衣也非無縫接軌，因為以我們所謂的「材料預設用途」來說，兩者功能並不相同。訂製摺口書衣不必撕開，允許書本在外衣原封不動的狀態下仍可閱讀。書衣暗示著或至少允許了更大程度的永久保存。但隨著書衣在 1860 年代以後成為常態，書衣與書的關係又迎來一組新的問題。[29]

琳瑯滿目的不同設計和開本，可見出版界就連對書籍最基本的特徵，從一開始就沒有共識。路易斯・卡羅（Lewis Carroll）特別要求將書名印在書衣的書脊上，便足可為證，那在當時還不是常見的做法。卡羅對自己書作的實體樣貌別有興趣。1870 年代中期，他致信出版商麥克米倫（Macmillan Publishers Ltd.），詳細說明即將出版的《獵鯊記》（*Hunting of the Snark*, 1876）一書應如何編排。他認為在書衣的書脊印上書名，「書可以豎於書攤，書衣不必被拆下，可以維持比較乾淨也比較賣得出去的狀態。」[30] 卡羅的介入說明在維多利亞時代的倫敦，書籍受煤煙和塵垢汙染的程度，在街頭眾多書攤擺賣時尤其嚴重。此外也顯見當時認為摺口書衣比封裝紙更可丟棄而不足惜，因為書衣往往**更早**就被丟了。書販習慣拆去書衣，認為會妨礙陳列，也難快速辨認書籍。出版商把書衣當作書的一部分印行，但顧客可能很少實際看到書衣。

　　19 世紀末，情況有了轉變。書背和正面都印上書名成為常規，加上其他發展也顯示書販開始會保留書衣不再丟棄。過去大多留白的保護層，漸漸填滿文字和插畫。書衣現在除了會標註售價和可選擇的各種裝訂方式（買主有時可選擇使用比較便宜的「光面紙板」或比較昂貴奢華的布面），也會大聲宣傳該書的購買人氣：「售出五萬冊！」書衣成為廣告推薦和名人背書的版面（出版品封套廣告「blurb」一詞約也在此時出現，給了新類型的書衣文字一個名字，見本書第二十二章的討論）。這類書衣不只能推銷所包裝的書，也能用來推銷同一出版商發行的其他書籍。書商的出版書目雖也會出現於包裝紙，但摺口書衣推銷得更激烈。1883 年，威廉・吉布森（William Hamilton Gibson）的《大路與小路》（*Highways and Byways*）由哈潑兄弟（Harper Brothers）出版，書衣沒印上書名，反而翻印了一篇對同作者另一本著作的辛辣書評。書評印成密密麻麻、水平排列的兩個長欄，包在書的外層，不像書衣，更像獨立的單面印張或廣告摺頁。[31] 有些出版商甚至會印上其他商品廣告。1885 年版的小說《保羅

與維珍妮》（*Paul and Virginia*）就醒目地印著鋼琴和神奇神經安定劑的廣告。[32] 書衣代表額外的廣告版面，「廣告看板不再只立於原地，更走入每一個潛在顧客家中。」[33] 曾經樸素無華、自慚形穢的書衣，如今在 19 世紀末印刷品目不暇給的花花世界，與報紙、雜誌、海報一同爭搶目光。

摺口書衣的發明，甚至提供一個前所未有的新版面，就是摺進封面內側，但不包含在書本身之內的摺口。這些摺口起初皆保持空白，似乎出版商不確定該拿這些版面做什麼，但 1890 年代後，廣告文字開始移進摺口。其他用途也有人試過。哈潑兄弟在自家書衣的封底摺口印上「如何打開一本書」的詳細教學，指導讀者把「書背面朝下，平放於桌上或平滑表面」，以免損壞書本。短短幾年，書衣的配置和各種新習慣已經為大眾所熟悉，足以挪用來當作戲謔諷刺的主題。1906 年，吉列・伯吉斯（Gelett Burgess）的《汝為俗人乎？》（*Are You a Bromide?*），書衣正面戲仿出版品封套廣告常見把書吹捧上天的陳腔濫調，配上當時例行搭配的女性肖像，並將她封為「吹噓小姐」貝琳達（見**圖 22.1**）。至於封面摺口處，伯吉斯的書衣挖苦哈潑兄弟的教學指南，刻意詼諧地混淆書的擺法與讀者姿勢，變成一連串肢體扭曲的動作：「背朝下，仰躺於桌子或平滑表面。雙腳擺上水晶吊燈，然後一手捧著這本書，用另一手快速翻閱。」[34]

書衣正面以往設計從簡，主要特徵只有書名，或復刻書名頁的設計，但後來漸漸變成插畫空間。不過從這時起，書衣也與其下包覆的東西陷入緊張關係。書衣表面上的用途是要保護布面裝訂，而非與之較勁。但在整個 19 世紀下半葉，布面裝幀進化得愈見精美，有昂貴的鍍金鑲邊、彩色插畫、浮凸設計。相較之下，書衣多是廉價的暗黃色牛皮紙做成，上頭的插畫一開始只是為了複製裝幀設計，很小心地避免喧賓奪主。有些甚至設計成能直接看見底下的裝幀。吉卜林（Joseph Rudyard Kipling）的《叢林之書》（*The Jungle Book*）出版於1894 年，半透明玻璃紙做的書衣下，可看見漂亮的海軍藍色布封面

和上面鍍金的大象線雕畫。瑪格麗特・騰布爾（Margaret Turnbull）的《守護珊迪》（*Looking after Sandy*, 1914），書衣上裁出孔洞，露出底下的封面插畫。[35] 書衣的書背位置有時也會裁出類似的觀景窗，除了能看見書名，也讓同一個書衣設計能套用於一整個系列。但到了19世紀末，書衣的宣傳功能愈來愈普遍，這也代表對底下設計的忠實呈現大多遭到捨棄。書衣上出現與底下迥異的插畫，顯見出版商願意實驗不同的美學策略。封面美術或許相對受限，外層書衣卻需要更搶眼、更立即的吸引力。精美布封面與簡陋紙書衣的關係逐漸顛倒過來，到了兩次大戰期間，插畫裝幀的黃金時期已宣告終結。

視覺焦點現在轉移至書衣，出版商也投資起書衣設計和視覺效果。維克多・格蘭茲（Victor Gollancz）爵士請字型設計師史丹利・莫里森（Stanley Morison）設計的鮮黃色書衣，一眼就可辨認出來，為他在戰間期出版的書印上整齊劃一的出版社風格。費伯出版社（Faber & Faber）也於同時期首開先河，委請新興藝術家雷克斯・惠斯勒（Rex Whistler）、葛蘭・薩瑟蘭（Graham Sutherland）、班・尼可森（Ben Nicholson）創作設計。往後數十年間，書衣成為更多名人一展長才的舞台，可見得書衣的文化地位不斷上升。1960年代初，澳洲畫家席尼・諾蘭（Sidney Nolan）提供作品給史諾（C. P. Snow）的小說使用，讓書除了作者大名以外，還獲得藝術家聲望加持。這兩個角色偶爾也會重疊，例如1920到30年代，伊夫林・沃（Evelyn Waugh）為自己早期的詼諧小說設計書衣。不過，書衣設計通常不在作者的創意管轄之內。海明威（Ernest Miller Hemingway）不滿意他的《太陽依舊升起》（*The Sun Also Rises*）和《戰地春夢》（*A Farewell to Arms*）的書衣，就是著名的例子。日後他與出版商的爭論，恰恰證實書衣是行銷部門而非作者的主場。[36] 書衣有促銷的力量，出版商也千方百計設法將這股力量最大化。1958年，西蒙與舒斯特出版社（Simon and Shuster）出版亞歷山大・金（Alexander King）的《吾之敵人老去》（*Mine Enemy Grows Older*），書衣不只一層，而有兩層，

讀者如果不喜歡最外層的書衣，可以拆下來露出下面一層比較「保守」的書衣。[37]而且，作者或許無權干涉這種行銷策略，卻常常得在上面掛名，因為書衣的側邊和封底摺口也開始會印上作者的生平和照片。

　　進入平裝書的年代，書衣或許不再是閱讀或購書經驗必有的一環，但書衣作為宣傳版面的功能，是否已被不同類型的行銷角色取代，仍值得商榷。現在的普及出版書常見有兩種版本，先會出版比較昂貴的精裝本，之後再推出比較便宜的平裝本。這種兩階段出版模式不只讓平裝本可以照印首版的評論和出版品封套廣告，同時也把完整附有書衣的精裝本推上優質精品的地位。普及程度降低以後，書衣不是被當作奢侈消費的象徵，就是無謂多餘的代表。不過，並不是全世界都有同樣的衰退趨勢。在某些出版環境，例如日本特別明顯，書衣不僅沒有消失，更轉移到平裝書，形成獨特的雙層紙書皮。日文書在販售時，典型除了包覆書衣，還會有一條紙帶環封書本，日語稱為「帶（おび）」，也就是「書腰」。另外在法國，可以找到另一種平裝書與精裝書混血的產物，即所謂的「法式摺頁」（French fold），將摺口書衣的設計與平裝書封面結合。

　　這麼多的不同做法，顯示歷史上對書衣的態度多有轉變，且看法往往分歧不一。假如書衣不再只是可丟棄的外包裝，那這張紙皮的功用究竟是什麼？「書衣」一詞於 1890 年代進入大眾語彙，但未能充分界定所指涉的物品，反而為物品定位帶來爭議。名稱最初在兩個可互換的組合名詞之間游移，一是「書衣」（book jacket），一是「防塵衣」（dust jacket）。前者將書衣定位為與書有關，是書本體的延續；後者則暗示某種向外而非向內的特性，換言之，防塵衣的定義特徵，是與它所抵抗的灰塵之間的關係。以後者來說，比喻還可往另一個方向開展：書衣有如一件特殊的衣裳，不完全是外套，因為能外穿也能內搭。但無論如何屬於外層，可以脫下來，又不至於淪為沒穿衣服的狀態。未料衣裳的比喻又往其他方向演變。1929 年，《出版者

週刊》（*Publishers Weekly*）貶斥書衣「不過是書的連身工作服」，暗示書衣只是暫時穿上的粗布衣衫，不是體面的正裝。[38] 雅各布‧施瓦茲（Jacob Schwartz）把書衣形容為「襯衣」，指的是一種更輕量、更貼身的衣裳，是服裝的一部分，而非外面的保護層。[39] 藝術家洛克威爾‧肯特（Rockwell Kent, 他本人是有名的書衣設計師）於 1930 年宣稱：「書衣真正的用途，是把書本乏善可陳的布封面隱藏起來……妝點內容抱歉的文章。書衣的功用正像是衣裳、胭脂、白粉之於相貌平平的女子。」[40] 重點在此從包裝變成了偽裝。書不只「穿上」書衣，還可用它來「化妝打扮」。

　　隱藏在各種比喻意象之下有個未解的疑問，書衣與書的關係本質是什麼？是書的延伸，或是為書製作的廣告？書衣的功用是保護、隱藏、裝飾底下的內容，還是提前揭露？以理論術語來說，書衣如何發揮副文本的作用？吉奈特把副文本的概念定義為框定文本且左右解讀方式的「門檻」，而構成副文本的是「伴生的產物，〔使〕文本成為一本書，並且能以書的樣貌呈現給讀者」。[41] 不過，這些伴生的產物有兩種迥異的型態。內文本（peritext）以書籍實體組成元素的方式存在，例如書名頁、版權頁或索引。外文本（epitext）則存在於書封之外，但依舊能影響閱讀，例如一本書周圍的評論和廣告宣傳。但書衣讓兩者的分界難以維持。因為書衣既**在內**也**在外**，可以是書的實體延伸，也可以是獨立分開的存在。既是書的廣告宣傳，也是內容的一部分，集內文本與外文本於一身。依照傳統，書衣處於創作文本（literary text）的空間之外，然而作者的文字卻以出版品封套廣告或引述評論的形式遍布在書衣各處。有時候，就連書的正文內容也會溢出到書衣上。康明斯（E. E. Cummings）於 1927 年出版的劇作《他》（*Him*），就利用書衣內摺口刊印了一篇迷你劇本，劇名為〈作者與大眾的幻想對白〉（Imaginary Dialogue between an Author and a Public, 見**彩圖 2**）。狄斯雷利的小說《恩狄米翁》（*Endymion*），1881 年版由貝福德‧克拉克（Belford Clarke）出版，書衣封面印有小說登場人物的圖解，

通常在書封裡面才會看到的副文本，因此跑到了書封外面。[42]

　　所以，書的界線該畫在哪裡？這不只是抽象理論，也會影響圖書收藏與建檔的做法。對圖書館來說，書衣的地位長年以來一直是未有定論。《紀念冊》的書衣在波德利圖書館消失不見，不僅諷刺，也突顯機構的盲點。弄丟書衣的詳盡始末尚且成謎，但有一種假設認為，書衣單純被館內某個認定書衣不具價值的人給丟了。[43] 這在當時是很常見的舉動。直到 1970 年代以前，波德利圖書館和大多數研究圖書館一樣，書衣一律丟棄。[44]《紀念冊》的這一部分無法留作紀念，因為圖書館無處容納它。即使到了今天，館方也不是每次都知道書衣該正確收存在哪裡。波德利圖書館購入書籍時，依舊會把書本與書衣分開。書本歸架，書衣則攤平收入紙匣，從此進入藏書機構的半遺忘狀態，留是留下了，但已不再是書的一部分。[45] 而且，書衣不會個別編目，只會依照購入日期整批歸檔，所以要讓書與書衣團聚並不容易。大英圖書館同樣也會把書衣分開，與其他研究型和大學圖書館相同。[46] 坦塞爾（G. Thomas Tanselle）的《書衣》（*Book Jackets*）一書，就是一個諷刺的結果。他在書中力陳書衣作為書誌資料的重要性，但當有人想研究這個主題而找書來看，他這本書卻必須先面對自身赤裸裸沒有書衣的狀態。讀者在波德利圖書館若想同時看到書和書衣，必須先查出館藏購入日期，請館方調出對應的檔案匣，從一堆書衣中取出想找的那張。若是在大英圖書館，（筆者寫作之時）書衣會釘在善本書閱讀室入口的告示板上，用以公告最近購入的藏書。坦塞爾的讀者可以——應該說只能——同時看見書和書衣，但不能實際讓兩者合體。

　　會採取這種做法，很顯然是考量到保存及維護的可行性。有人計算過，拆下書衣，每四十本書可多出再放一本書的空間。[47] 但還有另一種先入為主的想法也發揮了影響力：書衣不僅不是書本身的一部分，甚至還具有某種特性，與研究型圖書館的莊嚴氛圍格格不入。即使邁入 21 世紀，這類藏書機構仍留有早期文獻建檔政策的痕跡，把

書衣視為書店留下的媚俗印痕。去除書衣，書才能恢復莊重外觀，適合放在圖書館書架上。學術典籍的書衣雖偶有插畫，但底下的裝幀往往以少有裝飾著稱；以清心寡慾的姿態，對抗光憑外表評價一本書的粗俗想法。換句話說，必須拋棄書衣的膚淺魅力，才有可能與一本書真實照面。按照這種體制邏輯，一本書必始於第一頁，或起碼始於版權頁或書名頁。如果說哈潑出版社過去會在書衣摺頁印上「如何閱讀一本書」的教學說明，那麼書衣的缺席則暗示著一段比較隱晦但同樣有影響力的閱讀教學：閱讀並不包含，或者該說**不應**包含細讀書衣或出版品封套廣告。唯有去除書衣，消費者才算成為讀者。

反之，在公立圖書館的政策下，出版品封套廣告、情節大綱、書衣插畫都被保留下來，因為這些是讀者賴以選書的依據。除了因地制宜，書衣是否保留的問題也牽涉到文類。如果是虛構作品，書衣多被認為是正當乃至於必要的環節。劍橋大學圖書館雖然會去除學術書籍的書衣，但若是「補充」資料（即館內的非學術性藏書），則會保留書衣，顯見對不同類型的書籍有不同的邏輯思維。但問題比這更複雜，因為公立圖書館不只保留書衣，往往還會用透明聚酯書套額外再包一層保護。既然書衣又被加上一層外衣，是否也代表書衣被當成書的實際封面，而不僅僅是一層外皮呢？劇作家喬伊‧奧頓（Joe Orton）與情人肯尼斯‧哈利威（Kenneth Halliwell）受到的判決，足可表明確實有這麼一回事。兩人於 1962 年定罪入獄，因為多年來，他們擅自對伊斯林頓（Islington）圖書館的藏書動手術，用超現實拼貼的書衣換掉原本的書衣，再把書歸回架上。阿嘉莎‧克莉絲蒂（Agatha Christie）的《煙囪的祕密》（*The Secret of Chimneys*）多了幾隻盤踞在威尼斯風景上空的大貓（**彩圖 3**）；約翰‧貝傑曼（John Betjeman）傳記作品封面上的主角肖像，則被換成一個渾身刺青且只穿內褲的男人。奧頓他們也會把書衣摺頁上的出版品封套廣告貼掉，換成無法無天的淫言穢語。例如多蘿西‧塞耶斯（Dorothy L. Sayers）的《證言之雲》（*Clouds of Witness*），情節大意就被惡搞得很淫猥，

提到兩條遺失的女內褲和一根陽具，令人捧腹。以歷史角度來看，兩人被重判入獄六個月，無疑反映了那個年代對同性戀的迫害。但從書誌學的角度來看，這個判決結果可能是歷來對書衣地位絕無僅有的一次法律裁定。兩人毀損書籍的罪行既然包含他們對書衣做的事，書衣勢必也算是書的一部分了。

同時間令人意外的是，書誌學者和藏書人絲毫沒興趣思考書衣的存在。[48] 坦塞爾形容這是一種「總體忽視」，這種心態也源於一個預設立場，認定書衣「總之不值得認真看待——事實上，書衣根本不是書誌討論的對象」。[49] 不過用「忽視」來形容 20 世紀上半葉許多藏書人和書商那種打從心底的厭惡，恐怕還太薄弱。藏書家莫里斯‧帕瑞許（Morris Parrish）說，書衣「一收到書就該扔掉」。[50] 理查‧德拉梅（Richard de la Mare）在費伯出版社雖曾委人創作出該世紀最具代表性的書衣藝術，但他本人卻將書衣蔑稱為「可悲的東西，有時我們甚至感嘆它何必存在」。[51] 書誌學者霍根也稱書衣是「與作者分毫無關的一張包裝紙」。[52] 即使晚至 1970 年，書誌學者艾德溫‧吉爾徹（Edwin Gilcher）仍堅稱書衣「雖然保護了底下的書籍，但無論如何都無法認定它是書不可分割的一部分」。[53] 雷夫‧史特勞斯（Ralph Strauss）在《T.P. 卡塞爾週刊》（*T. P. Cassell's Weekly*）少見地發表了一段辯護：

> 別丟了這些通常包在書本外層的華麗紙套。說不定有一天它們會價值連城……我深信未來賣書時會要求附上某些形式的書衣，也許有些心靈手巧的藏書家會想出保存書衣的方案。[54]

史特勞斯的預測正確，近幾十年來善本書的拍賣金額應驗了他的話。1986 年，吉卜林的《原來如此故事集》（*Just So Stories*）連同書衣以 2,600 英鎊的價格售出。蘇富比宣布這是「以史上最高拍賣價格……買下書衣」，因為沒有書衣的版本只值 100 英鎊。[55] 1998 年，柯南‧道爾（Conan Doyle）的《巴斯克維爾的獵犬》（*The Hound of the Baskervilles*）1902 年版附書衣的罕見善本，以 72,000 英鎊賣出，「比一般無書衣的版本高出不只百倍」。[56] 對藏書家，或至少對投資人來說，少了書衣的書是不完整的商品。「沒有書衣的版本……是殘缺的版本」，「完美的版本」索價自也愈高。[57] 由此說來，書衣的作用漸漸沒那麼像副文本，反而更像雅克‧德希達（Jacques Derrida）所稱的「替補」（supplement），即「經由增補來取代」。[58] 換句話說，這是額外附加的東西，卻也矛盾地指出原物有所不足。拍賣價用赤裸裸的數字彰顯出替補的邏輯，但同時也反映了更廣一層含意：一旦少了書衣，某方面也使書不再完整。書衣上的插畫和設計、出版品封套廣告和作者生平，如今被視為一本書固有的一部分體驗。書衣雖然並不出現在封面內，卻為書帶來某些不可或缺的意義。就如早年那幾個例子，少了書衣上的人物圖解，狄斯雷利小說《恩狄米翁》的讀者會如入五里霧中；拆下康明斯劇本的書衣，則會把作者的部分作品也給一併去掉。

不過，這個邏輯還有進一步的扭轉，因為替補物逐漸脫離書的本體，獲得近乎自主的權力。現在書衣自身也具有價值。書衣第一次獲體制認可，是 1949 年在維多利亞與亞伯特博物館的「書衣的藝術」特展。書衣歷經波折，終於榮登學術和文化的正典，卻是受到藝術史（或裝飾藝術）的庇護，而非歸屬於書誌學或文學。從此之後，除了少數例外，學術研究多用美學術語探討書衣，書衣因此成為平面設計史上的重要環節，卻少見於書誌史之中。[59] 書衣以美術作品身分獲得文化地位，也是收藏家之間炙手可熱的藏品。波德利圖書館雖然把新書書衣收入少有人聞問的倉庫，但館內附設的約翰‧強生時代流行印刷品收藏庫（John Johnson collection of Printed Ephemera），收藏著 19 世紀罕見且著名的書衣。這些書衣原本是一些用過即丟的印刷附件，**因為**稀有罕見和歷史意義而受到珍藏，與名片、書籤、明信片、火柴盒並陳。既稱為「時代流行」（ephemera，譯註：有短暫瞬逝之意），代表它們的價值正來自僅用一次就丟棄的特性。不過，不管將書衣歸

類為藝術品或時代流行物，效果都一樣，都相當於宣布書衣與書分離（概念上和實質上）之後，仍有單獨被關注的價值。

曾經，書衣被拆下來丟棄，如今也一樣可能被拆下來，只不過是拿去展示。那些被奧頓和哈利威破壞的書衣，過去被伊斯林頓各所圖書館留作犯罪證據，如今驕傲地裱框掛在相同的圖書館內展示。2017年的一場展覽上，芬斯伯里圖書館（Finsbury Library）將所有經改造的書衣圖案印成明信片販賣，頌揚那是「獨特罕見的藝術作品」。[60]一如其他知名藝術家的名書衣插畫，這些顛覆原畫的古怪改造，也成為書衣這個形式中辨識度極高的代表範例。與此同時，這些書衣所保護的書，即奧頓被控破壞而下獄的書，早已經淡出書市，乏人問津。看來書衣與書拆夥以後，獲得的關注反倒更高，文創產業運用經典書衣開發的復古美學商品，販售利潤豐厚便足資證明。海報、上衣、馬克杯、帆布包、枕頭，以及各式各樣不是書的商品，全印上書衣圖案做裝飾。書衣在波德利圖書館的閱覽室或許不容易找，在禮品店倒是隨處可見。童書的書衣化為禮物包裝紙圖案，1940年代紙漿書衣的插圖被做成便條紙，還有一些書衣則變更用途或「升級再利用」，包在空白筆記本外面。[61]

書衣獲得自己的生命，與書的關係也再度轉變。從前，爭論圍繞於書衣是不是書「內在固有」的一部分，但現在來看，這個命題好像錯了。書衣的作用不再是文本的外框，反而常能發現書衣放在框的**裡面**，單獨掛在藝廊或博物館牆上展示。與其再問書衣究竟屬不屬於一本書，我們或許不妨把問題倒過來，問問有了書衣還需不需要有書。不過在此之外，書衣這個替補元素，擾亂了書不必外在證明必是自我完備整體的概念。沒有書衣，書也少了什麼；但書衣的存在又使情況變得複雜，因為書加上書衣，意義又超出單一完整的實體。書衣微妙地改變了書的身分本體，混淆內外界線，把何為內、何為外的問題攪成糊塗帳。不論對於書籍實體或文本作品，書衣都是一條不確定的疆界，正面質問我們一本書始於哪裡又止於何處。

卷首插畫（frontispieces）為一本書提供門面。fontispiece 一詞源自中世紀拉丁語詞，意思是「看著額頭」，《牛津英語辭典》（*Oxford English Dictionary, OED*）在 16 世紀收入該詞，定義為「建築的正面」，但不久這個詞就多了書誌學上的變義，指「書或小冊的第一頁」。紙本卷首如同一幢房屋的立面，在書本內部與外部之間畫出一道門檻。早期卷首插畫圖像中，精美的建築形式比比皆是，參考古典建築或一些比較瞬息即逝的模範，如劇場背幕、紀念拱門，以及 16 世紀用來歌頌英雄榮歸的臨時建築結構。[62] 這一類圖像啟發人把書比喻為紀念碑，使經典抄本與記憶這門藝術的建築結構產生連結，猶如把創作、構圖、敘述分派至建築的不同部位以方便記憶。閱讀行為因此成為走入文本內部的一段旅程。威廉・布萊克（William Blake）為他意象鮮明的預言詩《耶路撒冷》（*Jerusalem*）繪製的卷首插畫，就強而有力地具現了這個隱喻，我們可從背後看見一名旅人手舉提燈，正準備穿過門走入文本。

卷首插畫的出現與印刷時代到來關係密切。不同於手抄本須單本獨立製作，面市時可能已經裝訂，印刷書出版可一次複印多份，印本未經裝訂陳列於書店，往往很難分辨是哪一本書，因為從印刷到售出之間，書首多會放上一張空白頁作為保護。[63] 卷首插畫是構成副文本的重要元素，因為它有界定和辨別書的作用，將一本書與其他書的印張分隔開來。安東尼・葛里菲斯（Antony Griffiths）指出：「尚未裝訂的書一落一落『空白』地躺在書商的陳列架上，雕紋華麗的書名頁平放在每一落上面，比印刷文字更能吸引目光。」[64] 龔固爾兄弟（Goncourt btothers）宣告 17 世紀是「卷首插畫的世紀」。[65]《牛津英語辭典》收錄「frontispiece」一詞在 17 世紀的用例，證明起碼已有一個語境的用法分化出來，用於指稱書的特定構件：「一本書或小冊子的第一頁，或印在上面的圖樣；包含插畫與目錄的書名頁；後亦可指引言或前言。」這個分化過程的一部分，包括把卷首插畫與書名頁區分開來，分別成為首頁對開的左右兩面。據《牛津英語辭典》記

載，兩者在書中的位置與作為副文本的功用，確立於 17 世紀末到 18
世紀初。[66]

　　副文本角色顯見卷首插畫對界定一本書的身分穩定發揮作用，同
時，卷首插畫的製作與位置分配，也突顯手抄本作為一個複合物件，
在製作上所涵蓋的專業分工。卷首插畫是在不同印坊印刷在額外的一
張紙上，用的紙料往往與書的其他部分不同，也因此特別顯眼。卷首
插畫作為一個分開印刷且未裝訂的物件，上有雕版師簽名，印刷出版
商以獨立印版的型態出售，實屬雕版創作的範圍。[67]卷首插畫作為一
件雕版作品的身分，又因為加上一層棉紙鋪襯，以防墨水轉印到對頁
的做法，而更受到強化。獨立印版的卷首插畫，在書誌學方面還有當
作廣告樣張的功用：書商會連同書籍簡介一起對外發放，也會把卷首
插畫張貼在櫥窗和街道，以達廣告宣傳之效。不過，這些做法雖然突
顯卷首插畫具有圖書的特性，是能夠代表書籍整體的組成元素，但未
經裝訂、獨立存在於書之外的物理特性，也使卷首插畫成為容易收集
的對象。[68]

　　卷首插畫是書可拆分的一部分，這個模稜兩可的角色在山繆‧皮
普斯（Samuel Pepys）的藏書中歷歷可見。皮普斯條列他的圖書收藏
清冊時，把其中兩冊描述為「我的書籍卷首插畫彙整收藏，西元
1700 年」。[69]皮普斯的收藏指出了未經裝訂的卷首插畫具體發揮的圖
書功能。他的收藏清冊記錄並補足了藏書的內容，負起實質紙本替代
品的角色，同時把藏書內容依特定主題分類整理，甚或如揚恩‧范德
瓦（Jan van der Walls）所言，構成一個方便記憶的知識系統。[70]書商
兼古物收藏家約翰‧巴格福（John Bagford, 1650-1716），對羅伯‧哈
利（Robert Harley）和漢斯‧斯隆（Hans Sloane）等政要名人建立豐
富藏書貢獻良多，他除了收集卷首插畫，也收集書名頁、首字母、邊
框和其他書籍殘片，當作印刷藝術史的樣本，雖然從未收藏齊全（第
四章也會論及巴格福）。這些材料在他臨死前，連同哈萊手抄本
（Harleian manuscript）一併轉送給大英博物館，1759 年登記為「多

個夾附散紙的紙糊封面」，1808 年改記為「多頁散紙，現裝訂成四冊」。[71] 皮普斯和巴格福等人的收藏，記錄下卷首插畫可彙整成冊或以單張散紙形式當作印刷品流通，同時也顯見，卷首插畫在其他書冊內或完全獨立於書之外，也擁有不同的生命。例如羅傑・加斯克（Roger Gaskell）指出，卷首肖像插畫的印本常常印刷出來分送給朋友與資助人。[72] 新的或增補的卷首插畫，可使作者贈本（presentation copy）成為禮物經濟的一部分，可專門為人訂做，從而恢復書的商品地位。作為書籍可拆分的一部分，卷首插畫是一種「流動的形式」。[73]

卷首插畫作為「插圖」，則提供一幅可代表全書的圖像。卷首插畫用一個合成意象呈現內容，影響閱讀行為；卷首插畫提高對類型的期待，將文本印入特定文類之中，並且透過描繪閱讀應如何轉譯為行動、社交形式、實踐領域的場景，界定所述主題的範圍。我在接下來的段落會探討各種類型的卷首插畫，從作者肖像到敘事性的卷首插畫，從多場景談到書中內容的寓言式再現。

卷首雕版肖像畫的出現，將作者這號人物與寫作行為固定在一起，寫作成為於遠處與人溝通的技術。用一幅正面肖像畫補充書名頁上的作者大名，這種類型的卷首插畫，標示出書籍製作與藝術領域之間的交叉點。這張代表作者的畫像由於是獨立印版，可能取材自刻在各種媒材上既有的肖像，包括硬幣、胸像，或為其他目的繪製的畫像。有時作為獨立叢書的一部分刻印出來，之後又變更用途，改當作卷首插畫插入書中。莎士比亞的畫像在歷來各版本書中呈現的變貌，便可用於說明卷首肖像畫的出現。從《第一對開本》和《第二對開本》書名頁上由馬丁・德羅斯霍（Martin Droeshout）刻繪的肖像畫，到《第三對開本》的卷首插畫，有班・瓊森（Ben Jonson）的題辭印在底下當作圖說，可推想這之間的轉變。學者瑪格麗塔・格拉西亞（Margreta de Grazia）提到，比較莎士比亞各版作品集的卷首插畫與 1616 年瓊森版氣勢雄偉的書名頁，可見得莎士比亞的性格與瓊森的藝術之間存在歧異。對於 1709 年在雅各・湯森（Jacob Tonson）出版

的羅爾（Nicholas Rowe）版莎士比亞作品集中刻繪的「夏多斯」肖像（Chandos portrait），則有人提出不同的定位看法。這幅肖像包含一個裝飾邊框，翻印自 1660 年盧昂（Rouen）版的皮耶・高乃依（Pierre Corneille）劇作集：「此雕版畫挪用華麗的邊飾為莎士比亞加冕，化解了法國規律藝術與英格蘭自然天才之間的競爭：這位英格蘭競爭者的現代肖像取而代之，奪去法國對手古典半身胸像原有的王座。」[74]格拉西亞指出，這幅肖像除了交涉莎士比亞在世界古典戲劇經典中的地位，還能夠代表出版商；確實，從 1709-67 年湯森持有莎士比亞版權的商業意義，反映在他採用夏多斯肖像當作他在倫敦河岸街名為「莎士比亞之首」（Shakespeare's Head）的店面商標上。[75]雖然肖像畫把作品和作者功能及其出版關係固定在一起，但羅爾版莎士比亞劇作集作為多卷合集，把全書的卷首插畫與標示每一齣劇作門檻的篇首插畫區分開來，針對個別劇作選用敘事性的篇首插畫，突顯那一幕戲的關鍵時刻。這些插畫就置於書名頁旁，沒標記是哪一幕哪一場戲，沒有題目，也沒有摘錄，但這些圖景會影響接下來的閱讀。[76]從利用卷首插畫對莎士比亞劇作集做出作者宣示，變成配合舞台表演的文集，約翰・貝爾（John Bell）1774 年出版的演出用版莎士比亞劇集，其卷首插畫則標誌了這樣的轉變。那一年，永久版權失效，廉價的重印版紛紛冒出頭，對塑造英語文學經典起了重要作用。[77]在貝爾的演出用版本中，除了有約翰・霍爾（John Hall）刻繪當作全集卷首插畫的夏多斯肖像，以及隨後的演員大衛・蓋瑞克（David Garrick）的肖像，個別每一卷的卷首插畫均受蓋瑞克首創的戲劇肖像（theatrical portraiture）啟發，皆描繪一名定格於劇中姿勢的演員。[78] 1802 年，湯瑪斯・班克斯（Thomas Banks）在倫敦帕摩爾街博伊德莎士比亞畫廊（Boydell Shakespeare Gallery）入口上方刻塑高凸浮雕後，他的點刻版畫《畫與詩隨侍莎士比亞》（*Shakespeare Attended by Painting and Poetry*）也獲選用為博伊德的九卷版莎士比亞劇作集卷首插畫，將該版劇作集呈現為畫廊展覽品的一部分。

半身像和硬幣及獎章上的側臉頭像，足見古典圖像學的影響，以及卷首肖像畫欲化為不朽紀念的野心，這在波普的作品中尤為可見。波普翻譯荷馬（Homer）史詩《伊里亞德》（*Iliad*），卷首插畫是喬治・維爾圖（George Vertue）雕繪的荷馬半身像，「ex marbore antique in aedibus Faresianis」（使用法爾內賽宮的古董大理石）。波普本人也在 1738-41 年間委請雕塑家魯比里亞克（Louis-François Roubiliac）雕製了一系列正襟危坐的赤陶土和大理石胸像，後來翻製成半身肖像卷首插畫，印於威廉・羅斯科（William Roscoe）版的《亞歷山大・波普作品集》（*Works of Alexander Pope*, 1824）第一卷。由藝術家理查森（Jonathan Richardson）雕繪（1738）、鑄章師達希爾（Jacques-Antoine Dassier）鑄造的這個鑄幣風格波普側臉頭像，勾勒出常用於寓意式構圖的概念。威廉・華伯頓（William Warburton）所編之八開本版《波普作品集》（*Works*, 1751），在卷首插畫中，波普的幣章肖像刻於金字塔型結構裡，下方是華伯頓更搶眼的肖像，周圍環繞巴洛克風的小天使和寓言人物，表現出文本在作者死後出版，編輯對作品主權的競爭宣示。[79]

　　卷首肖像畫把書與作者功能綁在一起，至於表現常規做法及主題的問題，其他類型的卷首插畫則提供了不同解方。如奧萊・沃姆（Ole Worm）的《沃姆博物館》（*Museum Wormianum*, 1654）卷首引人注目的圖景所示，館藏目錄可用陳列於室內的靜物來表現。多場景構圖概念允許卷首插畫選用及展示多個關鍵場景，例如吉安巴蒂斯塔・德拉波塔（Giambattista Della Porta）的《自然魔法》（*Natural Magick*, 1658），卷首插畫上方呈現「火」「混沌」「風」的圖像，書名兩側是兩名寓言式人物，分別象徵「藝術」和多乳房的「自然」；書名下方是小幅的作者肖像，兩邊則是「地」和「水」。除了展示物件、元素、主題以外，卷首插畫還能為知識的中介提供概念。就以豐特奈勒（Bernard Le Bovier de Fontenelle）《論世界之複數性》（*Conversations on the Plurality of Worlds*, 1715）的英語版為例，卷首插畫分成上下雙

圖 3.1　Jacob Folkema after Louis-Fabricius Dubourg, frontispiece, Francois-Marie Arouet, Voltaire, *Elemens de la Philosophie de Neuton* (Amsterdam: Ledet, 1738), Wikimedia Commons

題。亨利・福塞利（Henry Fuseli）援引象徵傳統，為威廉・西華德（William Seward）的《名人軼事》（*Anecdotes of Some Distinguished Persons*, 1795-6）繪製卷首插畫，構圖簡單鮮明，只有一個中心人物與一段諷刺性圖說。這本書是以原先發表於《歐洲雜誌》（*European Magazine*）的文章彙編成的文集。第一卷的卷首插畫選用女巫的意象，這個元素似乎源自他對馬克白、班柯及博伊德莎士比亞畫廊自1789 年起所展出之女巫的描繪（**圖 3.2**）。福塞利運用三角構圖，呈現女巫彎腰屈膝，低頭在卷軸上寫字，座下刻有古羅馬作家賀拉斯（Horace）的格言：「UNDE UNDE EXTRICAT」（Hor., Sat. I, 3, 88：「除非他用詭計拐騙獲取利益資本」）。[82] 這名現代女巫是八卦祕密傳聞的具體化身，用未裝訂的散紙方式呈現軼事，暗示她有可能將紙散入風中傳播。[83] 第三卷，西華德後來於廣告中說明，福塞利畫的是「回憶的姿態」，配上「Dies Praeteritos!」（往日時光）的銘文，暗示傳記作者封存往日記憶的角色。畫家展現他矯飾主義的技術，選擇了一個扭曲的姿勢，使人聚焦於畫中人豐滿勻稱的體態，同時也影射約書亞・雷諾茲爵士（Sir Joshua Reynolds）於 1779-80 年為皇家藝術學院薩默塞特府新址所繪的理論寓言。最後，福塞利為第四卷選擇「斟酌的姿態」，一名衣衫半裸、肌肉健壯的男子坐著，下刻座右銘「Decoro inter verba silentio」（Hor., Carm., IV, I, 35-6），巧妙地從賀拉斯關於「不合宜的沉默」的名言中挑選字詞，意思變成「話語間莊嚴的沉默」，藉此評論書寫名人之難，讀者同時可能也會想起原始文本中關於愛的脈絡和潛藏的反義。[84] 從女巫的竊笑到斟酌的姿態，福塞利用卷首插畫勾勒出兼具玩心和諷刺的意象投射，將西華德的《名人軼事》抬升為現代傳記寓言。西華德在他的廣告中也予以回敬，稱許福塞利兼具「柯雷吉歐（Correggio）的玩心和古典的簡潔」（IV, 'Advertisement'）。

在結論之前，我想回到「卷首插畫是一流動形式」這個概念，思考卷首插畫作為書的構件，可以脫離原本脈絡，插入另一本書中的可

London, Published Feb. 1, 1795, by T. Cadell, Strand.

圖 **3.2** William Sharp after Henry Fuseli, 'Unde Ude Extricat', frontispiece to William Seward, *Anecdotes of some Distinguished Persons*, 4 vols (London: Cadell, 1795), Vol. 1. ©British Museum

能性。想想約翰・拉瓦特（John Casper Lavater）《論人之箴言》（*Aphorisms on Man*）一書由福塞利設計、布萊克雕版的卷首插畫，這本書經福塞利翻譯，1788 年由作風激進的書商約瑟夫・強生（Joseph Johnson）出版（**圖 3.3**）。[85] 畫中一名男子坐在桌前，面前擺著寫作素材，上半身向上扭轉，抬眼望向一名飄浮於右上角的女性人物，她手指一塊石板，似在囑咐他閱讀刻在上面的希臘文：「γνωθι σεαυτον」（「認識你自己」）。這個自我認識的場景有女性介入作為中介。該句箴言原出於古希臘女祭司琵西雅（Pythia），刻於雅典的德爾菲阿波羅神廟，迎接踏進神廟之人，蘇格拉底在柏拉圖對話錄中討論過（Charm. 164d-e; Laws, XI, 923a）。福塞利的卷首插畫少去原本對於建築的指涉，使人只看見一個室內的寫作場景。女祭司則似乎被一位扮演超自然知識中介者的謬思女神給頂替了。與卷首插畫相對

圖 **3.3** William Blake after Henry Fuseli, frontispiece to Johann Caspar Lavater, *Aphorisms on Man* (London: Johnson, 1788), ©British Museum

的書名頁，則印有古羅馬詩人尤維納利（Juvenal）的銘文：「—— e coelo descendit γνωθι σεαυτον. │ Juv. Sat. IX」（「『認識自己』之說來自上天」），[86] 以此解釋福塞利的構圖中自我認識來自上天的空間方向，如同卡拉瓦喬（Caravaggio）的畫作《聖馬太的靈感》（*The Inspiration of St Matthew*），暗示神靈的造訪。這幅卷首插畫邀請讀者代入作者與翻譯者的身分，以閱讀行動將箴言付諸實踐。早期卷首插畫中亦有將書名刻於石板上的圖像表現，所以這幅畫中的箴言也可當作替代書名。福塞利利用圖像表現，把《論人之箴言》放入自我認識的古典傳統之中，承繼從柏拉圖的哲學對話錄到尤維納利的諷刺劇以來的傳統。而當這張版畫從原始定錨的文本中抽離，重新用在另一個預言文本時，畫中場景的意義又益加複雜。

　　卷首插畫流動的可能性，可以用布萊克為《阿爾比恩女兒們的幻

夢》（*Visions of the Daughters of Albion*, 1793）所繪之卷首插畫為例加以探討。這幅全版蝕刻插畫印在僅單面印刷的紙張上，易於移動。作為卷首插畫，它如同預期具有影響後續閱讀的功能。畫中呈現三名主要人物背靠背綁縛在一起，構成束縛奴役的絕望場景。但在某一冊印本中，這張版畫被安插在書名頁之後當作全頁插畫，放在書名與格言「雙眼所見多於心中所知」之後閱讀，邀請讀者觀看這個束縛場景，理解畫中傳達內容多於文字所能表達，為開頭同性熱情的場景蒙上心照不宣的陰影。[87] 在另一冊印本中，束縛場景置於全書最末，改當作書尾結局。[88] 作為未裝訂的全頁插畫，它脫離布萊克的彩飾本（illuminated book），進入名為《設計大書》（*Large Book of Designs*）的書中，又有了新的生命。《設計大書》收集與彩飾本文字內容分開的版畫當作彩色印刷的樣本集，獻給皇家藝術學院院士兼細密畫家奧西亞·杭弗瑞（Ozias Humphry）。[89] 在布萊克的《設計大書》中，卷首插畫與全頁插畫的關係可以互相掉換，因為布萊克的裝飾版畫特點正是組合自由。布萊克製作的書顛覆了正統印本的組成單位，因為他的書不是用對頁（quires）和帖（gathering, 也稱配頁）裝訂成的；不同於凸版印刷的做法是依照書籍開本大小，一張紙每次打印可容納 4 頁、8 頁或 16 頁不等，布萊克的書每一頁都是一張單獨印刷的浮雕蝕刻畫。換言之，布萊克的書籍組成單位生來就是可移動的零件。[90]

　　若要討論全部受同一種製作方式統一的卷首插畫、插畫、文字三者之間的差別，布萊克的彩飾印刷（illuminated printing）雖由可動單位構成，但有彩飾印刷這個同一手法當媒介，可能會妨礙添加額外材料到書中。不過，拉瓦特《論人之箴言》某一本的卷首插畫，曾經被插進《阿爾比恩女兒們的幻夢》的印本末尾，這個印本因此夾有兩張卷首插畫：有布萊克的束縛插畫標明文本的開端，福塞利那幅男子自我認識的場景則總結文本。[91] 額外插入的這張版畫，模糊了兩本書的界線，顯示卷首插畫一方面是可以改作為其他書中插畫的書籍零件，一方面也可以是書尾的小花樣，從開端變為結尾，暗示這個結尾也可

能是一個新的開端，打開通往另一本書的入口。這張卷首插畫如何動用拉瓦特的著作來重讀《阿爾比恩女兒們》呢？回顧《論人之箴言》的開頭，坐著的男子抬頭望向古希臘格言，似乎與《阿爾比恩女兒們》書首那彷彿踏出書名頁仰望書名的女子形象相互呼應。書名下方的格言「雙眼所見多於心中所知」則與拉瓦特卷首插畫的蘇格拉底格言共鳴。兩幅卷首插畫標記文本的開頭與結尾，隱然在《阿爾比恩女兒們》的女性焦點與拉瓦特卷首插畫所暗示的蘇格拉底式自我認識的男性之間，畫出一條連接的軌跡。但是，讀完布萊克的書會否改變對書尾呈現的拉瓦特自我認識場景的解讀呢？空中的繆思女神是否暗示，刻有蘇格拉底自我認識訓諭的石板，將鼓勵男性在讀過女兒們的幻夢後進行自我反思，並籲請讀者記取拉瓦特對人性行為的箴言，改變對布萊克的彩飾書中所述的強暴、歡愉和女性權利的想法？

這種收錄行動表現出什麼邏輯？媒材的鮮明對比已表明這張版畫並不屬於這本彩飾書，而是額外加入的獨立樣本。添加目的是為了邀請讀者從包含福塞利、拉瓦特、布萊克在內的小圈子去思考布萊克的彩飾書嗎？布萊克的書作為雕版畫的集藏庫，回應的是一種不同的著作者身分變化，卷首插畫的視覺特性因此別具優勢。當作雕版畫來看，可以從凸版印刷書中抽離，搖身變成布萊克雕版師身分的作品集當中的一個樣本。卷首插畫成了一個不同的知識物件，遵循不同的安排和傳播規則。不同於皮普斯的收藏清冊按照主題彙整卷首插畫，歸入擁有者名下及他的藏書之中，巴格福的卷首插畫則被改存於大英博物館的印刷與繪畫部門，成為雕版藝術分支出的印刷藝術學門的一部分。卷首插畫作為與書中插畫共用相同製作方法的獨立版畫，地位重新受到矚目。但作為書本構件，它的角色反而不再重要，因為如今卷首插畫多被當作雕版樣本，歸檔收存於藝術家名下的作品集之中。

1891 年，書誌學家波拉德（A. W. Pollard）出版了書名極具野心的著作《對書名頁歷史的最後一言》（*Last Words on the History of the Title Page*）。[92] 不用說，他的書自然不是最後一言。在那之後，眾多排印師、書籍歷史學者、文藝評論人，陸續仍為書名頁（title pages）與其近親卷首插畫寫下專著或文章。[93] 事實上，要說至今關於書名頁的文章著作遠多於其他書本構件，大概也並不為過。這股吸引力部分源自書名頁巧妙地解釋了印刷對出版的影響。簡單來說，在活字印刷到來前，書並沒有書名頁；但在印刷術出現的五十年內，書就有了書名頁。書從無書名頁的中世紀手稿，到只有簡單題標書名的搖籃本，再到書名頁已成標準配備的印刷書，這段演進故事似乎能對應印刷史上每一個重要的技術轉變。如同排印師史丹利·莫里森所言：「印刷的歷史很大程度上也是書名頁的歷史。」[94] 這句話已成為相關研究的指標。

不過，即使書名頁依年代順序記錄了印刷技術的發展，但它同時也顯示這些技術與產出文本當時的社會生活緊密交織。書名頁是一本書向潛在讀者毛遂自薦的場所，經由將製作上的事實建構成有條理的資訊，向讀者預告文本內容。這個圖書編目過程充滿摩擦。一方面，書商希望讀者（以及當權機關）信任自家產品，而建構書名頁正可為文本建立信心扮演要角。另一方面，正因為書名頁有此功能，反而容易被亟欲宣傳書本內容、規避管理、迴避審查的印刷商和出版商動手腳。即使書名頁上的出版資訊為真，可能也不盡然中立。傑佛瑞·馬斯頓（Jeffrey Masten）即指出，例如「於班·瓊森街口」這樣一行印字，不僅是地圖上一個資料點，還在特定時間點上「更含糊地坐落於文化編碼之內」，暗指涵蓋範圍更廣的文學和文本實踐。[95] 因此想要確立書名頁的歷史定位，需要一個帶有視差的觀點，追溯包含技術與人兩方面的脈絡轉變。

本章希望專門為此提供一套策略。雖然從手抄本到印刷本的轉變，是書名頁歷史的重要環節，但我也希望多推一把，介紹重疊甚或

是抵抗的架構，讓我們可以不單只把前述轉變當作理解書名頁出現的基本綱要。如今書走進了新的網路空間，我們本身也是，在此所述的歷史不只揭露過去的事，也能帶給我們新的模式，應對今日出現的資訊裝置。

✿🕮✿

標題，為一段文本貼上通常具說明性的短標籤，這個概念對現代讀者而言似乎理所當然，但標題其實是在文本生產與流通方式改變以後才出現的。在印刷出現以前，抄書匠僅會在文本開頭加上「incipit」一字當作起始標記，即拉丁文的「由此開始」或「始自於此」。起始標記是一句敘述性聲明，簡單指出某一部作品或作品中某一段的主題與可能的作者。比方說，聖經各書和禮拜儀式各環節往往僅以首字為人所知，如〈聖約翰啟示錄〉（Apocalypse of St John）僅稱〈啟示錄〉，或〈天主的羔羊頌〉（Agnus Dei）僅稱〈羔羊頌〉。「始自於此」的標記位置，也會因手稿的製作脈絡而異；依照該段落是否需要標記，抄書匠可能會添加或移除，甚至可能完全不用起始標記。其他視覺標記如放大字體、華麗彩飾、粗體字或紅字，也用來標示文本開頭。這些裝飾有時豐富到能填滿一整頁，如今稱為「起始頁」（incipit page）。與抄書匠或手抄本生產環境有關的具體資訊，通常不會列於起始頁，而會另外列於一面版權頁上，放在手抄本的末尾或開頭，包含有抄書匠的姓名與所在地點等詳細資訊。有些版權頁出了名地令人煩躁。如 14 世紀末萊登大學的一部手抄本末尾以拉丁文寫著：「hoc opus est scriptum magister da mihi potum; dextera scriptoris careat grauitate doloris」（「這部作品寫於——老闆，來杯酒讓我歇一會兒，我抄書抄到右手很痛」）。[96]

因為視覺標記往往與起始標記相伴出現，以現代眼光來看，可能很像書名頁的原型。但如果把這些起始花樣想成書名頁的直接先祖，

那可就錯了。起始標記並不只是半成型的標題——這個論點假設後者是前者的最終目的。[97] 相反地，誠如中世紀學者史密斯（D. Vance Smith）在《耕者皮爾曼》（*Piers Plowman*）的延伸閱讀中指出：起始標記的運用，暗示的是一整套閱讀理論，文本不太被視為空間中標定的物件，而更像是時間中展開的過程。[98] 突顯文本開端，也是抄寫生產這個具體背景下的一項功能，中世紀文本在此背景下流通。當時的書絕大部分是按需求訂做，可能有很多書是多文本集中捆成一冊。因此相較於活字印刷出現以後，中世紀時期，書的實體與個別文本之間的關係較為流動：一冊手抄本內可能含有多部文本，所以也有多個起始標記。況且，中世紀圖書館以現在標準來看很小，單憑書的外觀和擺放位置已足以分辨不同冊書。若有分辨不易的情況，例如在規模較大的修道院圖書館，起始標記目錄可用於確定文本在書冊中的位置，而書冊很可能被鍊栓在定位，不能隨意移動。在這樣的環境下，書名頁是難以想像的畫蛇添足，與實體文本的建構、目的、社會流通方式完全不相配。

以上這點必須說明在先，因為這有助解釋書名頁或類似裝置，為什麼在活字印刷發明以後似乎**確實**成為必要。隨著印刷術到來，文本得以大量生產，為個別印本做標記的新需求也應運而生。雖然前述的那些標記無可避免地逐漸減少，但我們基於方便，或許可以用門徽和類別的概念來思考。當每一個實體文本多多少少都還是獨一無二的抄本時，那時候沒有類別，只有門徽，而每個門徽一樣也多多少少表現出生產環境的某些面向：某間修道院特有的華麗彩飾、大學城專為商業講堂學生抄印的功能用途文本等等。待生產機械化以後，單一文本開始出現複數個幾乎相同的門徽，實體書可以分為特定類型、且類型五花八門包羅萬象的文化意識因此漸漸興起。透過描述開頭語句每個門徽的主題來辨認文本，這種做法已經不合時宜，華麗的起始頁或彩繪起始標記也不再實用。從印本激增的速度來看，一個更短、更方便的標記勢在必行。換言之，印本大量增生，促使文本生態從充滿敘述

——有開頭起點、在時間中展開的文本——變為由詮釋資料組成的文本。書漸漸成為多文本連貫相接。

很多搖籃本（incunable）呈現出這種轉變，因為早期就有印刷師設法界定手中文本與新技術之間的關係。比方說，現今多數讀者用以稱呼某些搖籃本的書名，例如用《伊索寓言》（*Aesop's Fables*）稱威廉‧卡克斯頓（William Caxton）於 1484 年印刷的伊索故事集，事實上是約定俗成才確定下來的。該書本身原有的書名頁比較像一個起始標記，附上或應見於版權頁的資訊，用偏大字體印於首頁上方：**由此開始伊索巧妙的歷史與寓言書，此乃卡克斯頓於主誕生之一四八四年在西敏寺自法語譯為英語**。其他搖籃本則在文本起頭留白，留待手繪彩飾和大寫紅字，這是向可客製化的手抄本致意，此外亦可顯見當時讀者的期待。有一個特別令人驚異的例子，足見出版業對於為新印刷媒介開發新的書標有十足的自覺。那就是現存於摩根圖書館的亞里斯多德著作印本，約於 1483 年由尼可拉斯‧詹森（Nicholas Jenson）印於上等皮紙（**彩圖 4**）。翻開第一頁，不具名的繪師運用錯視畫技法把文字裝飾得美輪美奐，讓印刷文字看來就像寫在破爛羊皮紙片上的手抄稿。當然，印刷紙材實際上也是一種羊皮紙，這個矛盾點從而產生了將其實新穎到令人焦慮的技術故意做舊的效果。效果尤其突顯在周圍用來裝飾錯視效果手稿的彩繪上：圖案有些落於羊皮紙上方，有些則突出破損的紙緣，刻意模糊了舊「手稿」與新印刷皮紙的界線。更有甚者，這些彩繪圖案本身用寫實技法繪成，看起來就像擺在手稿上的珠寶吊墜，因此也可充當精緻的花邊——媒材的混用一方面向早期手抄本傳統致敬，同時也呼應並預測到未來可使用雕版畫當印刷邊界及金工或石膏模設計。吊墜上混用寶石和金屬小天使，以及外觀寫實但象徵意義明顯的人像——還有在首字母彩繪中放入亞里斯多德的代表頭像——更是進一步利用了媒材與表現之間的張力。

不過，以我們目前探討的目的來說，開頭這一頁最有趣的是從破舊羊皮紙後面探出頭來的一角。頁面上方，幾乎形同坐在假裝破爛的

手稿上緣，但又不完全碰到，是一幅描繪亞里斯多德與亞維侯（Averroes）交談的場景。兩人看似正在爭辯，腳下則有一本攤開的書。這本書很關鍵，因為這兩人身處的時代事實上相隔百年，是這本書將他們連結在一起。在這裡，有形之物讓對話得以長時間持續。頁面下方是另一個抗衡的圖像，視覺上與頁面上方的場景並不平衡。那是一幅建築造型的卷首插畫，刻有一行字：「VLMER ARISTOTILEM PETRUS PRODUXEAT ORBI」（「彼得・烏姆助〔這本〕亞里斯多德問世」）彼得・烏姆可能是指知名威尼斯書商彼得・烏格海姆（Peter Ugelheimer）。如果頁面上方的場景把亞里斯多德當作縈繞文本不散、與未來作者對話的人物，頁面下方的圖像，則是把實際的亞里斯多德併入**這個**亞里斯多德，這個剛剛被特定個人帶來世間的亞里斯多德文字的實體印本。這本書從跨時空對話永遠可隨每一次重新閱讀再度展開的舞台，變成有特定歷史背景的實體印本，可以透過類似書名頁的頁面辨認。上方圖案看起來像中世紀彩飾，下方則像印刷的卷首插畫，只是升高了處理文本詮釋資料的新舊方法之間的緊繃關係。[99]

這一類彩飾雖然美麗又富有巧思，但無法大量複製生產，因此不出十年，我們就見到印刷業者發想出辨認流通文本的新方法。瑪格麗特・史密斯（Margaret Smith）在她關於書名頁早期演進的專著中，概述了這幾個階段。首先，印刷業者為書加上題標（label-title），即印在整份文本開頭原有空白頁的短標題。史密斯的論點很有說服力，她認為這些空白頁原本可能是在運送過程中當作保護套使用，但送達以後卻因此很難分辨每一本書，尤其多數印刷商所有作業都會使用相同的基礎紙材和字體。以往易於用彩色首字母和起始標記裝飾來辨識的手抄本，現在已經變成一塊一塊黑白的文本磚。因此，短標題被添加到這些保護頁上頭，很多的文法與起始標記相近，例如前述卡克斯頓的例子，藉此來區辨個別印本。從審美角度來看，這些題標很簡單；印刷師還不必另外手印放大字體，所以仍可以用與主文本相同的

基本字體。早期的題標有少數會和木刻圖一起呈現（搖籃本時期大約僅五分之一），至少有一種圖案似乎廣為流通，被當作標誌教科書的視覺標記語言，就是所謂的「Accipies」木刻版畫，呈現教宗聖額我略一世指導兩名學者。[100] 雖然題標應大量複印紙本的流通而生，印刷業者似乎並未立刻把這些有標記的封面當作書名頁。史密斯便指出，有些印刷師繼續將這一頁稱為「alba」，意思是白（空白）頁。[101]

　　題標雖然似乎在早期用途甚多，但在印刷業者間漸為流傳後，題標進一步激起對裝飾花邊和木刻版畫的實驗。版權頁也從書尾移至書首，與這個新發現的空間融合，文本在自身的詮釋資料之間受到介紹。爾後，到了印刷術出現的第一個五十年末，我們或許可合理指認是書名頁的書本構件已經確立地位，成為每一本新印刷本熟悉的標準特徵，上面最少可能包含書名、作者名、出版地點與出版時間，以及印刷者或出版者姓名。但書名頁也是一個有彈性的空間，在不同時點可以任意膨脹，吸納其他原文或視覺材料，包括格言、題辭、印刷註記、插畫等等。例如，英語印刷史上最有名的一幅書名頁，莎士比亞《第一對開本》的書名頁，上有出版者對文本真實性的評論（「依據真實原始抄本出版」），另外還有一張大幅雕版肖像畫。我想強調的是，雖然有違早期書目學家如波拉德等人的努力，但想在各組成元素之間找出一條演化的路徑，是不可能也不恰當的。在印刷術初始的幾十年間，裝飾性木刻畫出現、消失，復又出現，作者姓名、出版日期或地點，乃至印刷者姓名也是一樣——甚至如同史密斯所指出，這還是同一家出版作坊內的情況。[102] 今日的書名頁模樣與 18 世紀大為不同，但從當時到現在並不能說是「進步」，只有一系列技術、文化、經濟、美學的壓力，影響每一個案例。貫串這些變化的，只有書名頁被當作書目詮釋資料編載空間的功能。藉此功能，書名頁化文本為書籍，成為經過設計可在特定法律或社會框架內流通的實物。

　　18 世紀有一本小冊子，用絕妙諷刺彰顯出書名頁的功能，名為《四月一日：空白詩一首，以此頌揚新出版的一首詩的假定作者，詩

名為集會之地，或化裝舞會的沒落》（*The First of April: A Blank Poem, In Commendation of the suppos'd Author of a poem lately publish'd, call'd, Ridotto, or Downfall of Masquerades*），約出版於 1723 年（**圖 4.1**）。小冊子中沒有主文本，只有副文本：有一頁書名頁，和一篇給「沒有人」的獻辭，接下來連續多頁只有頁碼和逐頁題名（書眉），註腳浮於頁面邊緣，除此之外一片空白。當然了，即便正文消失了，這本書依然很充實；關於那首不存在的詩的資訊鑲嵌在頁緣，框出文學應當發揮功效的空間。這當然是個玩笑。印刷的框定機制超越詩作，以至於詩的主要「意義」不存在於詩作本身，反而存在於使詩作得以流通的機制中：也就是書名頁上的銘文，即印刷者在書名頁宣傳此詩是應另一首「新出版」之詩所作。1710 年，〈安妮女王法案〉（the Statute of Anne）頒行，公認是首部由政府監管版權的法律。《四月一日》印於法令頒行後不久，刻意利用甚至是嘲弄了讀者想閱讀書而

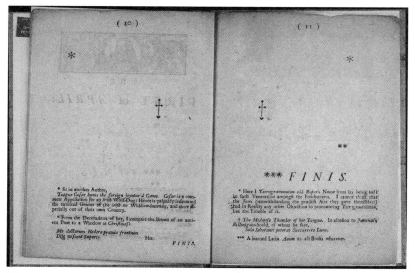

圖 4.1 *The First of April: A Blank Poem, In Commendation of the suppos'd Author of a Poem lately publish'd, call'd, Ridotto, or Downfall of Masquerades* (1723). Mage courtesy of Rare Book Collection, Kislak Center for Special Collections, Rare Books and Manuscripts, University of Pennsylvania

非閱讀詩的渴望。在這個例子裡，裝置凌駕了其餘所有內容。[103]

　　正如讀者（與審查員）日漸期待在書名頁看到可靠事實，在此仍有必要強調，書名頁呈現的詮釋資料與所有詮釋資料一樣未必是中立的。書名頁會說謊。[104] 印刷業者有可能利用假的版權標記保護作者或自己，比如新教徒印刷師約翰・戴（John Day）在英女王瑪麗一世統治期間，用化名「麥可・伍德」和假出版地「法國盧昂」印行激進的宗教宣傳冊。[105] 廷道爾有些小冊宣稱由馬堡（Marburg）一位「漢斯・魯夫特」印刷，該地是德國黑森邦的一座大學城，因為與宗教改革家馬丁・路德（Martin Luther）有關而聞名，但這些小冊子其實在比利時安特衛普（Antwerp）印製。爾後在法國大革命期間，許多在法國印行的政治或社會煽動書籍，書名頁都將出版地標為「Londres」（法語：倫敦）以保護印刷者，印刷者姓名也可能是虛構的。[106] 假的版權標記也可用來推銷書籍，看起來更像有「異國氣息」的舶來品，就像米奇・法拉斯（Mitch Fraas）用數位圖像展示有多本歐陸書籍版權標記在美國。[107] 不過，假註記有時純粹出於好玩。至少有三本 17 世紀的英格蘭書籍宣稱印製於烏托邦；其中一本是法蘭西斯・戈德溫（Francis Godwin）的《無生命的信使》（*Nuncius inanimatus*, 1629），現存於伏杰莎士比亞圖書館（Folger Shakespeare Library），有嚴肅的讀者將烏托邦劃掉寫上「倫敦」，不僅如此，後面還加上「盎格利亞」（Anglia）。[108]

　　之所以有些印刷者選擇說謊，而不乾脆將可能有罪的事實一概略去，顯見書名頁與現代資料技術的出現關係緊密，且也對資料技術的發展有所貢獻。宗教與國政當局需要知道書冊何時在哪裡印行，才能夠審查及控制書冊流通。出版商和作者也需要知道這些資訊，才方便追蹤盜版。在印刷術到來的第一個世紀，執照和行會的監管手段應運而生，要求印刷業者在所印書籍的書名頁列出文本作者與出版者姓名的法律亦應運而生。[109] 這些監管手段產生的作用使書名頁進一步安定下來，成為每一本印刷書在法律上不可或缺的重要部分，最終促使版

權法出現。而版權法又反過來使版權頁成為必要，有時又稱「版本聲明」（edition notice, 參見第五章）。這些發展在此只能大筆帶過，但重點是：書名頁的出現雖然是活字印刷和大量生產所造就，但這些技術也與系統性審查和監管密不可分，不只讓審查監管成為可能，同時也促進了審查和監管。大數據監控是今日全球網路技術基礎設備的特點，其根源正來自書名頁在近現代用於控管資本主義書市交易的功能。

有一名歷史人物能巧妙彰顯這些關係的變化，他是巴格福，17世紀末從鞋匠改行的書商（第三章有討論）。巴格福收集碎散的文本──印刷本、手抄本，似乎凡能入手的他都收集，並且彙集成冊。有些賣給富裕的收藏家，如皮普斯和斯隆爵士；但也有一些他自己留下，建立起一個浩大的私人檔案庫，他希望能藉此闡述印刷的歷史。這個檔案庫裡有豐碩的印刷書名頁收藏，包含來自各時期和歐洲各地的樣本，單算英語超過 3,600 件。後世的書目學家如湯瑪斯・迪布丁（Thomas Frognall Dibdin），稱巴格福是「最飢不擇食的書籍與印刷品收藏家」，就連波拉德在討論書名頁的專書中也貶低巴格福。但誠如米爾頓・蓋奇（Milton McC. Gatch）所言，那樣的名號並不公允。[110]巴格福看似一直在收集本來會被丟棄的碎紙。他這麼做，實則幫了歷史一個大忙，他的簡稱目錄為今人留下約 800 本難經證實的書名，包含 544 條西元 1701 年以前的項目。[111]巴格福必也深知，他保留書名頁，也是為後人留下人類印刷術的歷史：留下一本書曾經存在的證據，即使那本書吾人已不復得見。

我們開始將過去數位化的同時，書名頁又一次進入新的疆域。到圖書館館藏目錄搜尋「書名頁」，不只會找到關於書名頁的論文，八成也會找到實際的書名頁被登錄為文章，而且現在還多了其專屬的詮釋資料，用於描述它們自身以印刷本形式呈現的詮釋資料。曾經用來在概念上將離散的文本材料綑成一冊的超文本裝置，現在自己也成為文本，在數位資料庫內自由流動。儼如一個殘留下來的器官，遙指過

往的媒體生態。我們正步入一個新科技建立的政權，能做到的事和能使用的資料遠比過去的技術更為複雜，書名頁這個書籍構件的歷史，此時或許正能發揮嚮導的作用。

第五章

版權標記、出版許可與版權頁

謝夫・羅傑斯

印刷本在上世紀中葉歡慶誕生五百年。雖然印刷書可能看似把書本結構和讀者期待變成一套固定且一成不變的形式，但仔細深究，還是能揭露演變的歷史。其中最能顯現這段演變者，莫過於一本書中用於管理出版業的要素。本章就要探討印刷書的版權標記（imprints），或稱版權頁（copyright pages），這個特徵在有印刷術以前的手抄本就已經存在，從最早的搖籃本遍及往後所有書籍。因應書籍銷售、著作權人觀念、知識分類法、出版者商業需求的變化，版權頁（通常在書名頁背面；編註：中文書置於書末者亦不少見）不斷演化。本章依年代順序考察以下組成要素，這些要素見證一本書的創意來源、商業生產、坊間流通歷史，以及書在知識界的定位：

- 跋
- 出版印記
- 出版執照
- 著作權與人格權
- 版本聲明
- 品質與標準聲明
- 編目資訊

另一個統整這些要素的方式，是依照最相稱的資訊使用者加以分類排列。這些使用者包括印刷業者、出版業者、書商、編目員、政府官員，以及使用頻率少很多的讀者。我在可行之處，會把個別要素的出現或消失，與印刷技術或流通方式的轉變串連在一起檢視，以證明版權頁的歷史實際亦是歐洲印刷書歷史的縮影。

圖 5.1 到 5.3 可為本章討論到的多數特徵提供視覺參考，僅創用 CC 授權條款無圖片參考。[112]

跋

　　泥板書和手抄書在末尾多半會附上簡短的註記。內容可能用於指出作品的結構，或可能偏向個人目的，用於記錄抄書匠的名字，或是特定的事件或地點。這類註記，特別是附加於宗教文本的註記，可能會表達對上帝的感激，也可能單純表現完工後的如釋重負。這種宣言後來稱為「跋」（colophon），詞源出自古希臘語的「頂點」。

　　歐洲從 15 世紀中葉發展起印刷書，跋也成為比較正式的必要資訊配置，用於表述誰出版了這件作品、哪裡可以購買。而且因為當時的書販售時通常是未裝訂的散紙，所以也會有一段稱為登記紀錄（register）的說明，告訴裝訂師紙頁的裝訂順序。**圖 5.1** 包含上述三個細節，外加上一個視覺符號，稱為印刷商標誌（printer's device）。印刷商標誌為同一印刷商的所有出版品打上商標，首見於 1457 年的《美因斯詩篇》（*Mainz Psalter*），但要到 1476 年，才有印刷業者決定在書名頁收錄完整的版權標記，那本書是天文學者雷吉蒙塔努斯（Regiomontanus）所著之《曆書》（*Calendar*）。到了 1496 年，因為歐陸印刷商和出版商人數遽增，書名頁上有版權標記已十分常見。[113] 16 世紀，出版商逐漸停止印登記紀錄，因為在選定的右頁下緣印上帖號（signature）已成慣例，不再需要另外給裝幀師裝訂說明。[114] 到了 17 世紀中葉，印刷機發明出較大的壓盤，造紙業者也做得出尺寸更大的紙張，可以摺成配頁（不必再將開本大小的紙張層層套疊），配頁的頁數也形成標準固定下來，進一步減少用登記紀錄說明規格例外的必要。跋於是逐漸被版權標記取代，移到書首書名頁的下緣。不過，跋依舊是精品印刷的一大特徵，用於表彰書籍製作者、強調製書材料的品質，如果是限定版，還可用於記錄該書在編號系列中的位置。

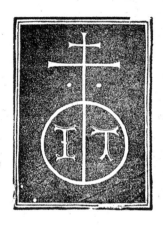

版權標記

　　「imprint」一詞現代用法指的可能是標示作品出版者的說明，或大型出版社旗下的子編輯群。後者這個詞義是在進入 20 世紀後才出現，基本的出版商印記則是從跋合理發展而來，依然保有跋的功能，本質至今未變。不過出版商地址，或有時是出版地點，甚或出版日期，可能會出現在版權頁，而不再印於書名頁。以《芝加哥風格手冊》（Chicago Manual of Style）為例（圖 5.2），大學出版社的名稱和出版日期見於書名頁，但出版社實際的郵政地址則印於背面。

　　版權標記傳統上由多項必要資訊組成：出版商名稱和出版社地址、其他參與該書流通的書商名稱（聯合出版可分攤風險並擴大市場

The University of Chicago Press, Chicago 60637
The University of Chicago Press, Ltd., London
© 1969, 1982, 1993 by The University of Chicago
All rights reserved
First edition published 1906. Twelfth edition 1969
Thirteenth edition 1982. Fourteenth edition 1993
Printed in the United States of America

02 01 00 99 98   10 9 8 7 6 5

ISBN (cloth): 0-226-10389-7

Library of Congress Cataloging-in-Publication Data

University of Chicago Press.
 The Chicago manual of style — 14th ed.
 p. cm.
 Includes bibliographical references and index.
 1. Printing, Practical—United States—Style manuals.
2. Authorship—Handbooks, manuals, etc. 3. Publishers and
publishing—United States—Handbooks, manuals, etc. I. Title.
Z253.U69 1993
808'.027'0973—dc20   92-37475
                CIP

◎ The paper used in this publication meets the minimum
requirements of the American National Standard for
Information Sciences—Permanence of Paper for Printed
Library Materials, ANSI Z39.48-1992.

圖 5.2　《芝加哥風格手冊》第十四版的版權頁範例

範圍）、出版地點與日期。[115] 不同時代不同國家的資訊量會因法律要
求而異，但在手壓印刷時期，版權標記大多為了批發商，而不是為零
售買家印的。[116]

　　不列顛自 1799 年起立法明令書籍須記載印刷者姓名，[117] 可對應
跋附於書末，或印在書名頁背面。隨著印刷技術從木製或鐵製手壓印
刷機演進至更大、更快且更昂貴的蒸汽機械印刷機，印刷商在出版過
程中的角色更加明顯，也因此有了應該能辨其名號的價值。

　　19 世紀另一項重大技術轉變，是裝飾布封面和印刷書裝幀的發
展。這個時期的書籍已經少見以未裝訂的散紙型態販售，出版社裝訂
是常態。多了封面和書背能展示資訊，出版者名稱或版權標記也移向

書封。書衣在 19 世紀後期的發展又進一步延續這個趨勢（參見第二章）。但版權標記或單純一個名稱並不足以幫助讀者或地方官員找到出版社所在地，因此更詳細的資訊如出版社地址、該書的印刷歷史，以及其他製作面和法律面專門用語，也移到書名頁的背面。等到這個位置在 19 世紀晚期成為慣例，出版業也逐漸習慣把書名頁背面稱為版權頁。

進入 20 世紀，出版社更加專業化，「imprint」一詞作為出版社附屬品牌的意思也漸為人所用。這些所謂的出版品牌，往往指原本獨立的出版社後來被更大的出版社買斷，例如維京出版社（Viking）1975 年被企鵝集團（Penguin）收購。但出版品牌也可由特別成功的編輯創立：1935 年，喬瑟夫（Michael Joseph, 1897-1958）在維克多格蘭茨出版社（Victor Granz Ltd.）旗下創立自己的出版品牌，而後於 1938 年取代了母公司。出版品牌也可能代表大公司內部的關注焦點：2017 年，主編亞歷克斯・克拉克（Alex Clarke）離開麥可喬瑟夫出版品牌，成立野火出版（Wildfire），屬於頭條出版集團（Headline）社內的分部，盼望出版的書籍能「如野火蔓延」。這一類出版品牌幾乎都有一個獨特的商標——可謂是印刷商標誌相隔久遠的表親，圖標通常比較小，裝飾在書背和書衣上，也可能會印在書名頁中，作為該出版品牌系列作品的商標。出版品牌印記最為人熟悉的一個例子，應該是企鵝出版社在 1940 年為旗下童書設計的海鸚商標。

出版執照

從中世紀到近代時期，書業在許多方面受行會管控。行會依據成員共同建立的指導方針管理生產與銷售。只要是在印刷術集中於少數城市中心並受其主導的地方，這種管理方法多能運作得宜。法律對印刷業者人數的限制也約束了印刷術的傳播，從而增進行會管控。在這種情況下，行會內部必須自行協商，決定誰有權印刷某份特定文本。不過，沒有任何一個法律體制能越過邊境行使權威，又加上當時歐洲

以拉丁語作為通用語言，法語居次，所以某一國出版的書，往往未經核可也會在其他國家複製翻印；與此同時，認定對宗教或政治秩序有潛在威脅的書，則會設法透過假造版權標記，喬裝成他國的產品通過審查。此外，隨著印刷業者之間的競爭加劇，利潤格外豐厚的書如祈禱書或曆書，印刷權也漸受各方高度競爭。為此，歐洲各地均有印刷業者轉向統治當權求助，希望當權者發行執照授予壟斷權，允許他們獨家印刷某一本書，或聖經或法律書等全套書籍。有時候法律會要求須將出版執照印於作品中，但就算沒有法律強制要求，許多出版商也發現暗示書籍獲王室背書有助於銷售。自 1538 年起，英格蘭受王室贊助印刷的書，皆須聲明該書之出版不只是「cum privilegio regali」（獲得授權），也是「ad imprimendum solum」（專利印刷）。因此，有必要解釋的是，王室授權並不等同於亨利王朝所說的「女王陛下欽點」，而只代表了商業壟斷……「僅限用於印刷」一語旨在說明印刷業者的壟斷權**在各方面**都不代表這本書內容獲王室贊同。[118] 儘管有此澄清的做法，但出版業者仍持續設法讓書沐浴在王室特許的光芒之下。縱觀 18 世紀，出版業者多數時候還是會為重要或昂貴的書籍向王室求取出版執照。[119]

　　歐洲唯一跨多國國界仍具有權威的實體是羅馬教廷，教廷以天主教會身分長期持續為書籍核發出版執照。教會發給出版許可（「容許印刷」）證明的是該作品是否合乎教義，而非作品的商業價值或國族意義。而教會核發出版許可前，多會由主教或其他學識豐厚的神學士出任審查官，發給拉丁語聲明：「nihil obstat」，意思是「（教義方面）無礙」該書出版。不過，這種對作品公信力的認證並不只見於教會。皮普斯出任英格蘭皇家學會會長時，曾為牛頓的《自然哲學的數學原理》（原書名簡稱 *Principia*, 1687）核發出版許可，大學校長亦會為重要或帶有爭議的學術書籍核發出版許可。出版許可和無礙聲明一般會印在書名頁的對頁或前一頁，但最好將之視為設法維持監控書籍的眾多手段之一。

上述這些出版執照，都是為了認證書具有的某些優點。天主教會和歐洲各政權也會行使權力，以各種方式限制出版或宣布已出版的書籍為非法，在 17 世紀下半葉的英格蘭尤其明顯。天主教會在 1559 年首度出版禁書索引，1996 年才正式廢止。各國政府也經常要求出版業者在出版前呈交作品以供審查。在英格蘭，管理此類審查行為的法律名為〈授權法〉（Licencing Act）。法令所及，每一本經核可的書都須印上許可聲明，通常印在書名頁的對頁或前一頁。彌爾頓寫下著名的《論出版自由》（*Areopagitica*, 1644），反對出版前審查的制度，英國國會後來終於採納其立場，於 1695 年同意〈授權法〉失效，1709 年以著作權規定取代，要求出版書籍須寫明作者與出版者。

著作權與人格權

　　著作權是個複雜的法律概念，從特許執照延伸並緩慢演變而來，演變的進程在不同法律管轄地區也有些許不同。[120] 不過，著作權的總體目的在各地都是一致的（為了促進新知識的傳播普及），且自 1886 年〈伯恩文學與藝術作品保護公約〉（Berne Convention for the Protection of Literary and Artistic Work, 簡稱〈伯恩公約〉）訂定以來，國際間陸續制定的許多協議也旨在提高著作權目的的一致性。彼得・布萊尼（Peter Blayney）認為著作權是 18 世紀的發明，[121] 在英國可能可以更確切追溯到 1710 年的〈安妮女王法案〉。該法案和專利權及特許權一樣，賦予作者對著作文本獨享的決斷權，期限為 14 年，期限過後若作者仍在世可再延長 14 年。不過，書商早已習慣把書籍視為可交易的商品，並透過書商公會管理業內事務，自然很不願意將所有權讓與作者。這個問題在 1774 年做出了對作者有利的最終定奪。從此以後，每談到著作權，討論的大半都是延長保護期限、繼承人延長保護期限的權力、哪些類型的創作材料可受保護等等的事了。

　　〈伯恩公約〉於 1886 年規定著作權自動生效，意思是作者或出版業者不必再向英國書商公會（登記措施立法於 1710 年）或美國著

作權局（登記措施立法於 1790 年）等版權管理機構登記作品。至於非語言創作如繪畫和雕塑是否可受著作權保護，爭議持續不休，促使美國在 1909 年首創今人所熟悉的版權符號「◎」，並使用在其他創作媒材上。1954 年，這個符號的適用範圍向外延伸，可用於表示所有創作型態的著作權。雖然出版業者依法並不必在書中加入版權符號或著作權聲明，但版權聲明出現在書名頁的背面，現在幾乎已經是全世界的常態。

著作權所保護的財產權，涵蓋的是用於表現某個構想的特定手法，不包含該構想本身。但因為構想和表現手法不見得能輕易區隔，又因為構想與擁有構想之人同樣糾結難分，著作人格權的概念因此漸漸發展出來。在大多數司法管轄區，法律內一般列有三種著作人格權：[122]

1. 公開發表權（作者可決定是否出版）與收回權（作者若觀點改變可收回出版之著作）。由於法庭少見違反這項權利的訴訟，這項權利「基本上是象徵性立法的範例」（參考書目第 363 頁）。
2. 姓名表示權（防止他人主張自己是作品著作人，或不承認原作者為著作人）。
3. 禁止不當修改權（防止未經作者同意，任意修改作者之著作，即使更動目的是為了改善也不可以）。

（譯按：參考 https://www.tipo.gov.tw/public/Attachment/44301594626.pdf）

這些權利與著作財產權不同，不能讓與他人。在不列顛聯合王國，作者必須在出版物上以正式聲明申告自己的著作人格權，而不會像現今的著作財產權一樣自動享有權利。著作人格權在 1928 年經〈伯恩公約〉第一次廣為頒布。

複雜的人格問題，也浮現在與傳記書或歷史敘事作品的關係中。

這類作品對個人行為動機的詮釋不盡然是光榮的一面。也因此版權頁，特別是歷史虛構作品的版權頁，現在往往會包含一行字，聲明與真實人物若有雷同純屬巧合。這行聲明首次出現要歸功於電影業。1943 年，米高梅影業出品的電影《拉斯普丁與皇后》（*Rasputin and the Empress*）遭人控告涉嫌誹謗，並因此捲入官司。[123] 此後這一類免責聲明的法律價值在後續的案例中漸漸受到標舉和重視，以至於相同做法也延伸至出版著作。免責聲明的用語並無嚴格規定，但須盡力表明作者化用史實的程度。以小說《凡妮莎與姊妹》（*Vanessa and Her Sister*，**圖 5.3**）為例，版權頁的聲明不只將歷史人物與書中虛構人物做出區分，也否認與生活在 2015 年當下的人有任何雷同。這部小說所列出的第二條聲明，則用於表明出版者在引用為這本歷史虛構之作提供背景資訊的早期作品時，皆盡力遵從版權限制。這種複合式聲明在經典文選中很常見，因為文選可能很難回頭找到可授權翻印某一文本的作者或繼承人。遇到對作者或出版者不利的法律控訴，上述兩種免責聲明可能都有幫助，但無法絕對保證能提供保護。這些免責聲明和某幾項著作人格權一樣，既是法律權利的宣告，也是象徵性表明作者和出版者的立意良善。第三種免責聲明則用於宣告出版者對書中提供的財務、醫療、法律建議所產生之結果概不負責。前述例子並未有此聲明，但這可能是多數讀者最熟悉的免責聲明，事實也證明，這對保護作者和出版者免於訴訟最為有效。

隨著影印機、印表機、數位網路廣為普及的時代來臨，未經傳統管道出版但公開發表的文字素材數量亦大幅增加，寫作者漸漸希望能聲張某些權利，而又不必局限於著作權法固有的一些限制。同時，學者創作投稿給期刊，然後所屬研究機構圖書館又必須再向出版商購買期刊，這種商業模式也漸漸在學術界引發質疑。作為開放取用（Open Access）運動重要的一步，美國非營利企業「創用 CC」（Creative Commons）在 2001 年創立。創用 CC 提供並持續修訂自行設計的授權條款，任何人都能自由應用條款內任一項權利或所有權利。這些權

Bloomsbury Circus is an imprint of Bloomsbury Publishing Plc
50 Bedford Square
London
WC1B 3DP

www.bloomsbury.com

Bloomsbury is a trademark of Bloomsbury Publishing Plc

Bloomsbury Publishing, London, New Delhi, New York and Sydney

A CIP catalogue record for this book is available from the British Library

Hardback ISBN 978 1 4088 5020 6
Trade paperback ISBN 978 1 4088 5021 3

10 9 8 7 6 5 4 3 2 1

Book design by Barbara M. Bachman
Typeset by Hewer Text UK Ltd, Edinburgh
Printed and bound in Great Britain by CPI Group (UK) Ltd, Croydon CR0 4YY

MIX
Paper from
responsible sources
FSC
www.fsc.org   FSC® C020471

圖 5.3　版權頁的另一範例，出自普利亞・帕瑪的《凡妮莎與姊妹》。

利並不牴觸著作權法，不過可允許著作者放棄特定條款。目前的最新版本是創用 CC 條款 4.0。條款全文涉及四個面向：第一，作品經重製或化用於衍生作品之中，必須標註原作者（姓名表示）。第二，作品若化用於衍生作品之中，新作品後來規定的版權限制不能比原作版權限制更嚴格（同方式分享）。第三，化用和重製原作僅限用於非商業用途；以及第四，重製作品不得更改原作（禁止改作）。這些條款將著作權與著作人格權所反映的法律、商業、倫理顧慮巧妙融合在一起。創用 CC 條款通常會納入版權聲明的一部分呈現於版權頁。

版本聲明

出版商一方面發現，追蹤作品歷經的多個印刷版本很有助益，但又不太願意向讀者昭告作品改版次數實際上有多頻繁（或多不頻繁）。出版商通常希望強調有「全新改良」的版本上市，樂見有機會為已頗有名氣的作品發行書名頁日期更新的版本，為作品注入新生氣息，使它重回書店架上。但另一方面，出版商也認為書上印的版本數字，乃至於再刷次數，都是敏感的商業資訊。也因此，版權頁上記錄的版本歷史資訊，無論資訊量和正確性變化幅度都非常大。

儘管「版本聲明」一詞可用於代稱任何書上所附的新版或改版註記，但它與上世紀出版的書有格外複雜的關係。因為在上個世紀，一本暢銷書可能代表銷售破萬冊。因為紙型鉛版和照相製版的生產方式，消費者無從分辨舊書再版，連帶也鼓勵了出版業者把再版聲明納入書中。[124] 然而，聲明用語始終未有規定，導致各式各樣的措辭都有，造成的混淆恐怕不亞於澄清。這種情況促使約翰・卡特（John Carter）在著作《藏書指南》（*ABC for Book Collectors*）中，貢獻了一整章來解釋「初」（first）這個字，希望能確定「英語初版」（First English edition）、「初次公開發行版」（First published edition）、「初次獨立發行版」（First separate edition）等用語到底都是什麼意思。[125] 圖書館編目員進行圖書編目時會將這些版本聲明記錄下來，但

做法是照樣引述，以免遇上個別案例有解讀錯誤之虞。在版權頁的所有資訊之中，版本聲明原應是對書籍歷史學者最有幫助的一項要素，現今卻須受到最嚴謹的調查，才能為某一特定版本建立詳確的書目學地位。

品質與準則聲明

18 世紀末起，對紙張的需求持續擴大，引起各方廣為實驗各種不同纖維材料，以及哪些方法可將纖維分解成適合造紙的細纖。有些方法在當時看似管用，但時間一久便證明有缺陷，因為化學殘留物久了會與空氣作用，產生我們現在稱為紙張脆化或酸化的嚴重問題。雖然至今仍未有價格實惠又能復原現存書籍劣化狀態的方法，但造紙商應變得很快，發展出多項標準以向購買者保證自家的紙張禁得起時間考驗。最常見於專門鎖定學術與圖書館市場的布面裝幀書，這些標準隨原物料永續生產等環境考量持續演變，如今在範圍甚廣的各類書籍中也日益常見。國際標準化組織（International Oragnization for Standardization, ISO）針對紙張耐久性制定的第一套指導方針，於 1993 年頒布，以確保造紙商為紙張表面添加足夠的屏障，抵擋日久酸化。同年，森林管理委員會（Forest Stewardship Council）提議為書加上標章或標示，以示該書使用的木質紙漿出自永續林業。針對用於印刷的石化墨水和石化溶劑也出現類似的環保顧慮。自 1970 年代起陸續開發出替代材料，例如大豆油墨已是現代印刷的普遍特點，而且往往會特別強調。這些細節資訊如有提供，幾乎都記錄在書名頁的背面。

特別有一種印刷品，即政黨出版刊物，也習慣強調刊物是請有加入工會的在地印刷商印刷發行的。「工會商標」（Union Label）運動在美國尤其強盛，20 世紀中期，工會商標在各類印刷刊物都十分常見。如今在政治界以外很少看到工會商標，部分是因為商業書刊的印刷很多都發包至海外，特別多在亞洲印刷。

另有一些比較不具監管意義的品質標示，也在版權頁獲得版面。可能包括關於字型與字體大小的聲明、設計師姓名、插畫與封面設計者姓名，以及感謝政府部門或研究機構予以贊助，最後這項最常見於學術或文學書刊。

編目資訊

說到單一技術演變對版權頁的影響，沒有誰比得過電腦化的影響。圖書館雖能借助卡片目錄管理緩慢擴大的藏書，但存貨量大且陳列更換頻繁的連鎖書店出現，促使英國在 1965 年發展出標準書號（Standard Book Number, SBN）。1967 年，標準書號邁向國際，演變成 10 碼 的 國 際 標 準 書 號（International Standard Book Number, ISBN），之後應數位條碼之需，又自 2005 年起改成 13 碼系統。ISBN 的最後一碼是校驗碼，與用其他位數進行運算後所得總和的末碼相同。校驗碼很容易用電腦查對，可以減少印刷時發生數字轉位或錯置。現在包括圖書館電子目錄和線上圖書銷售都以 ISBN 為基礎。

在有標準書號以前，每家出版商都有追蹤記錄自家書籍不同版本和開本的方法。其中一個方法如有標示會印在版權頁，那就是印刷碼（printer's key），或又稱數字串（number line），在 20 世紀下半葉出版的很多書裡都可找到。**圖 5.2** 所示的版權頁範例出自第十四版《芝加哥風格手冊》（1993），其中第八行的一串數字顯示，照片拍攝的這本書屬於第十四版第四刷，發行於 1998 年。[126] 隨著印刷次數與時俱增，出版商可以剔除掉數字串內對應的數標。「剔除」一詞用在鉛字印刷書上非常具體，因為這些數碼也會是該頁紙型鉛版的一部分，用小鑿子就能輕鬆除去。到了芝加哥大學出版社發行第十四版時，印刷商複印文本的方式應已轉換至照相製版，但要移除數字的圖案依舊輕而易舉。每個新版本或不同出版形式（有聲書、電子書）皆須申請新的 ISBN，這個規定削減了數字串的必要性，但數字串可用來判斷各版本的先後順序與收藏價值，是書商和收藏家依然重視的一項特

徵。[127]

　　編目還需要一項無法用數字符號傳達的重要資訊，就是主題標目（subject headings）。因此，英語世界出版商印行的書，從 1990 年代末起開始會加入 CIP —— 出版品預行編目（Cataloguing in Publication）資料，現今大多數有國家圖書館的國家都會為出版社提供出版品預行編目服務。以《芝加哥風格手冊》為例（**圖 5.2**），主題標目除了標明由美國國會圖書館詳細創建和管理的子標題，也提供國會圖書館的建議分類和杜威十進位分類（Dewey Decimal）索書號。假如這本書是系列作的其中一集，則該系列名稱和該書在系列中的集數，正常而言也會記錄在編目資訊中。

　　現代科技彷彿想為這段簡短的歷史提供合適結局，因為電子書又一次將英語出版界的版權聲明移到書尾，目的單純是為了取得更多空間，記錄數位媒介更複雜的所有權與流通安排。這個看似走回頭路但其實合乎邏輯的調整，顯示為了控制書籍地位所做的重重努力，未來仍會隨科技、法律、使用者需求的轉變持續演化。而且這裡所說的使用者，將會是書籍生產和資訊組織的管理者，而不再是典型的讀者。但不論版權頁移到哪裡，也不論所載內容因歷史時代或國家疆域有多少差異，版權頁的基本功能依然會和從前一樣，是為了記錄書的商業細節，包括作者權利、發行歷史、市場販售和流通管道。書在世界上創造意義的同時，這些細節也依然會是書不可或缺的要素。

第六章

目　錄

約瑟夫・豪利

你會從哪裡開始讀一本書？很可能你翻開這本書，略過序，翻到目錄（tables of contents），挑了某一章開始讀。有可能是這一章，也可能是其他章。或許你利用目錄找到一章以後，又接續讀起下一章，然後再下一章；又或許，某一章提到另一章，所以你利用目錄找到新的**那**一章，翻到那裡接著讀。也許，就在來來回回之間，你看完了整本書，不是從頭讀到尾，而是按照你自己選擇的路徑。又或許，讀罷這本書時，有一章你從來沒有翻開過。說不定就是這一章。[128]

中世紀有一部作者匿名的文本，我們稱為《七五四編年史》（*Chronicle of 754*），其中描述阿拉伯將軍努塞爾（Musa bin Nusayr）通過阿赫西拉斯港，從北非抵達西班牙。敘述間令人拍案地用了書的意象：

> 穆薩親身通過卡地斯海峽，航向這片悲淒大地，離海克力士之柱愈來愈近——那高聳的石岬指向海港入口，彷若一本書的「incidio」（quasi tomi incidio porti adytum demonstrantes），又如他手中的鑰匙，解開鎖，露出了這條航道——以破壞者之姿，他走進久經掠奪侵略、早為上帝遺棄的西班牙。[129]

拉丁語「incidio」一詞，意思是翻開一本書（tomus）之後最先遇到的具有導航功能的副文本，有如**最先出現**且能**指引方向**的第一個停靠港——此外甚至還如「手中的鑰匙」，能**解鎖**閱讀途徑，指引讀者通過一本書。預告後續發展和指引解讀，這兩個概念就是我們接下來要討論的重要元素。

我們要探討的「目錄」，是一本書的內容摘要或簡述**依照在書中出現的順序**加以條列（第二十章討論的「索引」則依照其他準則條列內容）。[130]目錄的位置在書首或書尾，因不同的歷史年代而異，因此不能當作定義基準；何況不論在書首或書尾，都能一樣快地翻查到目錄。[131]所以，我們在此關心的是，目錄的決定性特徵，在於它反映了

文本本身的順序。

「文本順序」是目錄最能揭示的文本屬性：兩者都代表後續將出現的文本順序，同時將自己安插在順序最前頭，雙重中介文本。兩者還具備預敘（prolepsis）作用，邀請讀者跳著前進，建立非線性的閱讀順序，違抗原書的順序。也因此在不同文類的書籍中，目錄的樣子不盡相同：目錄最早也最常出現在以參考用途為主的書（字母表或其他排序原則尚未取而代之以前），但也不乏出現在小說中，若是在小說，目錄的歷史與章節標題的發展密切相關（參見第十二章）。

更重要的是，目錄作為書本構件，處在一個介於實體書本和抽象文本之間的模糊地帶。我們今天知道目錄是一本書的獨特構成要素，是出版社或編輯添加上去的（所以同一文本在不同時間的版本，目錄可能也不同，或根本沒有目錄）。但我們最早的目錄是古典時期傳下來的，屬於**文本**的一部分，此外沒有更古老的書本可證明目錄的呈現或使用。以下我會循古代拉丁語經典的目錄，從它們首度出現的手抄本年代，往後探討到印刷的時代，看目錄是如何一步步成為書籍必要的構件。[132] 書籍史學者——或具有書籍史意識的文學生——須能自由運用各種研究工具與方法，此時目錄作為書的構件，所展現的模稜兩可的特殊性可充分供作研究案例。[133]

※📖※

一如眾多始於古典時代的故事，目錄的緣起也籠罩於佚失之中。老普林尼在《博物志》（*Natural History*, 約西元 79 年前）採用目錄，並引用西元前二世紀的作家索蘭尼斯（Soranus）為證，主張自己有權加入目錄，但索蘭尼斯的作品（連同目錄）已經佚失，我們無從得見。[134] 普林尼的作品是其中之一，現存只有四本拉丁語著作的目錄可以確定是「作者原著」[135]。這四本書隸屬的文類，都可認定是技術性或準技術性的範圍，特點是結構「紛雜」，似乎需要目錄等類似裝置

輔助。其中三本書，拉格斯（Scribonius Largus）的藥學著作《醫學精選》（Compositiones）、寇魯邁拉（Columella）的農學著作《論農業》（de Re Rustica）、普林尼包羅萬象的《博物志》，年代都在西元 1 世紀；奧盧斯・格利烏斯（Aulus Gellius）的古文物研究散文集《阿提卡之夜》（Attic Nights），則出自西元 2 世紀末，是年代最近的古典範例。[136] 除此之外，還應加上古希臘哲學家愛比克泰德（Epictetus, 逝於西元 135 年）由門生阿利安（Arrian）編纂的《語錄》（Discourses）。這幾本書的目錄原本出現在作品開頭，列於引言之後（寇魯麥拉除外，他的目錄出現在第十一卷），但到了中世紀，目錄分散到每一冊開頭也不算少見。[137] 這個過程可能與卷軸在大約 3 世紀時轉變為抄本相符合，但也非絕對；不論在哪一種開本形式，目錄位置重新分配也有可能只是為求方便（抄本讀者只需要往回翻幾頁，就能找到目前這一冊的目錄，卷軸讀者則不必再去拿第二個「目錄」卷軸）。

彙整這些經典目錄的特點，除了它們都存在於文本中，還有作者都附上了使用目錄的教學，而且內容都用上搜索、尋找等詞語來形容。[138] 但上述的文本之中，有些似乎還利用構成目錄的章節標題來玩哲學遊戲，特別是格利烏斯和愛比克泰德，他們利用目錄來吸引讀者思考或聚焦於特定篇章。[139] 就這方面而言，目錄在古典時期就已經不只是第一個停靠港，更是「手中的鑰匙」，不只引導進入，還引導解讀。

※📖※

目錄在古典時期如何發揮導航裝置的「作用」？從小普林尼（Pliny the Younger）於西元 500 年前後編著的《書信集》（Letters）現收藏於摩根圖書館（Morgan Library）的一份不完整手抄本[140]，或可看出端倪。這份殘本僅剩下完整手抄本的其中六個雙頁（bifolia），介於《書信集》第二冊尾到第三冊初，包含一份第三冊的目錄，每行

目錄下各有起始句標出書中分段。目錄分布於書頁正反兩面，排列經過細心考量：每頁下方都留下四行格線未使用，在空白頁面形成一個對稱方塊，靠近最下緣和最外緣處則加上了穿頁的小紅點，像是框定範圍完成的標記。[141] 一如起始句周圍的蔓葉裝飾，目錄也交替用紅色墨水寫各封信的收信人，黑色墨水寫該封信的起始句，格式如下（我用粗體字表示紅色文字）：

AD CALVISIVM RVFVM	致 CALVISIUS RUFUS
NESCIOANVLLVM	「我不知是否有……」
AD VIBIUM · MAXIMUM	致 VIBIUS MAXMUS
QUOD · IPSE AMICISTVIS	「為了你，我的朋友，我有些事……」
AD CAERELLIAE HISPVLLAE	致 CAERELLIA HISPULLA
CVMPATREMTVVM	「自從令尊……」

　　《書信集》收集普林尼與友人的私下通信，依照年代順序巧妙排序，形成文學效果。讀者可按照給定的順序閱讀，理解前後信件之間的互涉關聯，或者也可以刻意違背給定的順序，循線追蹤普林尼與出現在書信集各處不同友人的關係。這份目錄似乎也鼓勵第二種閱讀模式，紅色字串就像把收信人（致 Calvisus Rufus）宣告為某種章節標題。

　　事實上，目錄還為每封信提供多項資訊：一是信在書中的位置順序；二是收信人；三則是那封信的起始句。這些資訊放在一起，讓人能快速翻到想看的書信處，因為在每一封新的信開頭，抄寫時都有標記。新的一封信會往頁面左緣偏移，通常會使用紅字和圓點記號，讓收信人和起始句在視覺上顯得突出，這是古典時期文本分段的常見特徵。[142]

　　這之所以是一份目錄，一來是因為條目按照順序排列，二來則是因為每則條目皆為每封書信提供一個描述性的標題。紅色手寫字沒有

重現信件開頭永遠將收信人置於文法間接受格（dativ）的稱呼語（例如 C. Plinius Calvisio suo salutem，意思是「Gaius Pliny 向朋友 Calvisius〔致上〕問候」），而是改將收信人置於直接受格（accusative）：ad Calvisium Rufum，「致 Calvisius Rufus」。在目錄中列出書信本身省略的收信人全名，暗示目錄出自作者本人手筆。[143]

我們無法確定這種手法在古典時期有多常見，只能任憑流傳下來的物證擺布，以及我們在多大程度上相信後古典時期的手抄本可以反映古典時期的副文本。假如在中世紀手抄本中發現目錄，我們必須考慮這個目錄是從作者原本流傳下來，還是較早的抄本加上去再複抄過來，又或是眼前這個抄本自行添加的；甚至可以說，中世紀手抄本幾乎每一本在某方面都是獨一無二的。

中世紀書籍時興目錄有兩個重要因素。首先，當抄書匠或讀者遇到視覺上或概念上本已分成小段的散文體，例如短文（essay），他們可能會傾向為這類文本加上（或補充既有的）目錄；而這些分段可能已經利用章節標題（古典時代多稱為 capita ——意思是「頭」，複數是 caput ——但後來往往稱 capitula；希臘語為 κεφάλλια）突顯出來，也可能隱藏於文本中，邀請人自行加上標題。不過目錄日益常見，應該理解成閱讀行為發展的一部分。大約 12 世紀時，修道院閱讀文化的改變，從各種能輔助快速、非線性「參考式」閱讀的裝置紛紛出現便可見得，目錄只是其中之一。閱讀趨勢還影響到經文典籍、古典文本，以及當代新的寫作方式。[144] 中世紀的製書與用書人實驗過各種描述、提煉、概述書中內容的方法，以及向自己和其他讀者呈現實踐結果的方法。古典時代以後，目錄隨部分拉丁語經典繼續流傳，甚至在印刷術傳至歐洲前的最後幾百年，在抄書坊重獲新生。但我們今天談到目錄，一般指的是印刷書的一部分，而我現在也將繼續討論印刷。

拉丁語經典 15 世紀版本內出現的目錄，就是原先手抄本的目錄找到辦法傳進了印刷作坊；最早的一些印刷書的目錄，特徵比較接近中世紀末或近代早期，而不像印刷書本身的目錄。目錄是什麼，應該長什麼樣子？印刷術到來之初的數十年，製書人和用書人持續思考這些問題，雖然他們也發現比起目錄，印刷與目錄的另一勁敵——索引——似乎更匹配（參見第二十章）。

對連同目錄一起流傳至印刷時代的古典文本，我們發現每位搖籃本版的印刷師，對於該拿古代的目錄怎麼辦，決定都略有不同。而且就算是同一版本的不同印本，裝訂後也不見得都相同。直到 1490 年出現葉碼（foaliation）與後繼的頁碼（pagination）以前，裝幀師只能參考帖號來判斷一疊散稿應該按何順序裝訂。另外，將目錄印在記號與主文本分開的帖上，也並非不常見（例如 a-n 為主文本，A-B 為目錄）。沒有頁碼和記號表，也沒有書名頁，裝幀師無從根據印刷師留下的痕跡來判斷目錄應該配置在書首還是書尾。[145] 所以同一本書現存的幾個印本，有可能出現兩種不同的裝訂順序（例如一本是 a-nA-b，另一本是 A-Ba-n），雙方都無法宣稱自己是「正確」的。目錄在印刷過程中，從屬性移入了材料的範圍。

1469 年，格利烏斯《阿提卡之夜》的印刷首版（edito princeps），特點就是印有古目錄的配頁位置浮動。現存於摩根圖書館的一個印本將目錄裝訂於書首，書中有手寫紅字的葉碼，古目錄也被加上這些葉碼。除此之外，這個版本雖然和多數搖籃本一樣，翻印各章開頭當作對應文章的標題，但在每一冊第一篇文章都省略了翻印開頭的做法。不過也都有相同手抄字跡補上這個闕漏（可能是聽從印刷者在序言中告誡讀者應讀完「每一頁與其標題」）。[146] 換句話說，這個印本離開印刷鋪以後，有人決定不只要強化目錄的指引功能，也要

修復目錄的解讀功能受到的損害。

　　有些文本是在流傳之間被賦予了目錄。舉例來說，依西多祿（Isidore）《詞源學》（*Etymologies*）的手抄本和印刷本，兩者的差異一在如何呈現各冊主題，二在如何呈現各冊內的章節標題。[147] 摩根圖書館收藏的一份 10 世紀的手抄殘本，顯示《詞源學》第三冊開頭列出了附上編號的章節標題，這些編號也重複出現在每個分段的邊緣空白處。[148] 依西多祿這本重要著作也提醒我們，目錄有時候也可能取材自序言或引言（很像現代的學術專著慣常會有一段導論，依序介紹各章的論點，不過本書並沒有這樣一篇導論）。與《詞源學》一同流傳下來的序文如此總結：「讀者諸君，為使你快速找到欲在書中求索的內容，下方所述將向你揭露本書作者在各冊討論的內容：第一冊，論文法與文法的組成；第二冊，……〔依此類推〕。」1472 年奧格斯堡（Augsburg）版把接下來的目錄當成連續的文字段落印刷，不過摩根圖書館裡的一部印本，則沿著這段文字在邊緣空白處加上手寫編號（Liber primus 2us, 3us & c），同時在頁緣標明這是一段目錄（tabula generalis）。此外，這個版本也在獨立無帖號的配頁印上完整的章節標題列表（摩根圖書館的印本裝訂在書末）。我們可與 1473 年的史特拉斯堡（Strasbourg）版做比較，史特拉斯堡版將全冊目錄拆分成一行一行的文字，不過也將子冊的章節標題列表配置在每一冊的開頭，減少來回翻閱獨立配頁的麻煩，但也無法一次盡覽完整目錄。這些章節標題在第一冊也印刷成列表的形式，不過在後續幾冊則仍印成連續的文字段落。在早期的搖籃本中，目錄的位置與樣式與在手抄本內一樣多變。例如在地理學家索利努斯（Solinus）著作的不同搖籃本中，我們可發現同樣的章節標題，有的印成附編號的列表並出現於內文標題（1473 年威尼斯版），有的印成列表但**未**當作內文標題（1474-75 年羅馬版），也有的印成附編號的列表，但當作內文標題則未附上編號（1480 年帕瑪版）。[149]

　　我們可能會因此傾向於假設，既然目錄漸漸出現在一些拉丁語經

典的當代版本裡了，而且價值如此顯而易見，其他作品應當也會開始加上目錄吧，尤其早期印刷業界競爭激烈，印刷師不惜求助各種優勢，讓自己的版本更有吸引力。但初步調查拉丁語搖籃本的早期版本與搖籃本時代晚期的版本，卻少見符合這種假設的跡象：我比較過小普林尼、西塞羅（Civero）的《書信集》、蘇維托尼烏斯（Suetonius）、卡圖盧斯（Catullus）、馬修亞（Martial）等作品1490 年代的版本，與 1460 年代以降到 1970 年代的版本，並未發現有任何證據指出文本中的目錄是搖籃本印刷師另加上去的。由此或許可以得到結論，在印刷術初始數十年間，目錄依舊被理解為**流傳下來的部分文本**，而非**印刷師自行添加的項目**。

16 世紀初，印刷業者最可確定會迫不及待加進書裡的新特徵，是字順索引（alphabetic index）。例如格利烏斯的《阿提卡之夜》內涵豐富，允許古典文學研究者深入挖掘古典時代有趣的字詞與史實，印刷時就被加上了最早期型態的字順索引，回應了 15 世紀早已經在印刷本和手抄本中流通的手寫索引。

阿爾丁（Aldins）版的格利烏斯（1515），書首開頭就是一份主題字順索引，格利烏斯原著的目錄則印於文本末尾。但字順索引插上了全書頁碼，而格利烏斯的古目錄則仍只指出冊別和章別——印刷者並未設法結合全書頁碼與古目錄。現代索引贏過古代目錄的終極勝利，表現在阿爾丁版以後，16 世紀中葉各版本的格利烏斯都以阿爾丁版的文本與副文本為範本，例如 1550 年的里昂（Lyon）版。[150] 這些版本一到文本末尾就直接跳到希臘語註解，將古目錄給完全省略。目錄原本該在的位置則像是小偷盜走錢財還留下贖票，印上了類似賠罪辯解的文字：「敬告讀者，格利烏斯《阿提卡之夜》此處原有的目錄已為我所省略，一則因為各篇文章已分別附上標題，二則因為書中已加上最豐富的**索引**，所有值得注意的內容都可見於其中。」

依西多祿的著作中有全書目錄和各冊目錄的存在，點出了目錄製作層級的問題。除了章節目錄以外，我們也能見到目錄列出**單冊中的**

多部作品，不論是手抄本雜文集（即一抄本內含多篇文章）、作品選集（多部印刷作品裝訂在一起），或是印刷版文集。收存於德州哈利瑞森檔案館（Harry Ransom Center）的 1493 年版格利烏斯《阿提卡之夜》，就與其他數部作品裝訂成作品選集，其中包括薄伽丘（Boccaccio）的作品。某一任書主在薄伽丘的書名頁空白處，依照順序為書中類型迥異的作品列了一張表，形同讀者為一本獨特選集提供的目錄（**圖 6.1**）。

1500 年威尼斯版的小普林尼著作，印本內還包含其他作品，書首是一份長度適中的清單，排列成三角形（但肯定不是表格），列出「這本不起眼的小心血收錄有哪些東西」（Quae in isto continentur opusculo）。[151] 阿爾丁印刷出版社的創始人阿爾杜（Aldus），有時候會在序言列出書中內容。[152] 但他也會印標題目錄：1497 年阿爾丁版的楊布里科斯（Iamblichus）等作者文選，書首是依序排列的作品列表，題為「書中內容**索引**」。1498 年版的亞里斯多芬（Aristophanes）劇作集，卷首也是依序排列的劇目表，1502 年版的希羅多德（Herodotus）《歷史》（*Histories*），則依照對應的謬思女神（而非編號）將各冊列表。1513 年版的凱撒（Caesar）著作，第一頁除了有所收錄作品和副文本（地圖！詞彙！）列表，還有一個鯨魚與船錨圖標顯眼地填滿頁面，目錄與廣告合為一體（**圖 6.2**）。

1508 年版的小普林尼（共九冊，外加第十冊與皇帝圖拉真的通信集）也收錄了他自己的〈頌詞〉（Panegyricus）、蘇維托尼烏斯的《文法家與修辭家的生活》（*Lives of Grammarians and Rhetoricians*），以及神祕的預言編年史家奧伯西昆斯（Julius Obsequens）的著作。開卷首先可見前九冊書信集收信人的字順索引，接著依序列出與圖拉真的通信主題，然後再依序列出其餘作品的內容。十年後的印本會再為全書加上一份字順字詞索引；由此我們可以看到，現代副文本取代古代副文本並漸臻成熟的同時，阿爾丁版的印本目錄如何從出現次序轉向字母順序。[153]

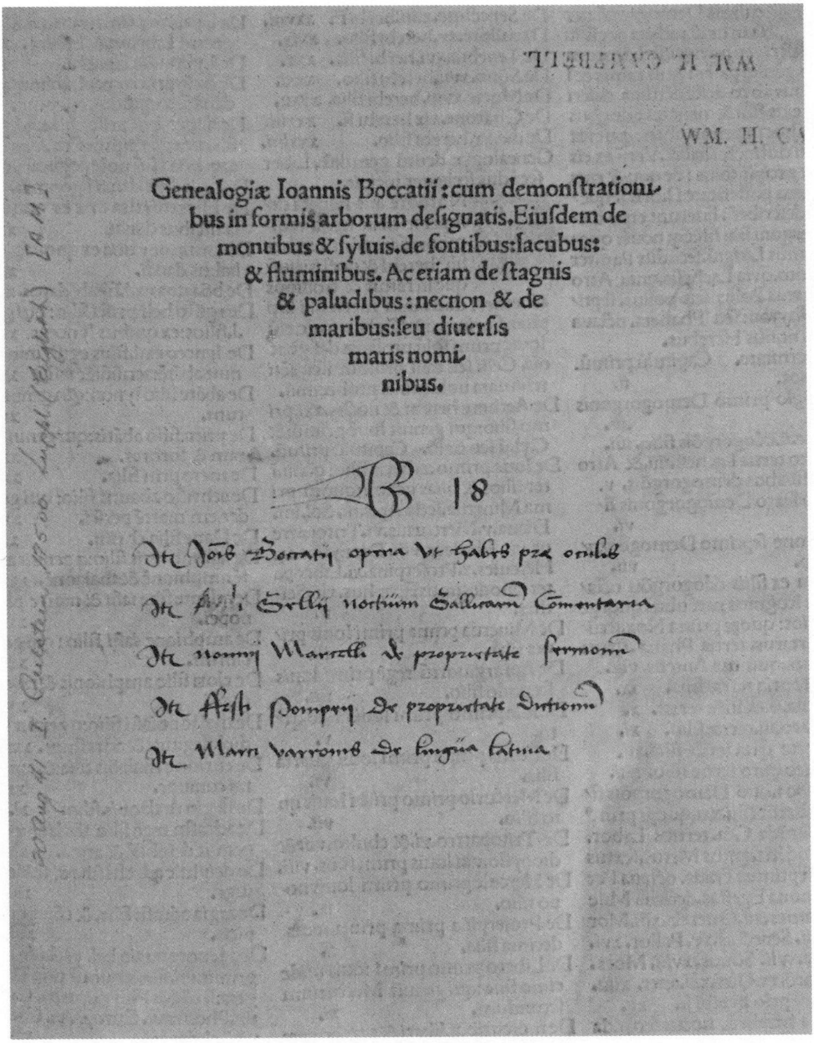

圖 6.1　作品集內第一部作品的書名頁附上手寫目錄。其中第二個條目指出同
樣裝訂在該書中的另一部作品：1493 年版格利烏斯的《阿提卡之夜》（印有其原
本 的 古 目 錄 ）。HRC Incunable 1494 B63g. Image courtesy of the Harry Ransom
Center, Texas

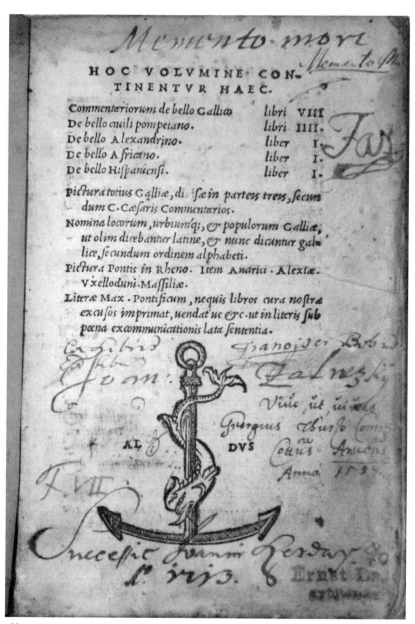

Memento mori

HOC VOLVMINE CON-
TINENTVR HAEC.

Commentariorum de bello Galliæ   libri VIII
De bello ciuili pompeiano.   libri IIII.
De bello Alexandrino.   liber   I.
De bello Africano.   liber   I.
De bello Hispaniensi.   liber   I.

Pictura totius Galliæ, diuisæ in partes treis, secun
    dum C. Cæsaris Commentarios.
Nomina locorum, urbiumq̃, & populorum Galliæ,
    ut olim dicebantur latine, & nunc dicuntur gal-
    lice, secundum ordinem alphabeti.
Pictura Pontis in Rheno. Item Auarici · Alexiæ ·
    Vxelloduni · Massiliæ.
Literæ Max · Pontificum, nequis libros cura nostra
    excusos imprimat, uendat́ue &c · ut in literis sub
    pœna excommunicationis lata sententia.

ALDVS

圖 6.2　1513 年阿爾丁版凱撒著作的第一葉，列出了書中收錄的文本與副文本，並附上阿爾丁出版社商標。Image courtesy of Scott Clemons

在葉碼或頁碼廣為流行並成為慣行做法以前，依順序表述書中內容是引導讀者從頭至尾通過文本最實用的方法。目錄具有的順序特性，因此有部分簡單反映出前現代書籍不管是卷軸或抄本的基本物理結構。等到頁碼隨處可見後，書籍可以更強勢地否定原本的順序，更挑釁地歡迎不按順序的閱讀，並似乎也因此需要以索引形式表現的非時序性副文本。近代早期的雜文集，漸漸變得更加混雜，也更密集擴充引導性的副文本，例如1508年阿爾丁版收錄伊拉斯謨斯（Erasmus）上千則箴言的《箴言集》（*Adages*）即以雙面印刷的索引自豪。[154]

即使目錄依然是第一個停靠港，但索引看來才是手中的鑰匙，能解鎖更多內容。雖然目錄如今已是西方書籍慣有的要素，但角色已不同於以往，引導的作用已被取代。現在的目錄也具有廣告功能，不只廣告書中內容，也揭示作者創作計畫的階序、結構、意圖。

製書人給定的順序和用書人自由閱讀的渴望，兩者之間的拉鋸是一場權力鬥爭嗎？老普林尼的大帝國「百科全書」就吸引人從這個角度去讀它，將知識蒐集與帝國擴張侵略連結在一起，（用目錄）為文本強加順序，似亦代表帝國（用劍刃）強施秩序。蒐集文學，就像一個被征服的王國，需要主上頒行秩序結構。

關於此一概念，學界長久以來最愛用的試金石，一直是波赫士的思想實驗之作：《天朝仁學廣覽》（*The Celestial Emporium of Benevolent Knowledge*）。這是一本想像的中國百科全書（因傅柯〔Michel Foucault〕的《詞與物》〔*The Order of Things*, 又譯《事物的秩序》〕一書而聲名大噪）。[155] 波赫士書中的動物分類（「屬於皇帝的」「受過訓練的」「美妙的」「流浪狗」「包含在此分類的」）闡述知識所受的分類如何顯露特定的、甚至是外來的文化意識形態。[156] 但百科全書寫作並不是集成式寫作唯一的型態，甚至大概也不是最受歡迎的型

態。其他文類，例如書信或散文集，也不是以普及性或綜合性來界定的，而是以特異性，即生活、思考、閱讀的個別差異。目錄編定分類，形同施加秩序；但目錄邀請讀者開闢自己的道路，也形同賦予讀者去順序的能力。

這麼說來，這整個概念若要以波赫士的作品為參考基準，更好的參照點或許是他的短篇故事〈歧路花園〉（The Garden of Forking Paths）。[157] 故事中，中國同樣被當作語文學幻想的異域：主角獲悉曾祖父曾寫下一部迷宮般的小說，小說情節中探討了每一個決定和每一個偶然結果的排列組合，從而產生大量紛亂的可能路徑可通過小說敘述的世界。閱讀經驗成了不可能之事，在經驗上和隱喻上都反映出對多重宇宙的想像：

> 與牛頓和叔本華不同，你的曾祖父不相信時間的一致與絕對；他相信時間有無窮的序列；發散、收斂、平行的時間，交織成一張不斷增生、令人目眩的網。那相互靠近又分岔出去的時間織網，有的戛然中斷，有的純粹數百年來不為人知，包含了**全部的**可能性。[158]

這個多重宇宙也是閱讀感受到的體驗——要確切地重建任一特定讀者通過文本的路徑，是全然不可能的。更何況文本（例如你正在閱讀的這本書）的結構和副文本不只是輔助，還似乎鼓勵非線性的閱讀。波赫士故事中的一個角色解釋，歧路花園是一個謎語，謎底是「時間」。而目錄透過喚起次序也提醒了我們，書是在時間中展開的物件，而且在每一名讀者的時間內都以不同方式展開。每一條通過閱讀迷宮的路徑都是獨一無二的，不僅對每個讀者來說如此，對每一次閱讀行為來說亦然。文字或許固定不變，但讀者會重新創造意義，這始終是事實，不過目錄讓事實更加深刻且不言自明。目錄提醒我們，書用以輔助閱讀的裝置，會動搖書中所含文本的固定性，也會削減製書人對用書人應該如何體驗一本書的掌控。

我們很熟悉印刷書，彷彿生來就認識它，但印刷書進入西方文化的過程與其他科技很像：先經過一連串類比仿效，才漸漸步入分化的過程。英語印刷發展之初，印刷師、作者、譯者覺得有必要向一群相對新興的無名閱讀大眾說明印刷書有哪些要素與手抄本不同。待閱讀大眾逐漸熟悉印刷技術後，需要說明的事也跟著改變。隨著讀者的期待和印刷相關文化規範不斷演進，文本生產者開始利用直接向讀者說話的方式，追蹤讀者關注焦點的轉變。與製書相關的論述傳統很早以前即已存在，例如可在手抄本的跋和編輯聲明中見到。印刷書裡的「致讀者信」與這個論述傳統緊密相連，用於解釋文本的取得或製作、印刷過程中做的更動，以及滿足讀者需求的能力。這些文字借用題獻給贊助主的獻辭所用的語言，有時候也借用獻辭的書信體，對一群無名的潛在讀者說話、預期未來受到的評論，同時試圖引導讀者的回應。不同於許多製造商品，書給了創作者一個機會，闡述這是什麼樣的作品、作品如何成形，以及讀者為什麼應該購買。

卡克斯頓在第一本用英語印刷的書中，以一段親筆寫的解釋，為他自己翻譯的拉烏爾・勒菲弗（Raoul Le Fèvre）《特洛伊歷史集》（Recueil des Histoires de Troyes）加上框架，說明他身為翻譯和印刷者做的決定。他自詡是個勤勞的譯者，只不過「在肯特的林區出生及學習我的英語」，因此「英語粗俗簡陋」還望見諒。[159] 結語時，卡克斯頓說明「大幅更動及刪減」的理由，表示他根據英格蘭對此作品的需求，「經過練習和學習……以訂製這本印刷書」「因為我向多位先生與友人承諾，會即刻在這本書裡向他們致意」。[160] 這些書「非同其他用筆墨寫成的書」，他覺得有必要說明新技術的幾個重要特徵，包括文字外觀「形式如你在此所見」、生產速度和品質，以及「人人都可擁有同樣的印本」。[161] 雖然文章在布魯日（Bruges）寫成，但卡克斯頓描繪出一群理論上的讀者，共通點是都擁有「我們說英語的舌頭」，居住在「英格蘭王土」，而且——他盼望——都買了這本書。

16 世紀出現不少這類直接給讀者大眾的話。絕大多數是短篇散文，通常僅有一頁，不過後來有些書信體長上很多。也有一些採用韻文體，這可能源於「小書」（go little book）詩作在英格蘭經喬叟（Geoffrey Chaucer）等作者發揚而出名，也可能承襲頌詩（encomia）傳統，即以詩讚美作者或作品。散文體的致讀者信，經常會借用給贊助主的獻辭（參見第八章）中的書信元素來包裝，特點包括通常有一個標頭（header）標明目標群體，接著是一段問候和一段結語，末尾偶爾會附上署名。1700 年以前，標頭寫「致讀者」是這些致讀者信最常見的樣子，不過有時也可能被冠上其他標記，例如「序」或「公告」。1700 年以後，標頭的變化更大，從泛稱的「前言」到簡單扼要的「為什麼」都有。[162] 作家瑪麗・阿斯特（Mary Astell）就在 1721 年提到，這種副文本與其他的區隔在於，它直接對一群包含廣泛的讀者說話，而且具有提示後續文本內容的功能：「依據……值得稱許的古老習俗，我認為應當以前言或公告的方式（隨你愛怎麼稱呼）讓你知道，書中有諸多美妙的人物可待一睹。」[163]

致讀者信絕大多數出自作者、譯者、印刷者，或其他直接參與書籍製作過程的人。標頭給的稱呼或署名留下的姓名，可以透露該篇書信的作者為誰。舉個例子，卡佛岱爾聖經（Coverdale Bible）內含一篇標頭為〈序言．邁爾斯・卡佛岱爾致基督教讀者〉的書信，內容直接參考卡佛岱爾獻給國王的書信獻辭──這是以正式獻辭為優先的典型安排。[164] 有些由「譯者」和「印刷者」寫的書信，著重強調印刷書的合作性，如威廉・塞爾斯（William Seres）寫道：「終於（敬愛之讀者），經霍比大人勤奮執筆及我辛勤印刷，現下在此呈獻予你，這本廷臣之書。」[165] 其他作者有時也會貢獻給讀者的薦文，稱頌該書的作者或作品；這些薦文通常隨附在正式獻辭和作者（或印刷者）致讀者信之後。在莎士比亞的《第一對開本》中，就有多篇瓊森照此脈絡所寫的薦文，包括題為〈致讀者〉的詩作，詩中稱頌德羅斯霍的雕版畫與畫中描繪的作品，還有題為〈致我敬愛之作家威廉・莎士比亞先

生的回憶，與他的遺澤〉的名詩。[166] 相較於譯者或作者，印刷者寫致讀者信比較少署上全名或真名。用單一行業總稱當作化名，有掩飾印刷製作方面一些複雜問題的作用，隱藏印刷書由多間印刷鋪協作，或作品中止印刷後改由新的印刷業者印行。

印刷者致讀者的信在近代早期十分常見，到了 17 世紀初，證據顯示讀者期望看到的是作者寫致讀者信。1619 年，出版商湯瑪斯・斯諾漢（Thomas Snodham）提到，因為出版物是未經作者同意而「應公眾目光**印行**」，所以作者

> 不願以一封問候信歡迎**讀者**，但有鑑於近日來⋯⋯直接發表一首**詩**而未加上一段**獻給讀者**的前言，相當有違常俗，請容我⋯⋯用幾許恭維之詞向禮貌的**讀者**致敬。[167]

斯諾漢聲稱作者拒絕提供這類致讀者的信，但他的下一段陳述使他的說法令人存疑，他說：「我不知道**作者**為誰，因此以他的名義，我會保持沉默。」

到了 1700 年，有類似的跡象指出，收入致讀者的信被認為有點是為了利益：湯瑪斯・布朗爵士（Sir Thomas Browne）的出版者稱作者致讀者的信是「裝上一段炫耀的**獻辭**或一封當作序文的**信**」，看起來像「保姆家的門面掛了年輕妓女的畫像以誘騙顧客」──雖然他這番話就寫在一篇〈賣書人致讀者的信〉裡。[168] 由於作者對文本的掌控提升，印刷者致讀者信的數量逐漸減少，因此到了 20 世紀，出版者誠心給讀者的話大多僅限見於美術印刷刊物、歷史文獻重印、散文與故事選集──換句話說，都是有必要解釋文本來源的印刷物。1902 年，德孚印刷（Doves Press）版的彌爾頓《失樂園》善用致讀者信所具有的懷舊特質，在書中收入〈印刷社致讀者信〉和一份勘誤表，以及當時已不流行的其他副文本。[169] 但若要說到這些致讀者信現仍有在使用的幾種形式，就與讀者對作者的期待和作者的謙虛有關了。序文，即由不是作者或印刷者的有名作家為讀者寫的短文，保有早期致

讀者信的要素，聚焦於稱頌作者或作品內容，且往往帶有日期和署名等書信體的特點。例如格蘭特・雪華曼（Grant Showerman）為阿德萊・豪伊斯（Adeline Belle Hawes）的《古代公民：論羅馬帝國的生活與書信》（*Citizens of Long Ago: Essays on Life and Letters in the Roman Empire*）一書所寫的序，可比現代學者在**紀念文集**開頭常見的形式，除了稱頌作者，也闡述該著作對特定讀者的價值，文末署名並加上日期時間和地點威斯康辛州麥迪遜郡。[170] 此類致讀者信幾乎都會留下署名，利用第三方的名氣來增強作品的吸引力。至於出現在書衣和外包裝上，篇幅更短但往往具有同樣功能的致讀者的話，請參見第二十二章關於出版品封套廣告的討論。

隨著作者對製書的控制增加，作者序作為「讓讀者一窺作者內心」[171] 的文章，重要性也逐漸提高。早期一篇對 1908 年紐約版亨利・詹姆斯（Henry James）的評論提到，「現在新版最有價值的特徵」就是「長篇累牘的序，呈現故事的精髓、故事成形的過程、為故事推演提供助益的環境」。[172] 詹姆斯的序在 1908 年格外突出，有理由受到特別關注：「能獲准進入小說家的作坊，看見作品如何織造而成，是莫大的榮幸。」[173] 琳達・賽門（Linda Simon）則提到：「評論涵蓋了稱許到不滿，有評論者把序當作邀請讀者進入詹姆斯的創作世界，也有將序視為對讀者的疏遠和排斥，特徵是突如其來的諷刺、刻意的表裡不一、自我認識的闕如。」[174] 致讀者的話意圖藉由敘述作品的起源和目標，為錯誤處開脫，引導讀者對文本的反應；但讀者不見得會照此閱讀。

近代早期的讀者，也許出自於盼望，往往被描述為對後續的文本「謙恭有禮」或「友善寬容」。為鼓勵將買書當作表現身分的一種形式，有些致讀者信會提到對特定作品的預約需求，是刺激此書印行的因素：善良的基督徒眾望能購買本書、「誠懇的」英格蘭人要求出版、每位博學廣聞的醫師都需要本書。不過，理查・華特金斯（Richard Watkins）為他印行的喬治・佩第（George Pettie）《小巧宮

殿》（*A Petite Pallace*）寫〈致溫良的仕女讀者〉（To the Gentle Gentlewomen）時，自承他之所以限定讀者，往好處說可以視為他的期許：「各位讀者，我希望各位盡是仕女，在此向你致上我的話語。」[175] 佩第的致讀者信顯示以男性讀者為對象雖然遠較為常見，但女性也自成一群會買書的目標消費者。到了 17 世紀初，這些指定對象的致讀者信已經十分常見，引來諷刺作家的關注。瓊森用兩篇書信體文章為《卡特林的陰謀》（*Catiline His Conspiracy*）的第一四開本作序，分別名為〈致普通讀者〉（To The Reader in Ordinarie）和〈致不凡讀者〉（To the Reader Extraordinary）；他容忍前者的存在，因為「謬思女神禁止我限制你們的干預」，但他偏愛後者：「以我所知，各位是素質更好的人……我為各位獻上自己與這部作品。」[176] 約翰・克里根（John Kerrigan）教授指出：「近代文學作品所附印的『致讀者信』，對所致對象經常有一種分門別類的壓力」，像瓊森一樣在文章中進行暗示，提供讀者眾多替自己分類的選項。[177] 簡單來說，不喜歡這齣劇作，你就被歸類為「普通」讀者，但我們不都希望自己不平凡？

締造讀者的期望代表先一步坦承出版作品中的缺點，同時宣揚優點。作者和印刷者藉此機會突顯他們覺得作品中能引發讀者關注的要素，不論是文本的正確性、某個複雜的文本裝置，或是作者權威性的問題。早年，致讀者的信會設法預先化解讀者對印刷錯字和排版錯誤的反感，比如因為印刷文本造成的「被誤會為插行和筆誤」的問題，或是作者不在場「否則印刷時，我或可遵照他的意見修正」。[178] 印刷者致讀者的信，會責怪作者的粗心與缺席，反之作者致讀者信，也會責怪印刷者不用心。海外由非英語母語者印行的書，尤其容易出現錯誤，1580 年一部宣揚天主教作品的印刷者就利用這點，請求讀者協助糾正發現的錯誤，「因為我雖已孜孜不倦細心校正，但作者非我國人，不識英語的拼寫用法，我有可能會漏掉一些錯誤未加修正」。[179] 這封致讀者信訴諸於書名頁上記載的虛構的歐陸出版地點，但作品實

際上在東漢姆（East Ham）印刷。這些關於書中錯誤的討論，後來漸漸獨立歸為多半置於書末的副文本，形成了勘誤表（參見第十九章）。

　　早期致讀者信可能出現在印刷作品各處，但在印刷發展之初的150 年間，致讀者信慢慢固定下來，成為書首的標準材料。置於書首是個理想位置，適合討論文本的取得或創作、作者或印刷者出版作品的理由。文本的生產者經常將取得印本的原因歸於朋友、盼書心切的讀者，以及其他希望名號更為響亮的投資方。1485 年，卡克斯頓在西敏寺出版湯瑪斯‧馬洛禮（Thomas Malory）的《亞瑟之死》（*Le Morte Darthur*），形容自己是應讀者熱情，「那些高貴的先生大爺」，他們「請〔我〕務必印刷這本敘述高貴亞瑟王歷史的書……在我收到印本之後」。[180] 卡克斯頓不只用致讀者信說明如何取得印本，也勾勒出一種受階級界定的閱讀亞瑟王傳奇的需求：既然這是上流人士想看的故事，買這本書就有提升階級的吸引力。威廉‧龐森比（William Ponsonby）也用類似但比較籠統的說詞，將他之所以又推出史賓塞的《控訴集》（*Complaints*），與他先前費心出版《仙后》（*The Faerie Queene*）後獲得的銷售回應連上關係：「前次發行《仙后》後，發現在各位之間流傳著一段詩中愛句，於是我出於滿心善意（希望更添增各位的歡喜），盡力取得了同一位作者的這幾首小詩」（**圖 7.1**）。[181] 龐森比將自己比作書探，見讀者購買《仙后》表現出對史賓塞的興趣，為滿足讀者所好，所以引進史賓塞的下一部作品。

　　說明印刷出版過程中對文本做的添加或更動，讓作者、編輯、印刷者能將手中這部作品與同一文本的坊間其他印本區隔開來，或為其收集到的多個相關部分建立關聯。印刷商湯瑪斯‧貝塞萊特（Thomas Berthelet）為約翰‧戈華爾（John Gower）《戀人的自白》（*De Confessione Amantis*）寫序，述及自己扮演查證及校對文本的角色。貝塞萊特「認為最好告知讀者，手抄本與印刷本有所出入」，他從現有之手抄本找到缺少的序言，補充在他印行的新版本中。[182] 雖然置於書

The Printer to the Gentle Reader.

SINCE my late setting foorth of the *Faerie Queene*, finding that it hath found a fauourable passage amongst you; I haue sithence endeuoured by all good meanes (for the better encrease and accomplishment of your delights,) to get into my handes such smale Poemes of the same Authors, as I heard were disperst abroad in sundrie hands, and not easie to bee come by, by himselfe; some of them hauing bene diuerslie imbeziled and purloyned from him, since his departure ouer Sea. Of the which I haue by good meanes gathered togeather these fewe parcels present, which I haue caused to bee imprinted al-

A 2   to-

圖 **7.1**   William Ponsonby, 'The Printer to the Gentle Reader', in Edmund Spenser, *Complaints Containing sundrie small poems of the worlds vanitie* (London: for William Ponsonby, 1591), sig. A2r. Folger STC 23078 copy 2. By permission of the Folger Shakespeare Library

首的材料往往最後才印刷，稿頁也可在印刷過程末尾再依照需要的順序彙整，但印刷者和作者有時候會把致讀者信穿插在中間或置於書末，以強調是臨時加進去的。伊莉莎白女王的御用印刷官克里斯多佛·巴可（Christopher Barker），就替《對威廉·派里犯下叛國大罪真實直率的聲明》（*A true and plain declaration of the horrible treason, practiced by William Perry*）加上一篇致讀者信，當中描述一名目擊證人的敘述，聲稱是「他剛剛取得且正要印刷這篇專文時」才聽到的證言。[183] 關於書稿取得的說明，占了致讀者信的最大比例，因為這給了出版者一個機會證明出版理由充分，又可順帶推薦手中的文本。

致讀者信的另一大分類是作者鑑定，不論鑑別的是作者姓名或寫作品質。羅伯·克勞利（Robert Crowley）在他 1550 年為《耕者皮爾曼之夢》（*The vision of Pierce Plowman*）寫的致讀者信中，敘述了原作者威廉·郎格倫（William Langland）的生平——以及他自己為查證真偽所做的努力：「因為渴望知曉這部極富價值之作的作者名姓，（敬愛的讀者）」，他收集「眾多古本」，諮詢「據我所知比我更精於古籍研究的多位先生」。[184] 1770 年代，菲麗絲·惠特利（Phillis Wheatley）的出版商同樣訴諸專家，表示有「最好的評審」口頭宣誓，這位「年輕黑人女孩」確有「充分的思想可寫下」以她姓名出版的詩作。[185] 惠特利的出版商預期仍有人會懷疑，特意昭告「原始宣誓書經以上諸君簽名為證，向出版商亞契巴德·貝爾（Archibald Bell）申請即可得見」（**圖 7.2**）。[186]

貝爾向讀者提出宣誓書，因為讀者過去確有理由懷疑框限文本的文學創作敘事和印刷出版。運用致讀者信當作框架敘事的裝置，突顯這類文本具有引導讀者詮釋的重要作用。如同麥可·賽恩格（Michael Saenger）所言，有時候「正文前的材料也很有文學性，因為某方面來說，這些材料的形成方式甚具想像力與風格」。[187] 虛構的致讀者信有詩人創作的框架敘事，例如想像都鐸王朝中期詩集《治安官的鏡子》（*Mirror for Magistrates*）創作情境的致讀者信，也有全然為了提升銷

To the PUBLICK.

AS it has been repeatedly suggested to the Publisher, by Persons, who have seen the Manuscript, that Numbers would be ready to suspect they were not really the Writings of PHILLIS, he has procured the following Attestation, from the most respectable Characters in *Boston*, that none might have the least Ground for disputing their *Original*.

WE whose Names are under-written, do assure the World, that the POEMS specified in the following Page, * were (as we verily believe) written by PHILLIS, a young Negro Girl, who was but a few Years since, brought an uncultivated Barbarian from *Africa*, and has ever since been, and now is, under the Disadvantage of serving as a Slave in a Family in this Town. She has been examined by some of the best Judges, and is thought qualified to write them.

His Excellency THOMAS HUTCINSON, *Governor*,

The Hon. ANDREW OLIVER, *Lieutenant-Governor*.

The Hon. Thomas Hubbard,	*The Rev.* Charles Cheuney, D. D.
The Hon. John Erving,	*The Rev.* Mather Byles, D. D.
The Hon. James Pitts,	*The Rev.* Ed. Pemberton, D.D.
The Hon. Harrison Gray,	*The Rev.* Andrew Elliot, D.D.
The Hon. James Bowdoin,	*The Rev.* Samuel Cooper, D.D.
John Hancock, *Esq*;	*The Rev. Mr.* Samuel Mather,
Joseph Green, *Esq*;	*The Rev. Mr.* Joon Moorhead,
Richard Carey, *Esq*;	*Mr.* John Wheatley, *her Master*.

N. B. The original Attestation, signed by the above Gentlemen, may be seen by applying to *Archibald Bell*, Bookseller, No. 8, *Aldgate-Street*.

---

* The Words "*following Page*," allude to the Contents of the Manuscript Copy, which are wrote at the Back of the above Attestation.

🌸 **圖 7.2** Archibald Bell, 'To the Publick', in Phillis Wheatley, *Poems on Various Sunjects, Religeous and Moral* (London: printed for A. Bell and sold by Messrs. Cox and Berry, King-Street, Boston, 1773), π4r. Irvin Department of Rare Book and Special Collections, University of South Carlina Libraries, Columbia, SC, PS 886 W5 1773

量或掩飾非法印刷而捏造的謊話。約翰・奧狄雷（John Awdelay），《流浪漢兄弟會》（*The fraternitye of vacabondes*）這本故弄玄虛的小冊子的作者兼出版商，就利用題為〈印刷商致讀者〉的一首詩，聲稱（虛構的）作者匿名是認罪協商的條件之一，用以保護作者不受其他犯罪同夥迫害。[188] 喬治・加斯科因（George Gascoigne）的《百朵乾燥花》（*Hundredth Sundrie Flowres*）收錄一篇匿名印刷師所寫的致讀者信，他對書中信件被盜的故事表以懷疑，眾多信件的作者也沒有「因此（每個人都）免去政治上被錯誤舉發的風險，我這位可憐的印刷師也得跟著受苦逃亡，手中僅握有顫顫巍巍的勝利。」[189] 這篇致讀者信與信件當中描寫虛構的印刷師「A. B.」所做的行動，很明顯不相符。致讀者信所具有的自我反省特質，也鼓勵作者把它當作戲弄讀者期待的機會。馬克・吐溫（Mark Twain）在《傻瓜威爾遜》（*Puddin'head Wilson*）就採取這種形式，將「本書中與法律相關篇章」的責任幽默地轉移給一位「威廉・希克斯」。[190] 真誠的致讀者信在 19 世紀泰半已罕有人用，但是「致讀者」這種虛構的框架敘事卻找到了肥沃的生長土壤。[191]

舊作重印則提供絕佳機會，可供檢視致讀者信發揮的許多不同功能，包括真誠的與虛構的致讀者信之間的交互作用。1554 年，《治安官的鏡子》初版發行時，印刷商約翰・韋蘭德（John Wayland）告訴讀者，這本書可看作是「有必要也有賺頭的作品」，讓印刷行一邊等待兒童識字祈禱書的文稿，一邊仍能維持營運。[192] 韋蘭德正式的〈印刷師致讀者信〉中勾勒的企畫綱要，包括幽冥歷史的起源與目的，1559 年被當作文人創作的框架敘事再度出現。框架敘事將「印刷商」定為企劃發起者，即使現實中出版商一再換人。[193] 經過 50 年與 12 次分回連載後，《治安官的鏡子》1609/10 年版的編輯理查・尼可斯（Richard Niccols），又一次使用實際的〈致讀者信〉以「簡單向你介紹這個印本做了什麼」。[194] 尼可斯的《治安官的鏡子》長近 900 頁，附有多篇致讀者信，包括一篇先前的編輯所寫、首見於 1574

年的〈獻書〉，以及其他分別為他某些更冗長的附錄所做的致讀者信，例如附錄的《英格蘭的伊莉莎》（*England's Eliza*），一首獻給伊莉莎白女王的「讚美詩」。

有些印刷師把握舊作重印的機會，給作品加上自己的印記，另一些案例卻證明，「致讀者信」也可能是糾纏而棘手的副文本。很多致讀者信描述的是印刷製作當下的具體環境，但新版常在很久以後，舊日的環境早已不再適用，卻仍舊收錄了這些致讀者信。瓦倫汀·席姆斯（Valentine Simmes）和湯瑪臨·克里德（Thomas Creede）於1596/7年重印卡克斯頓的《特洛伊歷史集》，附上一篇新的〈印刷者致禮貌的讀者〉，當中借用了一部分卡克斯頓的用語，同時又貶低他的翻譯。這篇致讀者信在結語遺憾道：「假若閒暇應允，我們理當用更精練的語句表述同義，修正作者授予但被錯印的某些名字。」[195] 這些懊惱之處，印刷者說明會在下一版修正：「若我們見您對現下之安排尚可接受，第二版很快將會印行，屆時將會悉數修正。」[196] 這篇聲明一直重複印到第六版都還在，第七版印行於1663年，印刷者（此時是山繆·史畢德〔Samuel Speed〕）似乎意識到，到他這個時候早該做出修正。他的致讀者信特別註明上述錯誤「在此〔版本〕已經修正」。[197] 同樣一篇致讀者信幾乎一字不動又流傳到第十八版，1738年在都柏林印行。後繼的出版者保留克里德和席姆斯的框架敘事——甚至向外推論，可以說他們一再調用卡克斯頓的修辭——是因為把它當作文本整體的一部分，還是因為嚴遵範本能省點活字排版的力氣，我們無從得知。不過，這篇致讀者信歷經多次重印而產生的細微變化，說明了後繼的出版者所面臨的拉扯，對一份廣為流行的文本，是該合理描繪文本印刷生產當下的環境，還是該重現一段著名且有效的框架。

致讀者信故意對沉浸式的閱讀體驗製造片刻中斷，提醒讀者，他們正在消費的文本是他人有意識地建構出來的。從早期型態的印刷書信集，到重編短篇故事以彙編文選時所做的決定，致讀者信透過其發

展歷史，突顯出製書人預期印刷書中有哪些要素易引起爭議。關於印刷書的社會定位，致讀者信可以告訴我們豐沛資訊，但有必要記住，向有能力購書的讀者兜售後附的文本，仍是致讀者信的主要功能之一。誠如約翰・海明斯（John Heminges）和亨利・康德爾（Henry Condell）在莎士比亞《第一對開本》中所言，讀者「會力保您的特權，那就是看書和罵書，這我們知道。請做無妨，但首先請將書買下。書商說，這是稱許一本書最好的方法。」[198]

獻給體貼和善通達人意無所事事強詞奪理吹毛求疵令人反感的讀者

這一章若非朋友與同事的支持不可能寫成。要是有更多支持，或許就能準時寫完了。謝謝多位編輯的耐心。我會獲知有這一份工作，要慶幸我能與這個領域最具影響力的學者交談，或在附近出沒；我感謝他們差別待遇，不願意承認我的能力，同時也想提醒他們，「向人言謝……言外之意也包含重視牽繫作者與受感謝對象之間的羈絆，以及未來願意支持這段羈絆」。[199] 恩惠是互相的，而印刷字會永久流傳。

我想感謝這個領域的前輩：〔名單自行插入〕，以及任何曾經將一本書／一棟樓／一艘船／一首詩／一塊地獻給別人的人。我很想順帶感謝「家人」，但我父母已經很久不讀我的著作了，我的狗也沒有多少貢獻。與此主題最相關的研究，特別是助我寫出這篇冗言贅字的研究，出版得都太晚了，來不及收入這一章。其他積欠學界的人情，尤其作者如果比我聰穎或更有見解，全都姑且寫在註腳裡。[200] 我最需感謝的對象是網路。[201]

也許我不應該承認，用這種方式寫文章，其實讓我很不自在。我希望你們覺得我人面廣、聰明、風趣，或者以上兼備就更理想了。請你們從寬評斷這篇作品；能承認你根本沒資格評斷這部作品的話會更好。如果副文本是一個中間地帶，用於調解讀者參與文本的方式——換言之，是用來制定可被接受的多方面規則，那麼獻辭和謝辭這個空間，則是用於嘲弄對文本會被誤讀的預期心理，以及想把讀者趕進同一個欄裡注定會失敗的認知。

親愛的讀者，請將自己視為奧古斯都（august）傳統的一環。古羅馬時代，作者會將作品宣誓獻予恩主，有些名字會在文章中明載，例如盧克萊修（Lucretius）的《物性論》（*De rerum natura*）獻給麥密烏斯（Memmius Gemellus）；維吉爾（Virgil）的《農事詩》

（*Georgics*）獻給梅塞納斯（Maecenas），而梅塞納斯的名字也成為慷慨資助的代稱。中世紀手抄本裡，作者和抄寫員會將作品獻予位高權重的讀者和行政官，發展出獻辭（dedicatory epistle）傳統，承認或試圖喚起一種恩寵與交換的關係（參見第七章）。印刷書的獻辭把私人呈獻對象與範圍更廣的讀者群之間的角力拉扯變得更為明顯，尤其印刷書開始在正規的獻辭之後接著補上一篇「致讀者」信，試圖含納更多讀者群。第一部英語單語字典出版於 1604 年，根據其書名頁，這部字典旨在「使所有女士先生，或任何不諳識字之人獲得助益」。[202] 字典作者羅伯・柯瑞（Robert Cawdrey）將此書獻給五位尊貴的姊妹，但不論是強調字典對「異人」（外國人）和孩童之實用性的獻辭，還是著重於說明該書使用及參照方式的柯瑞「致讀者」信，兩者都極力將那五位有名有姓的女性題獻對象，與書名頁所述的「不諳識字」的女性大眾區分開來。

聽到編輯提醒獻辭是**必備要素**後，該怎麼寫得真誠？數百年間，作者不斷面臨這個棘手難題。伊莉莎白時代的博物學家威廉・特納（William Turner）在這方面失敗得令人折服：他坦言，他的書即將送印時，印刷師才提醒他需要「既有地位也有學養的恩主為我的苦心之作背書，以免仇家嫉妒惡意抨擊……且將功勞歸獻予他，以表我對他的衷心敬意」。[203] 從特納這段格外誠實的敘述可以窺知，書在生產製作的各個方面都少不了合作；他在最後一刻才補上的獻辭，題獻給的「大人物」不是別人，就是伊莉莎白女王。這個例子連帶也點出恩庇和許可（前瞻或回顧）之間的關係和與此相關的問題。

早期獻辭經常使用「致謝」一詞，此一傳統在印刷史上延續了數個世紀。例如 1667 年，尼可拉斯・畢林斯利（Nicholas Billingsley）將一首音韻嘈雜、結構古怪的藏頭詩最後三段，題獻給「敬拜之騎士暨男爵崔佛・威廉爵士」（The Right Worshipfull Sr Trevir Williames Knight and Barronet〔原文照引〕），自述「您的崇拜示我以大愛，我 / 在此向您致上誠摯感謝」（**圖 8.1**）。[204]

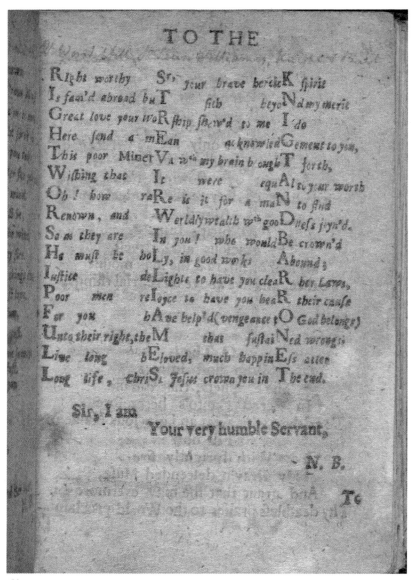

TO THE

Right worthy Sir, your brave heroicK spirit
Is fam'd abroad buT fith beyoNd my merit
Great love your worRship shew'd to me I do
Here send a mEan acknowledGement to you,
This poor Miner Va w'th my brain brougT forth,
Wishing that It were equAl to your worth
Oh! how raRe is it for a maN to find
Renown, and Werldlywealth w'th gooDness joyn'd.
So as they are In you! who would Be crown'd
He must be boLy, in good works Abound;
Justice deLights to have you cleaR her Laws,
Poor men reJoyce to have you heaR their cause
For you hAve help'd (vengeance tO God belongs)
Unto their right, the M that sustaiNed wrongs
Live long bEloved, much happinEss atten
Long life, chriSt Jesus crown you in The end.

Sir, I am

Your very humble Servant,

N. B.

To

圖 8.1 Nicholas Billingsley, *A Treasury of Divine Rapture Consisting of Serious Observations, Pious Ejaculations, Select Epigrams…* 獻辭中的三段藏頭詩 (London: T. J. for Thomas Parkhurst, 1667), A3v-A4r. By permission of the British Library Board

謝辭則要到非常晚近才獨立自成一類。1960 年，一本高中畢業紀念冊編輯指南提到：「有些紀念冊編輯希望奉獻最後一頁⋯⋯給『幾句結語』，向協助紀念冊製作的人致意或『道謝』」，換句話說，就是留一頁「謝辭頁」。「若你決定做這一頁，」編輯指南繼續嚴詞說道：「請妥善設計這段話的版面和排字，與紀念冊其他部分的風格和諧一致」。[205] 這種對排版的在意（假設不全然為求一致），從古到今一直是獻辭的特色：現代書的獻辭通常斷行置中，狀似詩行；古老一點的書，獻辭則往往會用不同字型，或讓末幾行漸漸縮短，收尾成一個三角形。[206] 英國文學評論者克里斯多佛・瑞克斯（Christopher Ricks）對《布倫斯貝里獻辭辭典》（*The Bloomsbury Dictionary of Dedications*, 1990）大表不齒，除了因為選詞了無新意，也因為印刷排版「混亂紛陳，失其真貌，排列像連續數列，但獻辭原是一種銘刻碑文」。[207] 古時，獻給建築的題辭會雕刻在建築的立柱或門楣上（先是一種建築形態，然後才化為文本結構，參見第三章凱爾所述）。

　　與懷念更真誠獻辭的時代同時，後設獻辭、反獻辭、荒誕獻辭的時代也相繼而來。詩人查爾斯・布考斯基（Charles Bukowski）在其小說《郵局》（*Post Office*, 1971）卷首標明「這是一部虛構之作，不獻給任何人」，但此舉恐怕沒有他自以為的原創。1622 年，經常拿副文本玩遊戲的「水上詩人」約翰・泰勒（John Taylor），就將詩作《果戈里・胡謅爵士與他來路不明的消息》（*Sir Gregory Nonsense his news from no place*）首先獻給「名城哥頓市的統帥，權威的偉大形象，修剪審查大師，（尊爵）財富・崇拜」，然後在第二篇致讀者的短信中才表明這一連串奇特頭銜所指者，「給並無此人」。[208]

　　法蘭西斯・培根爵士（Sir Francis Bacon）在《論學術進展》（*The Advancement of Learning*, 1605）中抱怨題寫獻辭的行為，堅信：

> 書（凡值得冠上書之名號者），除真實和理性之外，不應有
> 庇護資助的恩主：且反顧古代風俗，僅會將書獻給才德相當

的私交好友，或借其姓名為書命名，或獻予國王與偉人，此番道理對書方且合適。[209]

培根自己將此書獻給英王詹姆斯一世，假若他確實讀到培根第一部書的中段，看到這個段落，想必會感覺到書中邀請他將自己歸類為限定的「合格」讀者，對這麼一本希望透過重建哲學探討以建立國家基礎的書來說，是合適的受體。

一個半世紀後，約翰生出版《逍遙集》（*The Rambler*），當中有一篇散文，引用荷馬的名言警句作前言，且是未翻譯之古希臘語原文。這篇散文刻意炫學，吸引讀者要則看懂開頭的句子，進入知識分子群體，否則只能跳過那些難解的文字，認份接受約翰生浩繁的學問宰制。[210] 獻辭「耗盡當代全部智力，」約翰生抱怨：「儼如娼妓的一種⋯⋯讓人看到即使並不夠格也能獲得褒揚，因此摧毀了褒揚的力量。」[211] 為免有此危險，我只將這一章獻給熟諳人情世故懂得接受無保留的讚美，以及學養豐厚值得接受無保留讚美的讀者。

約翰生當作批評基礎的問題很簡單：獻辭的市場利率是多少？（英國作家麥可・摩考克〔Michael Moorcock〕在科幻作品《鋼鐵沙皇》〔*The Steel Tsar*〕就宣告「獻給我的債主，他們恆常是我的靈感來源」。）1612 年，劇作家納森・菲爾德（Nathan Field）將他的劇本《女人皆是風向雞》（*A Woman is a Weathercock*）獻給「所有不是風向雞的女人」（即不會見異思遷），並且總結道：

> 我後來決定，不要把劇作隨便獻給人，因為我不在乎那 40 先令⋯⋯現在回頭看看我題獻的對象，我恐怕和我的決心無異：我留下一個自由彈性，讓敢稱自己不曾當過風向雞的女士小姐，可為自己封上我這本書的恩主稱號。[212]

菲爾德排斥獻辭的尖酸聲明，很難不看成是揭露獻辭在 17 世紀初的市場預測價值，但 40 先令在那個時代是代表寒酸的慣用語，所

以此話是在暗示金主出了名地小氣，而非作者實際拿到的報酬。

1718 年，有位匿名作者寫下《獻給大人物的一篇關於獻辭的獻辭》（*A dedication to a great man, concerning dedication*），後經鑑定是湯瑪斯·戈頓（Thomas Gordon）。這封信感嘆辛辛苦苦才掙到「一種名為承諾的貨幣，印有他閣下的圖章，但從來不能在店家和酒館間流通」。[213] 為防面臨這種討厭的結果，戈頓建議簽立制式合同和買賣憑據，將文章像商品項目一樣列出，如「因稱頌你沒沒無聞的祖先」和「因讚揚貴夫人的容貌，雖未見其人」（A4V）。勞倫斯·史特恩（Lawrence Sterne）的《項迪傳》初版於 1765 年，因為有人出價令人瞠目的 50 幾尼金幣，書中在第八部第九章寫出一段謝辭，唯獨少了「內容、形式、地點」三樣關鍵細節。這一類諷刺的評論暴露出藝術和商業，即為讀者寫作和為酬勞寫作，兩者間關係密切。放心，你此刻正在閱讀的這些文字，在寫作時期待獲得的報酬，只不過是這本漂亮的書出版後能拿到一本，以及能和一群博學的研究者合作的光榮而已（可以寫進履歷）。

分析謝辭藝術的文章比比皆是。有人認為，謝辭提供「極度罕見的觀點，真正將作家視為一個人……是成堆謊話之中唯一的事實。」[214] 這種看法恐怕過於輕信謝辭，忽略了長久以來有假造獻辭的傳統，副文本此時可以詮釋成後設小說來詮釋（最有名的例子或許是華特·司各特〔Walter Scott〕的《撒克遜英雄傳》〔*Ivanhoe*〕，「羅倫斯·坦普頓將要稱頌乾如灰博士」*）；而且這種看法也把謝辭放入了修辭學碰不到的範圍，暗示謝辭頁顯而易見具有記錄人情債的效用。另一些人則較持挖苦態度：山姆·薩克斯（Sam Sacks）哀嘆謝辭的流行是一種「商業汙染」症狀，有如「網路彈出式廣告的一種……

---

* 譯註：司各特在書信形式的獻辭中化名羅倫斯·坦普頓（Lawrence Tampleton），向另一位虛構人物約拿斯·乾如灰博士（Dr Jonas Dryasdust）說明寫作這部歷史小說的緣由。

喋喋不休地表現自戀，說的全是些陳腔濫調」。[215]

泰瑞・凱薩（Terry Caesar）認為，謝辭頁是沒有感情的軋平機：「凡事都只是紙上一小句話，每個人都有個位置安放。總的來說令人欣慰的是，謝辭構成**民主的**手勢，表現出一本書不論再怎麼學術，仍負有社會產物的責任。」[216] 諷刺或矛盾尤其能達成一種效果，謝辭和獻辭在這類模式下，「既有公開也有隱藏的作用」，邀請讀者讀出獻辭在表面事實之下隱含的歷史爭議。[217] 保羅・索魯（Paul Theroux）在他 1980 年文集《世界盡頭》（*World's End*）的「謝辭」中，將這種傳統拿來諷刺挖苦，形成黑色喜劇效果，乍看是感念他人恩情的尋常紀錄，卻漸漸暴露出其實是一篇殺人自白。珍・戈登（Jan B. Gordon）提到，在謝辭中寫入生平細節，堅稱欠下許多人情，最後讀來可能不像在肯定眾人的努力，反而更像作者在維護自己的權益：「用於強制連結所有權和真實性之間受到損害的關係。」[218]

不用於細數恩情，反用來發洩不滿，也是獻辭很吸引人的一個用法。謝謝我現在的雇主約克大學，給我一份工作，但多年前拒絕我的大學申請就不謝了（我還是有考上大學）。1935 年，美國詩人康明斯向母親借來 300 美元，委請印刷商山繆・雅各布（Samuel Jacobs）替他出版詩集。他原本有意將書名取為《七十首詩》，但最後取名為《不了，謝謝》（*No Thanks*），四個字總括他問過十四家出版社所得到的回應。詩集中，康明斯的「獻辭」採用圖像詩的形式：逐行堆疊各家出版社的名字，構成一口骨灰罈的圖形。

NO

THANKS

TO

Farrar & Rinehart

Simon & Schuster

Coward-McCann

Limited Editions

Harcourt, Brace

Random House

Equinox Press

Smith & Haas

Viking Press

Knopf

Dutton

Harper's

Scribner's

Covici-Friede

　　康明斯開的是個多面的玩笑：原為文化掌門人的出版社，淪為文化加工品，既是一首詩，也是供人悼念之物。

　　獻辭和謝辭將私事公開。謝謝我兩歲女兒安娜，（不久前）用別具創意、可愛討喜、剝奪睡眠的方式阻撓這一章的寫作。雖然不多，但偶爾甚至有人像先前一位古生物學家一樣，在發表於《當代生物學》（*Current Biology*）期刊的論文謝辭中，問女友：「蘿娜，你願意嫁給我嗎？」[219] 不過，詩人艾略特晚年寫過一篇公然示愛的情書《致吾妻》（*A dedication to my wife*），形式是一首詩，而非題目所稱的獻辭，詩中頌揚「睡夢中主宰我們安寧的韻律／和諧合一的呼吸」。艾略特用令人尷尬的謝辭結束這首詩：「這篇獻辭雖將供人閱讀／卻是我對你公開的私語」。詩如此作結，是會減弱私下閱讀時的親密感？還是反而出乎意料地強化了親密感，讓薇樂麗・艾略特（Valerie Eliot）受寵若驚，意識到自己是茫茫讀者人海中那個唯一的收信人（在年事漸高的詩人心中依然特別，如同可愛的讀者您在我心中一樣）呢？

　　或許獻辭的意義更在於私下表示親密，一遍又一遍，引起一連串

僅限發生於書中且作者無法充分想像或加以限定的交流（媽，我實在不覺得你會讀這本書）。獻辭暗示的讀者，即不論用全名、小名、自己人才懂的笑話、刻意戲弄首字母縮寫所暗示的受獻對象，與「真正的」讀者，也就是真正拿起那本書並納為己有的人，作者該怎麼弭平兩者之間的落差？馬克‧丹尼勒夫斯基（Mark Danielewski）的小說《葉屋》（*House of Leaves*）明確點出這個問題，書中獻辭寫著：「這本書並不獻給你。」J. K. 蘿琳（J.K. Rowling）比較大方，把《哈利波特：死神的聖物》（*Harry Potter and the Deathly Hallows, 2007*）書首獻辭的第七段「獻給你，假如你堅持陪伴哈利來到了最後」。[220]

真正親密的獻辭，是親手另外寫上去的：基爾大學（Keele University）圖書館收藏有作家阿諾德‧班尼特（Arnold Bennett）約三十冊初版作品，幾乎全都有班尼特手寫獻給妹妹特媞雅（Tertia）的題辭。2010 年，小說作家安‧派契特（Ann Patchett）透露對謝辭成為一種文類，她覺得不大自在，堅持自己還是比較喜歡另行贈送簽名本給創作中支持她的人，尤其以免印在書上的獻辭在友誼破裂後成為揮之不去的印記。[221] 但以簽名的現代形式來說，作為查爾斯‧狄更斯（Charles Dickens）簽名書以後的產物，作者簽名已經不再是交情特殊的記號，而是見到文學界名人的記錄，且經作者簽名，也驗明文本的真偽。有些讀者會進一步加上自訂的獻辭，化書的用途為禮物，用於增進或影響友誼、戀愛關係、家人感情，也有替自己對書的審美、品味、偏好多添一筆永久紀錄的用意。[222] 網路書店的線上目錄對伊塔羅‧卡爾維諾（Italo Calvino）後現代遊戲之作《如果在冬夜，一個旅人》（*If on a Winter's Night a Traveller*）其中一個版本的描述就說，該書「唯有一個小瑕疵」，就是「書首空白頁寫了獻辭」。[223]

我這份人情債紀錄，混合對別人的研究，其實並未出現在應有的位置。在學術專著裡，謝辭（通常）應該出現在書首；在虛構作品中，則會收到書末。獻辭則（幾乎）一直都置於書首。這樣的位置分配是經過慎思熟慮的：在學術著作中，謝辭給了作者一個刊載學經

歷、誇耀朋友有頭有臉的管道。社會人類學者班—艾里（Ben-Ari）反思民族誌學者慣用的做法，他們往往過度恭維地感謝自己研究的人群，但心裡其實放心明白，這些研究對象既不會讀他們的研究，也不會讀到他們擺出的姿態。「公式化謝辭，」班—艾里表示：「關係的是職涯選擇策略、管理在人類學界的人脈、建立民族誌的可信度和真實性，同時建立人類學家善於社交的形象。」[224]

謝辭和獻辭是多向的，向內闡述影響和建構問題，向外則對真實和想像的讀者說話，也對文本吸收養分（或養分遭奪）從而誕生的社會說話。相較之下在虛構作品中，把感恩之語貶謫到末尾幾頁，建構了後浪漫主義時期頌揚孤獨天才的部分傳統：既然是發揮想像力的作品，誰希望高妙的幻想被學術研究的粗礪質地戳穿？[225]

班—艾里將謝辭歸類為「清單或盤點目錄……用於固定或排列清點特定分類或子分類用的裝置」。[226] 這個定義遮蔽了獻辭或謝辭還有敘事和說服的功用，但恰也指出某些慣用的表現手法或修辭確實流行：在現代書籍裡，向特定團體致謝或致意時，如凱薩所言，習慣「從遠朋排到近友」。[227] 現代謝辭頁一定須感謝朋友、家人，幸運的話還可感謝贊助者；在近代英格蘭，則常出現幾個關鍵隱喻，從致送薄禮給需要保護的棄兒，到無以償還思而沮喪的債務。

最特殊的一種慣用手法，大概是宣告書中任何錯誤皆屬作者之責：凱薩認為這種做法，駁斥了謝辭頁的共同體精神。[228] 只有語句文法錯誤，作者才主張責任在己。這和印刷業早期慣行的做法相反，以往有勘誤表指出文本的不完善之處，作者和印刷者不僅樂意還往往堅持將錯誤推給對方。泰勒在《果戈里胡謅先生》就拿這個傳統來嘲諷了一番，堅持「萬一印刷師所印的任何一行、一字或一個音節，使得這部大作遭任何人誤解，但望讀者莫將錯誤怪於作者身上，因為那和他本無任何目的的寫作目的相去甚遠」（A4v）。

進入 20 和 21 世紀，暗含感情成為獻辭的流行趨勢（班班，我愛你勝過一切）；但在 16 和 17 世紀，這種風尚主要見於欲表現聲望的

獻辭。當時獻辭往往冗長且老套，作用如學者亞瑟・馬洛帝（Arthur Marotti）所言，是要「（誤導讀者）當作名人背書的證據」，試圖將題獻者與題獻對象之間的關係寫得情誼篤厚。[229] 近代早期有些作者與馬洛帝持有相同的懷疑。麥可・德雷頓（Michael Drayton）將他 1599 版的《英格蘭英勇書》（*Englands heroicall epistles*）部分致予「他值得結交且備受敬愛的朋友，詹姆斯・修伊士（James Huish）」，文中抱怨：「我認為有些人……將大人物之名放進書裡，欲使世人以為書中確具有益之處，只因為大人物名列其上。」[230] 戈頓的《獻給大人物的獻辭》樂於承認攀附名人的虛偽造作：「大人與我素不相識，因此請准我與您在此相熟」（A2r）。他又接著寫道：

> 我認識一名作家，總共用二十頁頌揚一位伯爵，雖然他根本不認識對方，不過對方頗有閒錢……這種做法十分普遍，很容易能從頌文的長度，猜出恩主可能有多富裕，或者作家有多飢餓；頌文超過三頁，你就可用全身鮮血打賭，作者必定餓了三天；而他稱頌的那位大人，除卻其他種種美德，年俸必不少於 3,000 英鎊。（A2v）

獻辭從何時開始縮短很難精準確定：吉奈特認為獻辭是自食膨脹之惡果，約於 19 世紀末被歸入引言這個新文類中。[231] 篇幅縮短後，獻辭的作用改而威脅到書名頁題辭，使後者漸被省略。書名頁題辭這個附加語，原是用於標誌作者（或可能是出版者）的學養，同時自承在知識和創意方面所拾之前人牙慧。又或許獻辭縮短是現代主義的現象。「獻給艾茲拉・龐德，」艾略特在《荒原》卷首寫道：「Il miglior fabbro（更練達的巧匠）。」維吉尼亞・吳爾芙（Virginia Woolf）在她的時代穿越之作《歐蘭多》（*Orlando*）中，為了獻辭裡性別交換的用字遣詞傷透腦筋，最後決定簡單寫上「致 V. Sackville West」（**圖 8.2**）。

對於篇幅縮短這個主題，我還能寫上更多，但我的文章已經太長

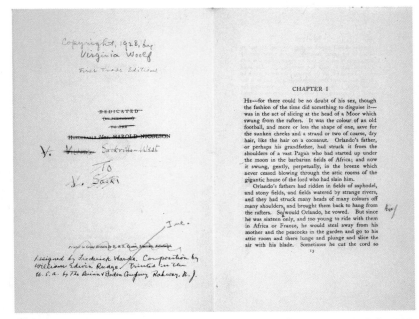

圖 8.2 Virginia Woolf, *Orlando*: corrected page proofs, 9 June － 22 July 1928.
©The Society of Authors as the Literary Representative of the Estate of Virginia Woolf.
Courtesy of the Mortimer Rare Book Collection, Smith College Special Collections

了。現在只剩下應向我未提及的同事、好友、點頭之交致歉，把我的錯誤歸咎於過去的學者和雞婆的編輯，同時希望在讀者您的保護之翼下，這個小小章節或能尋得一處避風港，免於批評和精細解讀的強風侵襲。

字可都是我自己打的。[232]

活字發明以後，文本得以機械化量產，但這並不代表印刷從此與手抄傳統一刀兩斷：彩飾手抄本的裝飾邊框、花飾線、首字母花飾幾乎自印刷本發明起便跟著轉移過去，稱為印刷紋飾（printers' ornaments）。將紋飾圖樣蝕刻於木塊或金屬塊，塗墨即可印出大幅的頭飾（headpiece）與尾飾（tailpiece），比較小的印刷塊則用於印刷首字母，或用作段落之間的花飾。又或者，裝飾圖案可以用小活字圖塊組合而成，這些小圖塊稱為印刷花葉（printers' flower）或花飾（fleuron），與字母活字塊一樣由排版師安排位置，只是圖塊刻的不是字母，而是幾何圖形或簡單具象圖形。花飾可以單獨使用，也可以組合構成複雜圖案。

西元 1500 年前，木刻版紋飾在歐陸比不列顛常見，不過希歐多里克・魯德（Theodoric Rood）自 1480 年代初已經在牛津產製印刷裝飾，卡克斯頓在倫敦也自 1490 年代用起木刻邊飾。[233] 印刷業在不列顛發展之初那幾十年代表從手抄本到印刷本的過渡期，紋飾這時仍被視為手繪彩飾的印刷替代物。為富人訂製的搖籃本經常結合兩者，將印刷出的文本交給繪師手工上色。1500 年在倫敦由理查・品森（Richard Pynson）印刷的《莫頓禮拜書》（The Morton Missal）常被引述為「英格蘭出版的第一本藝術〔印刷〕書」。[234] 這本書製作精美，從頭到尾廣布紋飾，以及印刷的樂譜和紅字。不過，在某些印本中，印刷上去的首字母和邊框紋飾仍被當作輪廓線，另外費心塗上顏色。[235] 往後數十年，不列顛見證了紋飾的使用激增，普洛莫（Henry Plomer）將此歸因於宗教改革，因為歷史上第一次需要印刷如此大量的聖經及祈禱書，而紋飾往往被視為神典聖籍之必需，因為美化書頁就是向書中內容致敬。[236] 隨著使用日增，印刷紋飾也發展出自己的視覺語言，與手繪彩飾產生區隔。卡克斯頓的後繼者威金・德沃德（Wynkyn de Worde, 約逝於 1534 年）使用的紋飾即是很好的例子。學者大衛・卡斯騰（David Scott Kastan）研究指出，卡克斯頓印行的書只有 20 冊有某種形式的裝飾或彩飾，相較之下，德沃德則有 500

冊。[237] 後者對紋飾與日俱增的偏好，從其印刷標記的演進就清楚可見。他用印刷標記當作出版物商標，初期的例子約使用於 1499 年，僅有他和卡克斯頓的名字首字母縮寫，以及簡單的蔓紋。[238] 此後，德沃德的商標經過多次功能改良，直到約 1520 年，他開始用新一版商標，圖案中可看到一座壁畫拱廊，後方可見街景與夜空，上下有小天使和衛兵，德沃德的名字則擠在拱廊小小的基座裡（見**圖 9.1**）。[239] 這個圖案的商標作用（辨認出版者），全然被作為裝飾之優美和旨趣給掩蓋。德沃德的商標演變與他更廣泛使用在書中的紋飾相互呼應：裝飾成為他的視覺語彙的一部分。

德沃德有許多圖塊，誕生之初是專為特定文本繪製的插畫，後來卻重新使用在其他與內容無特定關聯處。[240] 如同其他圖形活字（參見第十六章），特製紋飾回收使用的現象一直持續到伊莉莎白時代。1593 年，龐森比為菲利普・席尼（Philip Sidney）詩作《阿卡迪亞》（*Arcadia*，意為樂園）的書名頁刻製邊框，圖案是席尼的家族紋章和樂園中的角色。這個邊框後來又用在馬基維利（Machiavelli, 1595）和史賓塞（1611）的著作中，圖案原有的特殊含義不再重要，僅被當作裝飾使用。很顯然，印刷商樂於使用脫離文本的圖塊，也樂於在文本內容與裝飾圖塊之間找尋新的關聯。或許受到早期印刷師自由活用紋飾的啟發，17 到 18 世紀，圖塊描繪的物事逐漸包羅萬象（**圖 9.2** 與 **9.3**）。某些圖案慣常出現（小天使和大天使、獅、鳥、花果），但如 18 世紀初印刷商約翰・沃茲（John Watts, 活躍於 1684-1755）擁有的頭飾圖塊，描繪的主題則更多變，有畫家在古典建築遺跡寫生、船隊入港、天文學者以望遠鏡窺天、牧羊人對羊群吹笛，以及維納斯誕生。不落俗套的精美紋飾，吸引人將目光從文字移開，投向圖像所構成的判若雲泥的想像世界，創造這個世界不是作者，是雕刻師和排版師。手壓印刷時期，製作紋飾圖塊的匠師多半不會具名。紋飾圖塊一般也不會收錄於活字樣本冊，這代表製作者應是自己開業的匠師，而非鑄造廠的雇員。有些受歡迎的圖案會複製多份，做工精確，推測應

圖 9.2　卷首插畫的範例，出自 *The Works of Beaumont and Fletcher* (London: J. R. Tonson and S. Draper, 1750). Photographs from author's own copy

圖 9.3　卷尾插畫的範例，出自 *The Works of Beaumont and Fletcher* (London: J. R. Tonson and S. Draper, 1750). Photographs from author's own copy

非出於一人之手，也有多間印刷行會使用這些圖案。偶爾能見到繪師將自己的姓名首字母融入紋飾圖塊，使其有機會被認出來。沃茲就曾使用藏有雕刻師伊利夏・柯卡爾（Elisha Kirkall, 1682?-1742）姓名首字母的圖塊。沃茲家業雄厚，負擔得起使用著名藝術家刻製的成套紋

飾，而柯卡爾顯然也配合不同書頁版式，將他的紋飾做成風格各自一致的不同尺寸出售。比較不富裕的印刷商，或是自己開設作坊者，也可能會自行刻製專用紋飾。班傑明·富蘭克林（Benjamin Franklin）年輕時就自學刻製活字和雕刻紋飾，以彌補 1720 年代費城印刷材料之匱乏，當時活字幾乎仍只能從歐洲進口。[241] 木刻多偏好用堅韌耐久的木材，如黃楊木、梨木、蘋果木。圖案也可以刻在鑄字金屬表面，但不必使用一整個金屬厚塊，可以刻於金屬薄片，再釘到木塊上增高，使高度與活字一致。

活字鑄造廠也會用鑄字金屬刻鑄花飾，與字母活字字體的大小相合，一併賣給印刷商。鑄造廠可能會製作樣本冊，建議花飾可以如何排列，但也僅止於此，實際運用多交給排版師設計。花飾和紋飾圖塊不同，可以排進文字行句之間，早期的印刷商有時候會用花飾填滿段落末尾的空行，模仿手抄本用手繪花飾填充短句使版面整齊的做法。[242] 花飾可以單獨使用，也可以組合成複雜的頭尾飾、邊飾，或裝飾在個別活字放大字級構成的首字母周圍。很多受歡迎的圖案都是不對稱設計，組合時既須細心也要有創意。花飾打從最初使用的視覺代號，就是在上自繪畫，下至雕塑、建築、花邊細工、書籍裝幀等各種媒材中早已確立的視覺符號。[243] 伊斯蘭幾何圖形在歐洲 15 世紀末流通於手抄員、刺繡師、花邊繪工之間的圖案樣冊中十分常見。哥德式、羅馬式及古典建築的細部裝飾，先是經由裝幀進入彩飾手抄本，之後也傳入印刷書。裝幀師在黃銅章上雕刻出蔓藤花紋或花草鳥獸，加熱後蓋印在裝幀用的溼皮革上，排列出華麗的圖案，再用金箔填滿或留白。15 世紀，威尼斯書商阿爾杜·曼努提烏斯（Aldus Manutius, 約 1452-1515）為自家裝幀書設計出藤葉圖案，至今仍稱為阿爾丁葉（Aldine leaf）。法國印刷商羅伯·葛杭永（Robert Granjon, 1513-89）設計的蔓藤花紋則特別流行於不列顛。雖然相較於具象圖形，抽象花飾普遍更受歡迎，但往後的年代裡，仍有一些印刷商實驗新的圖案。威廉·卡斯隆（William Caslon）於 18 世紀設計了骷髏頭和沙漏

圖案用於悼亡文學；蘇格蘭格拉斯哥的鑄字師亞歷山大・威爾森（Alexander Wilson）設計出用字型排成的黃蜂圖案，展示在他 1789 年的字型樣冊；1799 年西班牙馬德里也有人刻鑄出迷你士兵。[244]

　　根據學者茱麗葉・佛萊明（Juliet Fleming）的研究，花飾在不同層面上象徵著細心、耕耘、技術，超越了文本傳達訊息之「必要」。[245] 佛萊明以早期英格蘭的祈禱書為例，書中每一頁都有華麗的印刷邊飾框繞：

> 這些花框經常用於祈禱書，幾乎成為祈禱書這個文類的正字標記──擁有這樣一本書，已形同往禱告邁進；或許可以說，裝飾代表了禱告的意圖，甚至（兩者或許也相差不多）就是禱告本身。[246]

　　約翰・康威（John Conway）的《沉思與禱告》（*Meditations and Praiers*, 1569）這本書「花飾比文字更醒目，使人不禁心生一個難於回答的問題：花飾究竟是作品的一部分，還是其實與作品無關」。[247] 全心投入閱讀時，印刷過程背後動用的勞力和技術很容易為人遺忘。一如前述討論過的新奇圖塊，花飾也能使讀者重新把注意力放回版面設計，聚焦於墨水與空白的創意排列。16 到 17 世紀初，印刷商蓬勃使用花飾，但到了 1680 年代，約瑟夫・莫克森（Joseph Moxon）於他印刷的手冊中宣稱，花飾「現已過時，因此不再多用」。[248] 假如花飾的運用在 17 世紀有所衰減，很可能與英格蘭排版印刷業的發展狀態息息相關：〈1637 年星室法令〉（Star Chamber decree of 1637）與〈1643 年授權法〉（Licensing Order of 1643），限制至多只能有四家英格蘭字型鑄造廠，因此倫敦印刷行使用的字型大多由荷蘭進口，或在倫敦用荷蘭模板鑄造。不過〈授權法〉在 1694 年失效，為英格蘭鑄字業吹入新生，特別是卡斯隆仿效歐陸風格刻鑄新的花飾，而後逐漸流行起來。卡斯隆早期 1720 年代的字型樣冊裡，花飾不過寥寥幾排，但他 1764 年的樣冊，則足足有四頁裝飾用活字。到了 18 世紀中

葉，作家兼印刷商山繆・理查森（Samuel Richardson）在《克拉麗莎》（*Clarrisa*, 1748）書中（**圖 9.4**）利用卡斯隆的花飾來標記敘事時間與地點，令人印象深刻。[249] 他不只用花飾標示敘事間的中斷和停頓，還分派給各個人物自己專屬的花飾，讓裝飾用的標記符號也獲得個性；例如當拉弗雷斯逐漸控制了克拉麗莎，他的花飾也跟著入侵克拉麗莎寫的信。[250] 理查森身兼印刷商和作者，處於獨特位置，可以縱情發揮創意，開發花飾運用的可能。換作大多數印刷文本，花飾和紋飾皆非作者能決定，雖然偶爾也有例外，例如波普就寫下說明，要求印刷商按照說明排放圖飾。[251]

理查森讓花飾發揮種種敘事功用，但學者珍寧・巴徹斯（Janine Barchas）仍指出，這些花飾終究存在於書信體小說之外（我們不會覺得該想像花飾出自撰信人的手筆）：「印刷紋飾仍舊是印刷機吐出的音節，是製書的固有特徵，表明書中出現的文本是一部公開發表的小說，而非一封私人信件。」[252] 裝飾的作用不再是手抄本泥金彩飾的印刷替代品，反而成為「印刷機吐出的音節」，賦予文本「公開」地位。彷彿要證實這個論點似的，18 世紀不少印刷商利用裝飾來公開宣揚印刷藝術。山繆・帕莫（Samuel Palmer）很受喜愛的一幅尾飾摹繪印刷社的內部空間；威廉・保耶（William Bowyer）亦有一幅尾飾設計用來紀念 1712 年摧毀他事業財產的一場惡火。另外也有許多印刷商用裝飾頌揚古騰堡（Gutenberg）和卡克斯頓。17 與 18 世紀紋飾圖塊常見的一個圖像，就是印刷書，書或者闔上露出裝飾精美的裝幀，或者翻開來，書頁上綴飾細密畫。從 15 世紀到 18 世紀中葉之間可以看出明顯的轉變，裝飾在早期被視為模仿手抄本的一種手段，但經過兩個世紀，裝飾已經概念化，從裡到外被當作表徵印刷書特殊身分的一個環節。

花飾和裝飾圖塊作為創作與工藝的表徵，對書誌學者判別印刷材料的出處來源很有幫助。在印刷作坊，花飾不會和字母活字一起收存在排字師的鉛字盤裡。花飾通常會收在整版石台（imposing stone）下

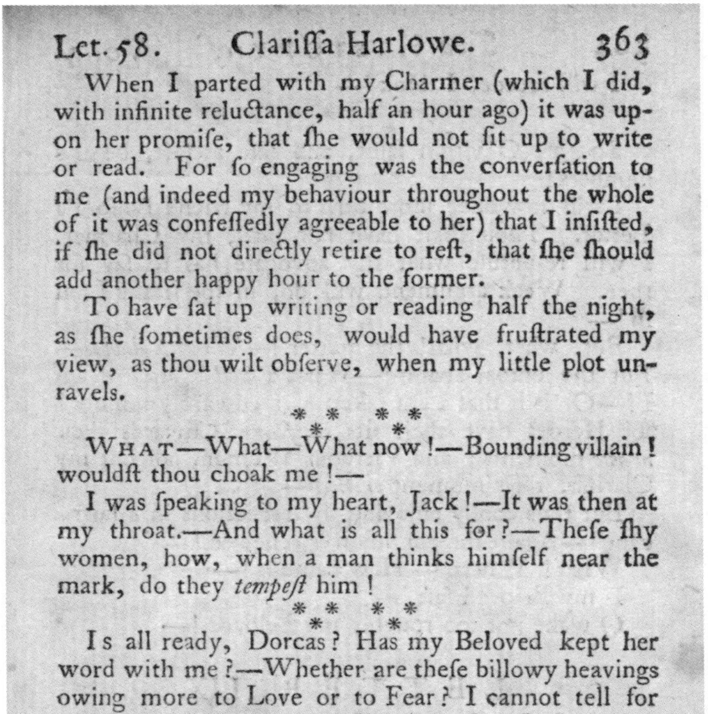

When I parted with my Charmer (which I did,
with infinite reluctance, half an hour ago) it was up-
on her promiſe, that ſhe would not ſit up to write
or read. For ſo engaging was the converſation to
me (and indeed my behaviour throughout the whole
of it was confeſſedly agreeable to her) that I inſiſted,
if ſhe did not directly retire to reſt, that ſhe ſhould
add another happy hour to the former.

To have ſat up writing or reading half the night,
as ſhe ſometimes does, would have fruſtrated my
view, as thou wilt obſerve, when my little plot un-
ravels.

* * * *

WHAT—What—What now !—Bounding villain !
wouldſt thou choak me !—

I was ſpeaking to my heart, Jack !—It was then at
my throat.—And what is all this for ?—Theſe ſhy
women, how, when a man thinks himſelf near the
mark, do they *tempeſt* him !

* * * *

Is all ready, Dorcas ? Has my Beloved kept her
word with me ?—Whether are theſe billowy heavings
owing more to Love or to Fear ? I cannot tell for
the ſoul of me, of which I have moſt. If I can but
take her before her apprehenſion, before her elo-
quence, is awake—

Limbs, why thus convulſed ?—Knees, till now ſo
firmly knit, why thus relaxed ? Why beat ye thus
together ? Will not theſe trembling fingers, which
twice have refuſed to direct the pen, fail me in the
arduous moment ?

Once again, Why and for what all theſe convul-
ſions ? This project is not to end in *Matrimony*,
ſurely !

But the conſequences muſt be greater than I had
thought of till this moment—My Beloved's deſtiny
or my own may depend upon the iſſue of the two
next hours !

R 2   I will

圖 **9.4** Richardson's *Clarissa*, 3rd edn 的花飾 (London: for S. Richardson, 1751),
vol. 4, p. 363. Reproduced by kind permission of the Syndics of Cambridge University
Library. Shelfmark: S727.d.75.25

方的抽屜，刷墨前，排字師會在石台上拼組頁面構成素材。由於排列複雜的花飾圖案很花時間，排字師有時候會將排列好的圖案保留不動，只將其他頁面構成素材拆散重組。因此，同一個排列好的圖案在一本書中可能會出現多次，尤其是（且往往如此）同時有一部以上作品待印時。假如兩本書中出現相同的花飾排列圖案，而其中之一知道印刷師是誰（因為書名頁註明其身分，或有其他文獻可資證明），則我們就能確定，兩本書必是同一位印刷師負責的。[253]

花飾排列的圖案使用壽命短暫，裝飾圖塊則經久耐用，可以為印刷師持有數十年之久。獨特的手刻紋飾，或有獨特傷疤或磨損痕跡的鑄版，也可供我們辨認一本書的印刷者為誰。我們現在知道，從前印刷師會互借圖塊，所以在未註明印刷師的書中單次出現某個具名印刷師的圖案，並不足以當作辨認身分的確鑿證據，但若能一次見到多個圖案為例，就能建立具有說服力的證據集。[254] 圖塊的損耗痕跡可使印出來的圖案更有鑑別度，更能夠當作證據。不論木塊或金屬，反覆使用都會逐漸磨損，其中木頭也容易彎曲龜裂。當金屬雕版的凸面磨損，將金屬片固定在木塊上的釘頭痕跡，在壓印出來的圖上也會益發清楚，見到就知道這個圖塊是金屬雕版，且釘頭痕跡也有助於分辨不同版次或鑄版。如果是木塊蓋印的圖案，徵象是會有蛀孔（實際被蠹蟲啃出來的）。印本若未標明日期年代，從裝飾圖案上相繼出現的新蛀孔，可以判斷印刷的先後順序。書誌學與生物學一次美妙的交會更顯示，蛀孔也可以用來鑑定一本書是在歐洲北部或南部印刷的，這多虧歐洲南北部的蠹蟲長得不一樣大。[255]

印刷商菲利普・勒克姆（Philip Luckombe）在 1770 年宣稱裝飾活字已發展臻至巔峰，新近的創新設計讓印刷師能「印出橢圓形、轉摺圓滑或有角度的裝飾花樣，不再只局限於正方形或圓形的花樣」。[256] 但勒克姆「擔心，花紋頭飾、花飾首字母和尾飾將無以為繼……鑑於花樣的設計和印製在處理上極為費工且耗時」。[257] 他的警告頗具先見之明：1774 年版權法修法，終止倫敦書商長年以來對英

國經典重印的壟斷，也促使倫敦市區郊外的印刷活動驟增。這個競爭激烈的新市場裡，逐漸出現便宜書籍可提供給新的閱讀群眾，但生產時程緊湊，加上亟欲善用每一分資源，使用最小的字型，頁緣留最少的空白，這代表新式樣的書中留給裝飾的時間和空間都很少。除此之外，高檔的插畫書雖仍在產業中保有一席之地，但在著名者如約翰·畢威克（John Bewick, 1753-1828）等雕刻家領軍之下，雕刻藝術的發展進步，也使傳統裝飾相形顯得粗陋遜色。

從 19 世紀起，書多由機器印製以後，圖飾不再如手壓印刷時期一樣不分類型皆廣為流行。很少或根本沒有印刷圖飾的書數量愈來愈多，首字母花飾和邊框雖然存活下來，且在攝政時期和維多利亞時期的某些出版物中依舊興盛，但生產成本壓低，代表應委託客製小插圖比較實際，而且客製化插圖也不必像文藝復興時期的圖飾一樣，為顧及成本效益而回收再利用。[258] 法國作家勒薩日（Alain-René Lesage）1835 年巴黎版的小說《吉爾·布拉斯》（Gil Blas）就是個典型例子，插畫家尚·吉固（Jean Gigoux）以小說為靈感設計出 850 幅小插圖，再由大批低薪雕工負責雕版。小插圖隨文字一起印刷，通常印在傳統被圖飾占據的位置。成品效果令人欽佩，且「文字與圖像配合幾乎連續不斷」。[259] 有些會用到非寫意的首字母花飾和頭尾飾，不過一般明顯還是偏好圖像與文字之間有比傳統圖飾所允許更明確的關聯。花飾依舊持續鑄造及使用，雖然不再像一世紀以前在主流書市那樣地廣泛受到應用。新的鑄造方法和製造模板使花飾擁有更精密繁複的細節，[260] 也讓更細膩的寫意圖案能夠製造量產，使 19 世紀花飾與過去多為抽象圖案的先祖產生區隔。描繪船隻和火車的新奇圖案反映了科技變遷，對自然界的研究進展，也在描繪魚、鳥、生物的花飾上展現其影響力。[261]

19 世紀至今，圖塊和裝飾活字在小規模或私人手壓印刷依然經常用到。《印刷商國際樣本交換》（Printers' International Specimen Exchange）邀請凸版印刷商提供各自的活字鑄排樣本，在 1880-98 年

間每年出版。這些樣本吹起今人對歷史花飾與紋飾的興趣，1887 年蒙納字型公司（Monotype Corporation）在美國費城創立，更助長了此一興趣。1897 年，蒙納公司在英國倫敦開立分社，隨後於 1899 年在薩里（Surrey）開設工廠。蒙納字型公司首創用鑄排機（hot-metal typesetting）印製精美印刷書的方法，他們為此委託設計新的鉛字，將是 20 世紀印刷業的特色。1920 年代，印刷師史丹利・莫里森受邀擔任蒙納公司印刷顧問。莫里森時為歷史印刷期刊《花飾》（Fleurons）編輯，蒙納公司在他影響之下，重新鑄造了一系列近代字型。[262] 花飾在 20 世紀初的另一擁戴者，是 1863 年年初成立於東倫敦普拉斯托（Plaistow）的庫爾文出版社（Curwen Press）。庫爾文原為樂譜的印刷出版社，到 1920 年代陸續也出版了五花八門的材料，提倡發揮創意使用新的花飾和紋飾，取代受歷史啟發的圖飾。庫爾文出版社雇用多位藝術家如洛瓦特・弗雷澤（Lovat Fraser）、亞伯特・魯瑟斯頓（Albert Rutherston）、波西・史密斯（Percy Smith）、蘭多夫・施瓦貝（Randolph Schwabe），雕刻出裝飾藝術（art deco）和新藝術（art nouveau）風格的圖飾，專供出版社使用。庫爾文獨特的三色花飾邊框，除了在公開出版的書裡，在限定版書籍中也能見到：例如與英國國家鐵路簽約，發行裝飾精美的全英鐵路車站餐廳簡介手冊。除了庫爾文出版社，印刷師大衛・貝特（David Bethel）也於 1957 年製作出戰後第一套新的花飾，隸屬於他設計的格林特（Glint）字型（**彩圖 5**）。這套字型十分受歡迎，促成格林特字型社（Glint Club）在安特衛普成立，社內時興名為「格林特競賽」（Glint Game）的遊戲，成員研究用字型中的花飾排出新的圖案並以此較勁。身兼印刷史學者及蒙納公司員工的碧翠絲・沃德（Beatrice Ward），就是格林特字型的熱情提倡者，她用貝特設計的花飾至少排列出 75 種獨特的單色圖案，然後才進階到雙色。[263] 沃德形容格林特花飾，說它們「自然在眼前融合成更大、更華麗的圖飾」，更用「圖飾的文法」一詞形容排列花飾的藝術。[264] 格林特花飾至今仍有人使用；對當

代圖飾使用感興趣的讀者可參考 2016 年為波德利圖書館發行的莎士比亞十四行詩選，由全球 154 家小出版社合製，其中許多皆飾以傳統或當代風格的美麗圖飾。[265]

　　圖飾的文法仍有許多可待學習之處。新時代對閱讀社會史和文本物質性（materiality）的興趣，促使愈來愈多編輯和佛萊明一樣，漸漸好奇圖飾究竟是「作品的一部分，或者與作品無關」。亨利·伍德胡森（Henry Woudhuysen）和凱瑟琳·鄧肯—瓊斯（Katherine Duncan-Jones）在兩人合編的莎士比亞詩選中，對印本裡的花飾提出難得的討論；更近則有瑞克斯和吉姆·麥丘（Jim McCue）翻印艾略特用於搭配一首應景詩的圖飾。[266] 許多經典作品的早期版本都有精美的圖飾，現代評註版如果能設想到這一點，我們或許能見到圖飾的文法以新的方式自我表述，進而使我們對文本與其早年引起的讀者反應有更深入的理解。

自1985年，吉莉·庫柏（Jilly Cooper）的第一本言情小說《騎師情挑》（*Riders*）出版以來，她這一系列以拉特郡（Rutshire）為背景的小說，每一本開篇都會附上出場人物表。每有新的一冊出版，人物表也愈加愈長且愈複雜，乃至於她2016年的最新作品《攀峰！》（*Mount!*），單是出場人物表就足足占了11頁，而且不只列出主要人物，連角色珍愛的寵物也全列出來了。我們正是在這裡初次見到「派瑞斯·阿瓦斯頓，朵拉·貝福登的男朋友，冷若冰霜的美男子，同時在劍橋攻讀古典文學並打造他功成名就的演員事業」「瑪奇姐，管理平斯康姆馬廄的少女，來自捷克共和國，活潑俏麗，滔滔不絕，熱愛馬匹和異性」，以及「王先生（王子辛，音譯），腐敗的中國黑道頭目，殘酷殖民非洲」，此外還有四處獵豔的「中國人大威利」。借用書評慈愛的評語來說，「其他作者都躲不過」這麼龐大詳盡的角色列表。[267] 但對一本超過650頁的小說而言，人物表有非常實際的功用。性慾旺盛的花花公子騎在馬背上馳騁於鄉間莊園，作為通往庫柏幻想風景的入口，出場人物表能夠輔助讀者記住看似沒完沒了的出場角色的動向。同時，人物表還有另一個隱微的作用：易於辨認該作品隸屬於庫柏的拉特郡編年史系列。如同書名（只有一個驚嘆詞）、書名頁設計（用色調有限但具象徵意義的金、紅、黑、白四色構成）、插畫（清一色緊身馬褲和皮鞭，最好的形容就是「猛男騎師」），《攀峰！》的人物表也有意識地呼應庫柏早先多部小說的鋪陳和調性。對她的英國出版社西蒙與舒斯特（Simon and Schuster）來說，這些迭代出現的要素為宣傳此書提供了好方法，向忠實讀者保證這本小說也和她其他所有作品一樣：滿載馴馬師的風流韻事，間雜令人起雞皮疙瘩的性暗示雙關語，《攀峰！》從這個詞的各種含意來說，就是要吸引有感於庫柏這個充滿懷舊憧憬的獨特品牌魅力的讀者。

出場人物表並非小說所固有，即使到了今天，首要會隨人物表一起出現的文類，依然是當初發明人物表的文類：戲劇。本章宗旨即要

探討出場人物表於 16 世紀初，為方便英語白話劇表演作為一項印刷發明誕生的緣起，接著追溯其後從近代以降，應用於其他類型文本篇首的情況。迄今已有不下三篇專文曾試以量化概述方式，探究戲劇人物表在近代時期的歷史發展。[268] 這些論文指出人物表型態的轉變，說明劇本也從供演員使用的實用手冊，逐漸變成專為個人閱讀所設計的有價物品。對英國戲劇從 16 世紀末到 17 世紀初某段時間裡的文學地位成就做出比較宏觀的論述，是這些論文的主要貢獻。本章目的與此不同，不過也把焦點放在近代早期的印刷劇本人物表。關注這個焦點的原因有二。第一，出場人物表總的來說是一項印刷發明。雖然有一些手抄本罕例早於印刷出現，但人物表在近代印刷英語劇本中慣常出現，足可證明書商為了開發策略，使戲劇明確成為一種獨特文本類型，才做出此項發明。我將早於印刷的例子與早期印刷商的發明做比較，希望對早期印刷人物表作用是輔助表演這個觀點提出疑問，並反過來指出，人物表的主要作用應是協助表述劇本也是一種印刷商品。就這方面而言，我認為指出下述這一點也有幫助：人物表雖然最終朝向對作者有助益的方向發展（庫柏就是很好的例子），但觀察其早期歷史，人物表的設計和作用大多數時候都偏重於編輯面。雖然未署名的副文本材料要辨明原作者依舊出了名地棘手，但如果有作者參與的證據——例如約翰・貝爾（John Bale）1547/48 年版的三部劇本——則往往也暗示為讓劇本成書並獲得成功所做出的投資（包含各種意義上的投資）。[269] 因此，早期的印刷人物表應該理解為業界為將戲劇宣傳為休閒讀物及其他用途，因而多添一項慣常採用的做法。第二，人物表雖以戲劇副文本的姿態誕生，但很快也對其他文類的印刷表現產生影響：起先只影響對話體文學，但最終影響到小說和其他虛構文體。因此本章將探討早期人物表在手抄本與印刷本的起源，然後進一步闡述人物表後來對其他各種文本呈現的影響。

印刷出現前的戲劇人物表

英語白話劇有印刷本首見於 1510 及 20 年代，到了該世紀中期，劇本開頭收錄出場人物表已成為常態。1570 年代，倫敦的商業劇場開張以後，人物表退了一陣子流行，但到了 1630 年，收錄人物表再度成為基本標準。[270] 人物表最早現蹤於印本的數十年間，書名頁是它偏好出現的位置；放在這個位置有毛遂自薦的用意，因為早期印刷書販售時尚未裁切裝訂（瀏覽四開或更小開本的顧客因此大多看不到書的「開口」），反過來也表示這些資訊或可視為有助於劇本書販售的特點。不過時間久了，人物表在書名頁的位置逐漸被其他種類的資訊取代，如劇院公司與配合的劇場，人物表於是移到正文前的其他位置，通常在書名頁的背面。因此，當蘭道爾‧麥克李奧德（Randall McLeod）要求現代編輯，特別是莎士比亞劇作的編輯，應設法巧妙地將「出場人物表……（放進）書名頁與第一幕第一景的開場之間」時，已經是 1576 年以後印刷的近代版本多數偏好的位置了。[271] 簡而言之，假如你在 1550 年買印刷劇本書，幾乎一定會在書名頁找到人物表，但若是在 1630 年以後買的，則更有可能在正文開始前的其中一頁找到。

不論以何標準看，正文前的人物表都算很快就被採納為戲劇慣有的副文本，但放在早期手抄本為呈現白話劇與古典劇而採用的背景下，採用之速更是引人注目。中世紀英語系劇的手抄本，只有兩部內含人物表，分別是《宏觀道德劇集》手稿（Macro manuscripts）中《智慧》（*Wisdom*）一劇的抄本（抄於 15 世紀末），以及《毅力城堡》（*The Castle of Perseverance*）的抄本（抄於 15 世紀中），而這兩齣劇本的人物表，與印刷劇本隨附的人物表呈現方式大相逕庭。[272] 舉例來說，道德劇《毅力城堡》僅存唯一抄本中所附的「三十六小丑」（xxxvj ludentium）表，出現於劇本正文之後（頁 f. 191r），表中將角色連續列出，而未分成各自獨立的條目。該劇的現代編輯歷來傾向於掩蓋過這個特徵，改以符合當代習慣的方式列出人物表，但這種習慣實際上是早期通俗劇印刷商發明的：如 2010 年大衛‧克勞斯納

（David Klausner）編輯的 TEAMS 版，人物表移到卷首，並分割成獨立條目。《毅力城堡》原始手抄本中的人物表，與當代慣用以呈現舞台指示的方式有比較多共通點，反而與後來主導印刷本人物表排列的做法不像（**圖 10.1**）。

　　以拉丁語寫成一連串的祈使句：「Hec sunt nomina ludentium/ In Primus ij vexillators. Mundus et cum eo voluptas stulticia et garcio」（「以下為演員姓名 / 首先是兩名旗手。世界，在他身邊是滿足、愚昧，以及一名僕從，以此類推」），不太像會出現在印刷本裡。[273] 且誠如潘蜜拉・金恩（Pamela King）指出，登場人物的排列「不盡然按照先後順序，還依照效忠的程度」，顯然是為了前後呼應同一部作品集背面著名的圖表而設計的，意在「更進一步協助讀者理解劇本的基本大意，其中空間關係……被明確賦予道德價值」。[274] 既非過去演出的紀錄，也對未來演出無益，《毅力城堡》的手抄本指出了所有劇本被補救成紙墨製成的參考書時都會經歷的轉變。手抄本的人物表雖然與日

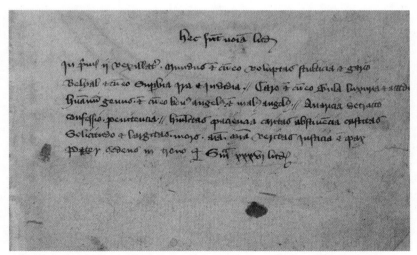

🌿 **圖 10.1**　*The Caste of Perseverance* 最後一頁右面的出場人物表 (Washington, DC, Folger MS V. a.354, ff. 154r-191v), f. 191r. Reproduced with the kind permission of the Folger Shakespeare Library, Washington DC

後印刷本的人物表有所不同，仍代表早期嘗試以文字形式表述戲劇所做的矚目實驗。

　　一如中世紀白話劇手抄本，人物表看來也不是古典戲劇手抄本或搖籃本的固定特徵。日後之所以收錄進印刷版古典劇作中，原因可能是因為較早之前曾經用於古羅馬劇作家塞內卡（Seneca）的戲劇譯本中，而非相反。例如，1589年倫敦版塞內卡拉丁語劇本（STC 22217）頁標 A3ᵛ 頁的出場人物表，明顯參照了更早版本的塞內卡譯本所採用的形式和排版，所謂的更早版本包括 1560 年代的單行版，與其後 1581 年的選集版（STC 22228）。不過，早期古典戲劇手抄本**的確**有一種設計，就是泥金裝飾的 aediculae（tabernacle frames, 神龕飾框）。例如，特倫修斯（Terence）劇作最早的三本泥金裝飾手抄本，全都採用了這個結構框架設計，於卷首放入神龕飾框，看似依登場順序描繪劇中角色。[275] 手抄本的這個做法甚至可能影響了早期英國白話劇的印刷表現法，因為早期有些印刷劇本書名頁所使用的木雕版人物畫像，似乎也具有類似的功用。中世紀的匿名喜劇插曲《傑克・賈格勒》（*Jack Juggler*），常被認為是尼可拉斯・烏達爾（Nicholas Udall）校長所作，劇本採用比較常見的形式，印上「演員姓名」人物表，並且附上其中三名角色的木雕版畫像，一旁各有小旗標（形似緞帶的卷軸）標註名字，分別是「Iak iugler」「M. bougrace」和「Dame coye」（**圖 10.2**）。這三幅木雕版畫像都是素材，也就是通用庫存圖像，早在出現於《傑克・賈格勒》的書名頁前即已存在。就以用於代表「M. bougrace」的人像來說，譜系遠可追溯到安托萬・維拉德（Antoine Vérard）1503 年版的《法語起始》（*Therence en françois*），其中同一幅木雕人像同時用來代表《安卓莉雅》（*Andria*）裡的潘菲爾和《宦官》（*Eunnuchus*）裡的謝利亞。[276] 因此，畫像改用於都鐸中期這一齣喜劇插曲的書名頁，形同為該劇欠古典劇的恩債作出視覺類比：《傑克・賈格勒》正是改編自普勞特斯（Plautus）的《安菲特律翁》（*Amphitryon*）。

戲劇人物表與戲劇的印刷表述

如同我在本章開頭所言，印刷本的出場人物表，經常被當成界定劇本讀者範疇的指標，並且經常進一步舉戲劇約於邁入 17 世紀時才成為一個文學類型當作例證。以最早期的劇本來看，書名頁的人物表與角色分配說明一起出現（「四人演出這齣插曲即綽綽有餘」），傾向於支持都鐸王朝中期劇本很少是為閒暇閱讀而寫的觀點。[277]「買書人每一個都可能是業餘演員，」學者馬提歐・潘加洛（Matteo Pangallo）就主張：「而潛在的業餘演員很可能就是早期倫敦劇本出版商的主要目標。」[278] 相反地，他認為隨著職業劇場興起，人物表也發生變化，吸引不同類型的使用者，沉默的讀者藉之想像腦中虛構的演出，或用以回憶已經演出過的表演。

> 人物表從用於創造表演的文件，變成用於想像虛構或過去的文件，這段歷史發展因此也是劇本閱讀大眾本身的變遷史，讀者大眾從可能是業餘戲劇製作人，變成幾乎純然是消費者。[279]

演員依照推論是人物表的首要使用者，但早期印刷人物表實際上對他們的功用有多大呢？早期人物表有些雖然的確提供有助於戲劇製作的資訊——例如，兩個版本的《三條律法》（*Three Laws*, [1548?]; 1562, STC 1288）和《雅各與以掃》（*Jacob and Esau*, 1568, STC 14327）書名頁提供的服裝註記。但空泛的說明更為常見，不太可能對一群想演戲的人有何實質幫助。以《好色的尤文圖斯》（*Lusty Juventus*, [約 1565], STC 25149; [約 1565], STC 25159.5）為例，其書名頁宣稱「四人即可演出，各自／選擇自認最適合的部分：好讓每個人都有／互不重複的部分」。不只一位評論者把這段敘述解讀成戲劇表演要求，以此當作業餘演員是目標市場的證據；他們似乎也假設，職業演員就不需要如何一人分飾多角的說明。[280] 但這條對角色分配缺

乏具體指示的註記，在先後相繼的兩個版本（[約 1565], STC 25149;
[約 1565], STC 25159.5）書名頁重複出現，假定未來有任何製作演
出，可茲參考的用語也語意模糊；九個角色，四名演員 [281]，但哪個角
色什麼時候由誰來演？假如問及《財富與健康》（*Wealth and Health*,
[1565?], STC 14110）和《普遍症狀》（*Common Conditions*, 1576, STC
5592）等劇本，所提出的分飾多角方案根本不可行時，我上言的疑問
又更加切題；上述兩劇需要的演員人數都比人物表明列出的來得多。
戲劇剛開始印刷成書時——在此有必要記住，英國書業以歐洲標準來
看規模很小，劇本又只占其中極小比例——印刷商實驗過各種表述文
類的做法，以期讓戲劇突出而非隱沒於其他相關文本類型中。事實
上，劇本與其他文本類型相似的程度，往往還能帶來特定商機；例如
將《凡人》（*Everyman*）一劇（1518-34 年印行了四次）標為「論說
文……呈現為一齣道德劇」很可能是一種拓展市場的手法，將論說文
讀者與劇本讀者一併涵蓋進來，**同時暗示**，閱讀論說文的方法或可延
伸用於閱讀劇本。然而加入可一人分飾多角的說明，所表現的卻是反
向的趨勢：人物表與分飾多角的說明並行出現，意不在可與其他相關
文類做類比閱讀，而是暗示印刷商正開始發展策略，讓劇本這種印刷
類型能立即且明確地被辨認出來。相較於人物表用意是輔助戲劇演
出，這個論點或許才足以解釋人物表為何流行於英格蘭早期印刷劇本
的書名頁。

　　利用人物表讓戲劇文類和劇本易於辨認，這個慣行做法經久固定
下來之後，人物表不只可用於標誌劇本之為劇本，甚而還可用來區別
不同戲劇類型。附加於《燃燒的荊棘騎士》（*The Knight of the Burning
Prestle*）第二版（1635, STC 1675）卷首的人物表，就是一個好例子。
因初版並無人物表，學者蓋瑞・泰勒（Gary Taylor）推測，二版的人
物表想必出自印刷師尼可拉斯・歐基斯（Nicholas Okes）或出版商約
翰・史賓塞（John Spencer）之手。這個推論看來理由充分，因為第
二版出版時，該劇作者法蘭西斯・博蒙特（Francis Beaumont）和約

翰・弗萊契（John Fletcher）均已去世多年。[282] 這份人物表印於劇本頁標 [A]4v 頁，標題簡單寫上「說話者姓名」（The Speakers Names）。印刷於 1642 年的劇本人物表，採用類似標題的不少於 58 個，但絕大多數都與一系列相關的特定戲劇類型有關，《英國戲劇全紀錄》（The Annals of English Drama）將這些類型指為：書齋翻譯、律師學院、非常態、大學。換句話說，使用這個標題的人物表，通常屬於不為在倫敦公開舞台表演的劇作。《燃燒的荊棘騎士》的書名頁形容該劇「由女王陛下的僕人飾演／於陛下在督里巷的私宅演出」，因此並不是通常會使用這種標題的劇作。但是藉由使用一個典型更常屬於書齋戲（closet drama）的標題，該劇出版者很顯然把人物表化為一種手段，讓該劇也具有那種諧仿其他類型的趣味，且這也是博蒙特和弗萊契劇作的定義特徵之一。因此很妙的是，正因為這份人物表使用「說話者姓名」為標題並不適當，卻反而特別適合這齣劇作。

《燃燒的荊棘騎士》的人物表在其他方面也很特殊。表的開頭依出場順序列出劇中人物：

> 開場白
> 然後是一名市民
> 市民之妻，以及
> **拉菲**她的情人，坐在
> 她的下方，在圍觀者之間

連接副詞「然後」表明了人物表的時間順序，因此市民在表上出場也可看作是以文字及印刷類比他登上舞台。不過，這份人物表也標示出空間關係；拉菲並沒有一個獨立條目，反而是列在市民之妻後面，斷開成下一行，身分是「她的情人」。不僅在表中位居她「下方」，開場位置也在她下方，拉菲的出場雙重證明了他的社會地位低於她。從這方面來說，這份人物表與《毅力城堡》附的人物表驚人相似。如先前所見，《毅力城堡》的人物表也用同樣的方式將意義空間

化；《毅力城堡》的手抄本中宣述「Pater sedens in trono」（「上帝坐於王座之上」），拉菲出場的概念與此並無二致。而且就和人物表的標題一樣，這可能是《荊棘騎士》的出版者有意所做的決定。雖然很不可能有任何直接的影響，但《荊棘騎士》的人物表所流露的古典氛圍，肯定是為了配合該劇對中世紀騎士傳奇的諷刺。

戲劇以外的角色人物表

所有的表作用都不只是列舉項目而已。每當實際將一個條目置於另一條目之前，表永遠無可避免地會為所列項目加上階位排序的意義。[283] 例如，《荊棘騎士》的人物表依照出場順序條列人名，這可能是出版商翻印舊本，沒有舊表可供比較的結果；各個條目可能純粹是隨每名新角色出場才加上去。但人物表還可以用其他多種方式排序資訊——可能是劇中角色的篇幅和重要性、社會地位、性別、家族或情節編類，從而影響文本解讀的可能性。[284] 這一點很關鍵，因為這突顯了人物表為使戲劇文類易於辨讀所扮演的角色。人物表使劇本易於理解也易於閱讀的同時，也體現了所有劇作在重構為文字材料之際，與歷史上有過的演出甚或是假想的表演片段，不可避免的存有差距。而且，易讀性具有的這種二重準則，即讓一件事既易辨認也易解讀的性質，恰恰也能解釋非戲劇背景的文本何以也納入人物表。

人物表出現在印刷劇本後不久，也開始見於對話體的印刷出版物。劇本和對話錄向來被視為關係相近，所以人物表出現在早期的對話錄印本裡，形同印刷業對這兩個文本類型的相近程度做出明確闡述。在特納的對話錄《質的研究》（*The Examination of the Mass*, [1548?]）中，承襲自當代戲劇人物表之處與有異之處都觸目可見（**圖 10.3**）。該書的人物表並未提供角色分飾說明，實際上也沒提供其他任何關於表演或台上朗讀的指示。而且，人物表標題明白地把「人名」稱為「**對話**中的說話者」（粗體為我自加）。不過，單是收入人物表這一點，就已經突顯出所有對話錄本質上都是準戲劇，同時也說

The names of the speakers
in chys Dialogue.

Maſtres Miſſa

Maſter Knowlege

Maſter Fremouthe

Maſter iuſtice of Peace

Peter preco the Cryer

Palemon the Iudge

Doctor Prophyri

Syr Phillyp Philargyry

136;95

明印刷者有時候會利用副文本來標舉不同種類文本之間的文類相近性。

到了 18 世紀，人物表已廣用於其他類型的虛構文學中。理查森的《查爾斯‧格蘭德森爵士的歷史》（*Sir Charles Grandison*, 1753）是人物表最早見於小說的一例，該書刻意將小說人物表做得幾乎和小說初成為一個文本類型的年代一樣古老（**圖 10.4**），角色列於主標題「主要人物姓名」之下，再分成多個副標題，如「男人」「女人」「義大利人」等，明顯遵照同時代劇本人物表的編排邏輯，包括那些理查森在自己工作坊印刷的劇本所附的人物表。藉此，這份人物表不只反映理查森很熟悉戲劇的表述方法，也顯示他運用這份認識，反思「書信體小說更廣義的戲劇性」。[285] 同時，人物表將運用在小說其他處的舞台技巧表現於外，也有修正讀者對書信體抱有預期心態的作用，邀請讀者不把自己想成偷窺狂（偷看別人的信），而是將自己當成劇場看戲觀眾的一員。庫柏的《攀峰！》雖然是類型截然不同的小說，但其人物表也有類似塑造讀者的作用。該書人物依字母順序排列，但有些輔助性小角色的介紹內容，是他們與尚未列出的角色之間的關係。例如「愛德華‧艾德頓」列於姓氏「A」開頭，但對他的介紹是「魯伯特‧坎貝布萊克的 19 歲美國孫子」，除非讀者已經知道魯伯特‧坎貝布萊克是誰，否則這條介紹沒有太大意義，可是魯伯特的條目再過兩頁才會出現。[286] 結果是，這份人物表要發揮作用，須先假設讀者已經熟悉庫柏比較有名的角色，形同把所有讀者——不論他們對庫柏的大作了解多少——全數形塑為長期關注且熟悉她作品的粉絲。

❧ 📖 ❧

吉奈特在他首開先河討論副文本的作品裡，略過了人物表未談，

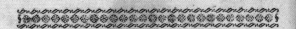

NAMES of the Principal PERSONS.

MEN.

George Selby, *Efq;*
John Greville, *Efq;*
Richard Fenwick, *Efq;*
Robert Orme, *Efq;*
Archibald Reeves, *Efq;*
Sir Rowland Meredith, *Knt.*
James Fowler, *Efq;*
Sir Hargrave Pollexfen, *Bart.*
The Earl of L. *a Scotiſh Nobleman.*
Thomas Deane, *Efq;*
Sir CHARLES GRANDISON, *Bart.*
James Bagenhall, *Efq;*
Solomon Merceda, *Efq;*
John Jordan, *Efq;*
Sir Harry Beauchamp, *Bart.*
Edward Beauchamp, *Efq; his Son.*
Everard Grandiſon, *Efq;*
The Rev. Dr. Bartlett.
Lord W. *Uncle to Sir* Charles Grandiſon.
Lord G. *Son of the Earl of* G.

WOMEN.

Miſs HARRIET BYRON.
Mrs. Shirley, *her Grandmother by the Mother's Side.*
Mrs. Selby, *Siſter to Miſs Byron's Father, and Wife of Mr.* Selby.
Miſs Lucy, ⎱ Selby, *Nieces to*
Miſs Nancy, ⎰ *Mr.* Selby.
Miſs Orme, *Siſter of Mr.* Orme.
Mrs. Reeves, *Wife of Mr.* Reeves, *Couſin of Miſs* Byron.
Lady Betty Williams.
The Counteſs of L. *Wife of Lord* L. *elder Siſter of Sir* Charles Grandiſon.
Miſs Grandiſon, *younger Siſter of Sir* Charles.
Mrs. Eleanor Grandiſon, *Aunt to Sir* Charles.
Miſs Emily Jervois, *his Ward.*
Lady Mansfield.
Lady Beauchamp.
The Counteſs Dowager of D.
Mrs. Hortenſia Beaumont.

ITALIANS.

Marcheſe della Porretta, *the Father.*
Marcheſe della Porretta, *his eldeſt Son.*
The Biſhop of Nocera, *his ſecond Son.*
Signor Jeronymo *della* Porretta, *third Son.*
Conte della Porretta, *their Uncle.*
Count of Belvedere.
Father Mareſcotti.

Marcheſa della Porretta.
Signora Clementina, *her Daughter.*
Signora Juliana Sforza, *Siſter to the Marcheſe della* Porretta.
Signora Laurana, *her Daughter.*
Signora Olivia.
Camilla, *Lady* Clementina's *Governeſs.*
Laura, *her Maid.*

THE

圖**10.4** Samuel Richardson's *The History of Charles Grandison* 的出場人物表 (1745), vol 1, sig. A3v. The Huntington Library, #384660. Reproduced courtesy of The Huntington Library, San Marino, CA

且形容人物表「與告示相差無幾」。[287] 但事實上，出場人物表與告示的差別不知凡幾，而且幾乎與書名頁、獻辭、致讀者信等其他副文本無異，人物表也使「文本得以成為一本書」，讓文字能以書的形態為讀者閱讀和理解。[288] 人物表也如同書頁之間會遇到的其他類型的表，例如目錄、勘誤表、索引，同樣都以排序表現出意義、勾勒次序與關係地位，並且在賦予文字書的意義之際，協助界定了讀者接受資訊的視野。

第十一章

頁碼、帖號、檢索關鍵字

丹尼爾・索耶

「**汝**當見此教誨全寫於以下各葉之第二十五葉以前。」15
世紀初的一冊手抄本中，用鮮豔紅墨水寫著這麼一段
註釋。明顯可見到書葉「已做記號⋯⋯於頁面右側，邊緣留
白處上段」。[289] 頁面的確如註釋所述寫有編號，該頁右上角就有謄抄
主文本的抄書匠手寫的「xxvi folium」（第二十六葉）註記。上言的
「教誨」是指聖經經文，這條註釋出現的地方是一部聖經選讀集，為
全年禮拜儀式誦讀用的經文選集。想像六百年前的讀者按碼索驥，可
能令人甚感熟悉，因為今日我們閱讀時，也依舊會利用號碼來指引去
向。不過，這段註釋中也有陌生的元素：首先，號碼標記的是葉，而
不是頁。再者，現今沒有人覺得有必要以如此直白的方式強調號碼在
頁面上的確切位置。而且，這些號碼甚至不能套用於整本書，因為
「xxvi folium」實際上是整本手抄本的第 282 對開頁。在此特別突出
的書葉編碼——即葉碼，是專為這部聖經選讀集設計的珍稀導讀裝
置，而這部聖經選讀集在整份手抄本內只占了一個區段。註釋預設讀
者對葉碼的概念並不熟悉，因此特意詳細解釋整個系統。也因為如
此，這條註釋提醒我們，在過去有多種不同用於識別書籍組件的系
統，而我們現在習以為常的其中一者——頁面編號，或頁碼，並非書
本這個形式生來固有的特徵。甚至，看待以下將討論之各個書籍組
件，最好的態度是不斷思考到底**何為**書本的必要元素。

　　將對葉摺成帖（gatherings，也稱配頁）或對頁（quires），讓抄
本形成書本的樣子。[290] 具體將每一葉與其他葉分開，使人得以用卷軸
做不到的速度和精準度在文本內部移動。這不僅給讀者帶來便利，可
以交互參照或任意翻閱，對製書人也大有好處，因為能重新排放一本
書的組成要件。不過，編集成帖的葉本只是允許精準導航而已，並未
積極鼓勵這件事，製書人和讀者因此希望有一個能明確檢索書本具體
結構的系統。若能識別各葉和聚集成的各帖，可以使製書變得容易，
而能識別葉或頁，則讓閱讀比較容易。因此，書本有時會出現用於標
記其構成部件的系統，如檢索關鍵字、帖號（書帖）、葉號、葉碼及

頁碼。這些特徵在書籍史中全都能充作證據，但也抗拒被過於迅速地納入文學批評的論點裡。少有學者能根據任一個論點，主張這些特徵是為了特定哪一群受眾而生，或者具有特定哪一種功用。況且，檢索關鍵字、帖號、頁碼都是小記號，對於想詳細研究抄書匠手工或印刷機金屬，能提供的材料有限（**圖 11.1**）。但無論如何，這些零組件指出書最基本的結構，因此需要關注。而最能有效理解這些特徵的方法，是把用途和受眾區分開來。因為帖、葉、頁各是不同實體，用於標記它們的系統也有不同的用途和使用者。因此依序透過這些系統來理解書，就像繞一同心圓反覆循環，從多角度去認識書本。總結而言，這些特徵的歷史揭露出書是如何時快時慢地發展，逐步走向愈來愈高的可預測性和同一性。不過在這個動向中，並非所有組成都是不可免的，有些系統在途中某一點遭到拋棄；換句話說，這是一個發展過程，同時也是一個沒落消失的過程。

帖　號

　　帖號和檢索關鍵字可能是本章討論的系統中，今日最不常見者。「帖號」（signature）一詞有眾多意思（見下述討論），我在此特別指用於指出頁在帖內的位置，或帖在書中的位置，或同時標出這兩個資訊的手寫或印刷記號。帖號一般是字母或數字，偶爾可見其他標點符號，最常加在對開的右頁下緣。若是使用葉號的手抄本，葉號通常寫於每一帖前半部分的每一葉；故假設一帖有八頁，其中前四頁可能會標記 i 到 iv。同時，帖號最常以字母或數字形式，寫於每一帖第一葉的右頁或該帖最後一葉的左頁——換言之，就是對開雙葉最外層靠外側的邊緣，很容易找到的位置。帖號讓製書人可以依照順序存放葉和帖，很早就出現在書籍史上，約當古典時代晚期。[291] 現存中世紀早期的範例為數有限，不過時間和地理空間的跨度都很廣：例如，帖號可見於李維（Livy）《羅馬史》第四十到第四十五卷現存唯一的抄本，抄於 5 世紀義大利；也可見於古英語訓道詩歌集《維其利稿本》

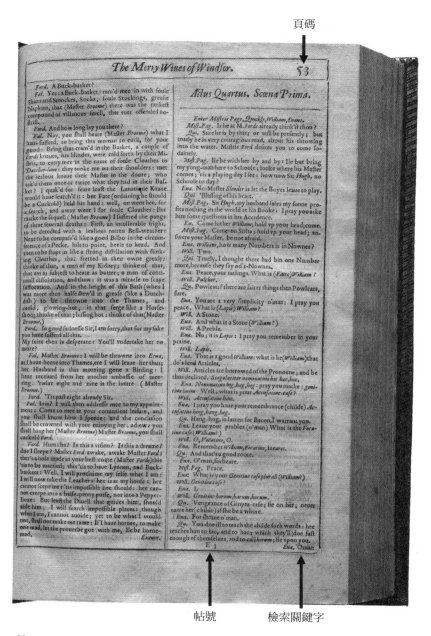

頁碼

帖號　　　檢索關鍵字

🌿 **圖 11.1** *Mr William Shakespeare Comedies, Histories, & Tragedies, &c* ('First Folio'), STC 22273 (London, 1623), p. 53 E3r; Washington, DC, Folger Shakespeare Library, STC 22273 Fo. 1 no. 5. Used by Permission of the Folger Shakespeare Library under a Creative Commons Attribution-ShareAlike 4.0 International License

（Vercelli Book），抄於 10 世紀英格蘭。[292] 不過，雖然歐洲中世紀早期製書已曉得有帖號，但尚非預設選項。帖號到了 13 世紀才廣為盛行，到 15 世紀成為標準做法。中世紀中晚期的製書人，實務上往往將葉號和帖號結合在一起——同樣假設某一手抄本有四個對開雙葉帖，每帖八頁，則第一帖的前四葉可能會標上 A.i、A.ii、A.iii、A.iv，第二帖前四葉則標為 B.i、B.ii、B.iii、B.iv，依此類推。這個簡易結合形式在搖籃本時期旋即為印刷業採用。[293] 印刷初期，帖號到處可見，乃至於 signature 一詞逐漸也可以代指「帖」或「對頁」。

帖號也可當成預設裝訂順序和材料佚失的證據，但帖號不見得在整本書裡必定前後一致，此外也可能隱含其他製作資訊：例如，一部由兩名抄書匠合作抄寫的中古英語詩《耕者皮爾曼》的抄本，就呈現多個重疊的帖號系統。[294] 任何分析或描述一本書的人，至少都該檢查帖號與葉和帖實際順序是否相符。在某些特殊案例中，帖號也有文學評論的直接用途。[295] 從書的總體歷史來看，帖號是一個時代的產物——這個時代非常長，涵蓋整個手抄本時期，以及大半部分的印刷史，在這個時代中，書通常在製作完成的一段時間後才會裝訂。帖號的消失，表示書的可預測性愈來愈高，裝訂的責任也從書主轉移到製書者身上。

檢索關鍵字

檢索關鍵字（catchwords）可以指書的兩種不同特徵。第一種是通常寫於或印刷於每一帖最後一葉左頁下緣的單字或片語，與下一帖第一葉右頁的第一個單字或片語相同，用意主要是為了在裝訂時輔助各帖的正確排列。這種檢索關鍵字於中世紀早期在西班牙和法國南部已為拉丁語書籍採用，年代約為 11 世紀初，可能受到阿拉伯手抄本的影響。[296] 雖然早期印刷也加以沿用，但隨著書籍生產日漸仰賴機械，裝訂責任轉移到製書者身上以後，檢索關鍵字也逐漸喪失功用，所以和帖號一樣，已經從現代印刷中消失。與帖號、頁碼、葉碼不同

處在於，檢索關鍵字具有示意、連接的性質：檢索關鍵字指出帖的開頭，雖然自己並不在那一帖之內。此外很獨特的是，檢索關鍵字使用到書的主文本，但自己本身不必然需要被閱讀——事實上，不必識字也能利用檢索關鍵字為書帖排序。因此，檢索關鍵字有時候可以視為減縮成形符的字，可能也是書中最不被閱讀的書寫文字。印刷早期還發展出第二種檢索關鍵字：在早期印刷書中，印於任何一頁下緣或者也可能每一頁都印的單詞或短語，與下一頁的首個單詞相符。拼版的時候，每一頁分別在大張紙上排定位置，紙張在印刷後再摺成帖，而這種檢索關鍵字可用於輔助使每一頁按正確順序排列。如此一來，在製書過程中，逐頁式檢索關鍵字有助於製書人在書的具體結構創造出來前，就能追蹤書中文本與其具體結構之間的互動變化。因此有時候這種檢索關鍵字也利於我們洞悉印刷師的習慣，通常是從馬虎犯錯之處看出來。[297] 同時，當書印製完成後，這種檢索關鍵字有助於讀者順暢銜接每一頁，尤其需要朗讀書時可能更有幫助。逐頁式檢索關鍵字在 11 世紀中期於西歐成為定規做法，雖然巴黎印刷師仍堅持只在各帖最後的左頁，印上老派的逐帖式檢索關鍵字。[298] 待註腳在某些印刷書裡成為定規做法後，也獲得專屬於註腳的逐頁式檢索關鍵字。註腳在主文本下方創造了第二條可能的跨頁閱讀動線，註腳檢索關鍵字則明確指出這條動線的存在。

　　不論是舊式的檢索關鍵字，或比較新的逐頁式關鍵字，一般都不是製書人或讀者會主動有想法的物件。然而，手抄本偶爾會有三兩案例，抄書匠顯然在實際讀過檢索關鍵字後突發奇想，有意識地對其加工。中世紀晚期的英語詩文集就是一例，其中的檢索關鍵字多是與文本同色墨水的簡單草寫字體，但少數附有與周圍文本相關的圖畫。舉例來說，霍克利夫（Hoccleve）《王子軍團》（*Regiment of Princes*）手抄本中一個帖與帖交接處，檢索關鍵字為「金銀」，抄書匠把兩字分別寫在兩個圓圈中，然後另外有人，興許仍是同一名抄書匠，將寫「金」字的圓圈塗黃。[299] 這是一個具有主動表現意涵的檢索關鍵字。

而將寫「銀」字的圓圈留白未著色的決定，也暗示願意把褐色羊皮紙視為純白光滑的平面。也就是說，只要細心檢驗每個案例，導讀特徵有時也能提供線索，讓我們洞悉書籍製作者的認知與想法。該書後段另有一幅圖畫，男子頭像的位置正好讓檢索關鍵字「Senec sayth」（塞內卡說）從他唇縫間吐出。因為書前段也有具表現意涵的檢索關鍵字，所以這很可能是塞內卡的畫像，而非像中世紀手抄本常見的其他各種頁緣插畫，只是無特定身分的泛用人像（**圖 11.2**）。[300] 文字本身經檢索關鍵字系統人為突顯，再經視覺圖像強調，這是起碼一名抄書匠思考過的決定。不過，這名抄書匠的行動恰也突顯了其他多數

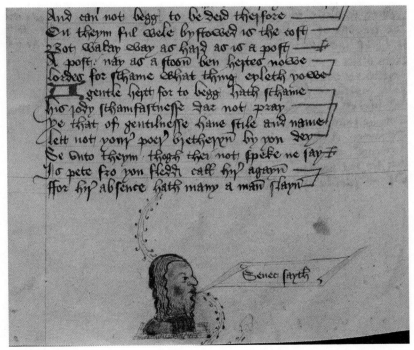

圖 11.2 Oxford, Bodleian Library, MS Digby 185, ff. 135v-136r. 檢索關鍵字附有表意圖案裝飾的罕見例子，圖案很可能是在描繪檢索關鍵字的文字含義（在這裡是塞內卡說話）。「Senec sayth」這兩個字同於下一頁的開頭文字，也就是新的一帖的開頭。By permission of the Bodleian Libraries, University of Oxford

檢索關鍵字的實用本質：他選擇畫出意義，但其他抄書匠幾乎都選擇不這麼做。

　　檢索關鍵字和帖號可使人將書本視為帖的集合，甚少指涉或完全無涉於書的主文本。這些記號也是書寫文字，但主要目標是製書人構成的讀者群，而非一般讀者。這些記號循著實體結構而生，但因為裝訂不盡然會遵從記號指示，所以不如說，它們代表的是對特定排列方式的企盼，只是這份企盼不見得每次都與裝幀師採取的做法相符。[301] 待一本書裝訂完成後，檢索關鍵字和帖號可能還有裝飾功能：除了有時候會稍加妝點，連貫有序地排列或許也能帶來一定樂趣。不過，讀者可能會嗤之以鼻或單純不感興趣。書中若無明確界定範圍的邊框環繞每一頁，檢索關鍵字可能會在裝幀時被裁掉，帖號更是如此。事實上一開始在書中加入這些系統的製書人，有時候可能本來就預期讀者終究會除去這些記號，例如某些中世紀裝幀的手抄本，肯定被中世紀的擁有者裁切過。[302] 因此，檢索關鍵字和帖號有如提出質疑，要我們去思考那些有時存在短暫的書本組件。我們習慣把書中的有形證據想成層層累積之物；換言之，我們慣於用**地層**模型看待書的歷史。一本書在其有限壽命中失去的東西，我們通常覺得是外力干預的結果，且言外之意是外力干預不受歡迎。書過去的擁有者對自己的書動刀，裁去頁緣註腳，切掉美麗的首字母花飾，對此我們或許能如人類學者保持不加批判的立場，但仍不改我們把這些行為看作意料之外的干預。不過也有些時候，中世紀手抄本的裝幀師操刀裁去帖號，很可能正符合抄書匠原本的期待：移除使命已達、可照計畫剔除的結構記號。揮別了屬於製書人的記號，舞台將留給以日後讀者觀眾為目標的記號。

葉碼與頁碼

　　葉碼（foliation）和頁碼（pagination）是以日後讀者為主要對象的記號，比較容易直接描述，功能也比較直接。號碼若非編派於每一葉，就是在每一葉的正反兩面，即每一頁上有編號。讀者據此可以相

對精確地指出書中的特定位置，或某一編號到下一編號之間的範圍，而且可將這些資訊傳予其他讀者。葉碼和頁碼大概從書本剛開始盛行時即為人所知：古典時代晚期希臘文抄本留下的殘本中，兩種系統都曾出現。[303] 不過兩者在西歐手抄本都不曾廣泛流行，例如我開頭的例子所示，即使到了 15 世紀，葉碼仍可被視為特殊做法。中世紀抄本的葉碼，有些應是製作時加上去的沒錯，例如首部英語翻譯完整聖經的至少一部抄本。[304] 不過，並非所有**中世紀**葉碼都是**抄書**時就寫上去的，有可能是 15 世紀的讀者替 12 世紀的手抄本標註葉碼。更添複雜的是，有些中世紀索引系統對照的是開頭編號，而非葉的編號——換句話說，書中每一左右對開雙頁都是一個編號實體。所以，未明確指明為葉的時候，看似葉碼者，其實很可能是開頭編號。[305] 現存之手抄本多數都有葉碼，相關學術研究多也用葉碼當作參照目標，但這些葉碼一般都出自現代藏書人或圖書館員手筆。[306]

為什麼在書本的歷史早期起碼已有一些製書人使用，但葉碼和頁碼仍直至相當晚近才成為標準做法？羅馬數字太占空間且不足以表示智識認知，可能是原因之一。但阿拉伯數字至少從 12 世紀起，在西歐部分地區已為人所熟悉，且早期印刷也有使用羅馬數字標示葉碼和頁碼的例子——何況再怎麼說，只要讀者願意，也可以創造自己專屬的非數字頁碼系統。[307] 另一個更重要的因素是不同手抄本之間，空間配置存有差異。因為抄書匠各人風格不同，手寫字體大小不一，即使是同一份文本，頁數分配也會因抄本而異。[308] 抄書匠依照完全相同的頁面分配複抄文本的例子極其罕見，要做到如此精準的複抄也很耗時。[309] 既然文本的頁面分配不盡相同，不論使用頁碼或葉碼，都無法在眾多抄本之間做到一致參照。因此，文本自然形成專門的索引工具，所連結的是文本內容，而非書本本身變化不定的結構，例如將章節分段編號，以供相對粗簡的參照。至少有一種文本中立的索引系統曾經存在，給定的文本在這個系統中，每一章約可分為七段，依序以字母標為 a 到 g。這個系統在 13 世紀上半葉為了查閱聖經而發展出

來，發明者可能是巴黎的道明會修士。[310] 不過這個系統也會用於其他文本，形式有時經過更改（例如分成 6 段或 11 段），有些中世紀手抄本頁緣文字會與字母標記接合在一起。[311] 不過與葉碼和頁碼不同的是，這個系統連結的也是文本內容，而不是抄本結構。

印刷在功能運作合乎預期時，可以保證同一版的每一冊印本內，同樣內容必會出現在相同頁面，因而促進了葉碼和頁碼的採用。不過，率先受惠的系統不是頁碼，而是葉碼，甚至就連採用葉碼的速度也還不及帖號。更確切地說，葉碼在搖籃本時期僅被短暫試行，到了 16 世紀初才出現更大的熱忱。[312] 例如 16 世紀上半葉，多產的巴黎印刷商法蘭索・雷格諾（François Regnault）為供英語使用而印行的時禱書就標有葉碼。[313] 雷格諾採用的葉碼印於頁面右上角，呈「Fo. xv」的形式，因此很明顯指的是葉，但和我開頭例子看到的一樣，用了縮寫「Fo.」，而未用完整的「folium」一詞。時禱書是為了固定的禱告習慣所彙整的工具書，自然假設使用者閱讀時會來回參照，但亦可想見，讀者勢必很快就會十分熟悉時禱書的結構和功能。無論如何，這些書中還是加入了葉碼，書的末尾也附上了對照葉碼的目錄。因此，雷格諾採用的葉碼似乎完全是當時一般書籍慣行的要素。有好一陣子，葉碼對許多讀者來說大概是最常見的索引系統。但大約到了 16 世紀初，頁碼開始為人採用，而且迅速傳播。在史密斯統計的樣本中，印於 1550 年代的書超過半數有頁碼。[314] 到了 16 世紀末，頁碼已取代葉碼成為標準做法。阿拉伯數字則更早幾十年從 1470 年代開始，約以相同速率取代羅馬數字，成為印刷葉碼和頁碼慣用的符號。頁碼的處理單位更細，能吸引研究古典文學的印刷師和讀者，可能是頁碼傳播迅速的原因之一。因為研究古典文學者發現，在研讀希臘文這種難度更高的語言時，頁碼的精確度甚有助益。[315] 從成為標準做法以後，頁碼不再有太多變化，如今在全世界都是書中預期可見的要素，通常會出現在「葉的右側上緣空白處」。

抄本之後呢？書之後呢？

今天，「書」的概念包含透過網路或電子閱讀器呈現的文本。網頁是連續捲動的電子卷軸，沒有葉碼或頁碼；電子閱讀器則逐頁呈現文本，螢幕顯示的文字量隨讀者各自的設定而有所不同。因此在電子閱讀器上，不同人即使擁有同一本書，各自的分頁也不盡然相同——有點類似印刷出現前的情況，抄書匠書寫習慣的差異，使得每一本手抄本都有自己獨特的葉碼。[316] 維基百科，目前全世界公認之標準百科全書，利用超連結替標題編號且最多可分為六個層級，與中世紀晚期將讀本編號分段並賦予標題的做法並無二致。不過，現今占去多數人最多閱讀時間的是社群媒體網站，而非電子書或簡單的網頁，而社群媒體網站可能完全跳脫了書的概念。Facebook、Instagram、Twitter 的「頁面」呈現個人貼文的動態流，經演算法排列，甚至有部分受演算法揀選。這些社群媒體服務提供幾項輔助索引工具。從中找回特定資訊雖然可行，但必要的搜尋知識可能僅有專業人士知道；比方說，每一則臉書貼文其實都有它專屬的網誌，但很多臉書用戶並不曉得。況且，我們很多人現在主要是透過手機螢幕閱讀這些服務，指定的應用程式軟體又只提供有限的索引工具。這些系統中，主要的比喻用語是動態消息（feed）和時間軸（timeline），不是書。

相較之下，本章討論的四種索引系統，全都與書本緊密相連。不同於其他某些書的組件，這幾種系統是書的文字內容與實體結構之間的連接點。作為證據或許是寂然無聲且看似乏味的類型，但其實能為學者指明特定的使用習慣，透露製書方法的延續或中斷。同時，這些系統本身包含及作為主題，也吸引人深入研究。舉例來說，更細緻地爬梳跨中世紀早期不同手抄本傳統的檢索關鍵字歷史，也許不僅能為書籍史添寫新章，還能追溯跨歐洲各地甚至歐洲以外的交流管道及抄本的交互影響。如我本章所示範，將這些系統放在一起思考，也能揭露各個系統的不同用途及受眾。它們雖都突顯出文本內容與實體物件間的交互作用，但與實體結構的關係明確程度不盡相同：相較於葉碼

與尤其是頁碼，帖號和逐帖檢索關鍵字與書的物理性質關係比較緊密。它們的歷史也顯示，隨著時日一久，印刷日益標準化且可靠，書的實體特性也愈來愈不明顯。但這些記號也提醒我們，書的歷史既非一則「自然」演進的故事，也不是全然由技術決定的過程：抄書匠可以發揮妙想，使實用工具與文本產生互動；或如葉碼也曾經風光一時，看似會是書籍設計的未來。這些系統一直以來受到低估，卻是維持書本發展運作的重要機關。

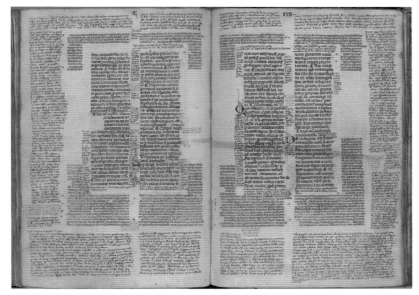

彩圖 1　13世紀末到14世紀初義大利手抄本，正中央的文本被邊緣副文本性質的評註層層包圍。Decretales Gregorii IX, Berkerley, Robbins MS 5, ff. 193v-194r. The Robbins Collection: University of California, Berkeley, School of Law, www.dogotal-scriptorium.org

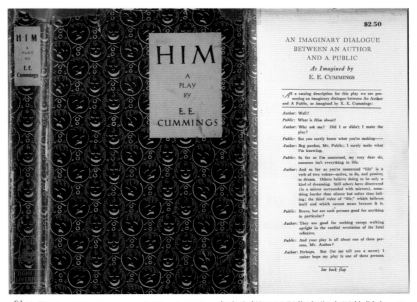

彩圖 2　E. E. Cummings' *Him* (1927)，書衣內摺口呈現作者與大眾的對白。By kind permission of W. W. Norton on behalf of the E. E. Cummings estate. Image courtesy of the Beinecke Rare Book and Manuscript Library, Yale University

彩圖 3　阿嘉莎・克莉絲蒂《煙囪的祕密》經奧頓和哈利威變造後的書衣。
Reproduced with the permission of Islington Local History Centre/Joe Orton Estate

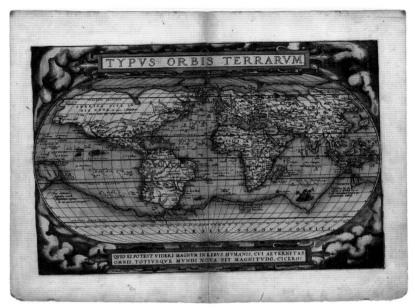

彩圖 6　世界地圖。手工上色銅版畫出自 Abraham Ortelius, *Theatrum Orbis Terrarum* (Antwerp, 1570). Washington, DC: Library of Congress

彩圖 7　世界地圖。手工上色銅版畫出自 Joan (Johannes) Blaeu, *Atlas Maior* (Amsterdam, 1662). Reproduced by permission of the National Library of Scotland

彩圖 8　出自 Jos Ramo Zeschan Noamira, *'Memoria instructive aobre el maguey o agave mexicano'* (Mexico: I. Julian, 1837). Courtesy Special Collections, The Rivera Library, University of California, Riverside

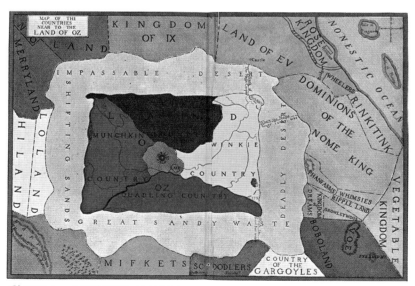

彩圖 9　《綠野仙蹤》的封裡頁 (Chicago, IL: Reilly and Lee, 1908)

彩圖 10　某本書中帶燙金花紋的裱糊紙封裡頁。Image Courtesy of Lawrence A. Miller: http://www.virtual-bookbindings.org

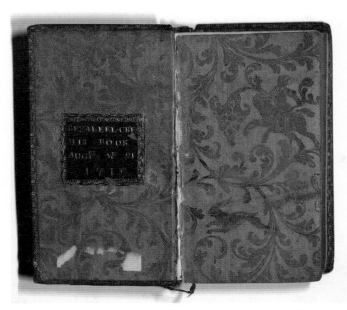

彩圖 11　某一本阿沙芬堡目錄巨冊裡的一個跨頁，目錄中挑選展示約 2,000 個樣本。阿沙芬堡公司製作過數十本目錄，其中可用於製作封裡頁的紙材數量龐大。（作者收藏／作者所攝照片）

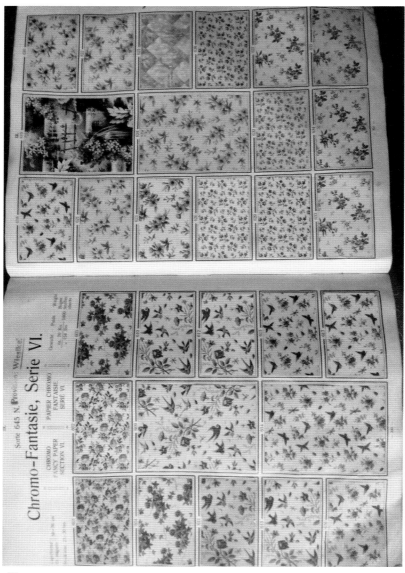

像本章開頭的這種標題，比印刷更古老，甚至比書本這個形式還要古老。西方歷史上，章節標題（chapter heads）最早的具體呈現可見於一組銅碑殘片收藏中，古典金石學者習以 16 世紀收藏主樞機主教班波（Cardinal Piertro Bembo）之名，稱之為「班波碑印」（tabula Bembina）。這些銅碑殘片兩面均有刻文，似乎曾展示於義大利烏爾比諾地區（Urbino）的市鎮廣場。碑文主題是一系列法條法令，時間可追溯至西元前二世紀晚期。其中特別令人感興趣的一塊昭示「補償法」（lex repetundarum）的銅碑，法條明令應召開法庭，由與參議院無交情的騎士出任陪審團，以針對遭參議院徵收充公的錢財或海外土地求取補償。[317] 這塊銅碑昭示了格拉齊改革 * 的一環，對鑽研古羅馬法律的歷史學者充滿魅力。但我們可能要稍停在銅碑比較少受到討論的一個獨特之處——章節標題的存在。

每一行標題與前一段文字的結尾都間隔開來，間距不大，約兩三個字母高。[318] 其中幾個例子包括：

de nominee deferundo iudicibusque legundeis （關於起訴與陪審員選定）

de reo apsoluendo （關於被告無罪開釋）

de reo condemnando （關於被告之定罪）

de leitibus aestumandis （關於損害評估）

de praevaricatione （關於密謀勾結）[319]

這些標題出現之早十分罕見；至少有一個來源證明，直到約兩百年後的弗拉維王朝時期（Flavian period）以前，羅馬法令銘文中未有其他這類標題存在。[320] 不過雖然年代古老，這些標題的形式倒是異常

---

* 譯註：約西元前二世紀，古羅馬政治家格拉齊兄弟（Gracchi brothers）以土地問題為中心推行改革，主張釋放土地還富於民。

熟悉：既是段落摘要（總結下述段落），也是圖形特徵（將文本分割成段落以易於閱讀，分析也清晰）。甚至更令人嘆止的是，這些標題的句法——即以拉丁語的離格「de」引出名詞子句的形式，已經預示了未來兩千年章節標題在多種語言中的樣貌和功能。

到了書本在西方文化踞於主導的時期，眾多文本類型都出現這樣的章節標題，如歷史、傳記、科學與語法專著、聖經典籍。更有甚者，章節標題在特定文類還成為美學展演場域，例如小說。從中舉例，18 世紀中葉有一個稱不上非典型的例子，夏樂蒂・蘭諾克斯（Charlotte Lennox）1752 年的小說《女吉訶德》（*The Female Quixote*）第五部第五章標題如下：「其中可見為使兩人由衷滿意，先前的錯誤一個依然持續，另一個已經澄清，我們亦盼望各位讀者會是那第三人」（**圖 12.1**）。相較於古羅馬早期相對簡潔的標題，蘭諾克斯的標題不僅調皮地故意拉長，而且有敏銳的自覺。標題中提到「各位讀者」，替自己樹立起直接與對象說話的模式。標題間接暗示到其他文字片段（「先前的錯誤」），使自己顯得像是打斷了一連串事件。標題做的摘要曖昧模糊——與其說是總括下述段落的內容，更像是刻意煽動一種對下文的好奇心。

但無論如何，小說中這個章節標題，與它出自古羅馬法令的祖先在形式上基本仍有相似之處。這個章節標題句法同樣是不完整句，是一個介系詞片語，只是用一連串述語拉長了而已。章節標題雖採用斜體字與接下來的正文做出區隔，但視覺表現上並未有太大差異；將章節標題與上方的章節編號和下方導入的文本區隔開來的，僅是一行標準字體高度的空行。古羅馬章節標題的形式受到新的化用，用於新的語體，儘管所屬的兩種文本類型天差地遠，卻並未變化到辨認不出來。

問什麼是章節標題，等於問章節標題能**做**什麼，這個作用又如何得以維持特定的語法形式和視覺外觀，無視於其他技術或審美方面的無數轉變。章節標題慣用的文法長年如一，這是個很好的探討起點。

CHAP. V.

In which will be found one of the former Mistakes pursued, and another cleared up, to the great Satisfaction of Two Persons; among whom, the Reader, we expect, will make a Third.

ARABELLA no sooner saw Sir *Charles* advancing towards her, when, sensible of the Consequence of being alone with a Person whom she did not doubt, would make use of that Advantage, to talk to her of Love, she endeavoured to avoid him, but in vain; for Sir *Charles*, guessing her Intentions, walked hastily up to her; and, taking hold of her Hand,

You must not go away, Lady *Bella*, said he: I have something to say to you.

Arabella, extremely discomposed at this Behaviour, struggled to free her Hand from her Uncle; and, giving him a Look, on which Disdain and Fear were visibly painted,

Unhand me, Sir, said she, and force me not to forget the Respect I owe you, as my Uncle, by treating you with a Severity such uncommon Insolence demands.

Sir *Charles*, letting go her Hand in a great Surprize, at the Word Insolent, which she had used, asked her, If she knew to whom she was speaking?

Questionless, I am speaking to my Uncle, replied she; and 'tis with great Regret I see myself obliged to make use of Expressions no

way

圖 **12.1**　18 世紀的諧擬標題。Charlotte Lennox, *The Female Quixote*, vol. 2 (London, 1752), p. 32. Courtesy of the Rare Book and Manuscript Library, Columbia University

西方章節標題的典型特徵是介系詞片語（of、on、in which、about、concerning）和後來的動名詞片語（containing、involving），兩者都暗示著一個方向或動向，表示某物存在於某處，或某物位於某處之中。有如一個分割兼標示的手勢，將文本劃分成一連串分離的空間，但標示本身則部分孤立於它所標示的空間之外。

這個部分孤立的特性，正是章節標題歷久不衰的關鍵因素之一。誠如學者烏古・狄翁（Ugo Dionne）指出，用於劃分章節的文字是副文本最持久不變的一種形式，因為這些文字既不全然是副文本，又不全然是正文本；可能出自作者、編輯，甚或用上古典小說常見的敘事技巧，出自敘事旁白。[321] 也因為如此，不像頁碼、書眉等書本發展出的其他索引工具，這些文字往往能夠保存下來，不會因改版修正消失。它們或許歸屬於索引的領域，即允許甚或鼓勵以非線性或不連貫方式閱讀文本的領域，卻也是文本推論、參照性質的一部分，既是工具，也是工具所造之物。章節標題作為參考式或諮詢式閱讀所餘留的主要痕跡，存在於原本致力於創造連續沉浸式閱讀的文類裡，向來隱約暗示它們本身的索引功用，只是這個功用可能（如同在蘭諾克斯的小說裡）被捨棄了，乃至被用於諷刺諧擬。事實上，這正是章節標題在歷史上的中心發展路徑。

首先有章節標題伴隨出現的文類，如技術相關著作、摘錄集（florilegia）、精神訓誡或道德教化指南、聖經典籍等，皆是資訊性更重於文學性。[322] 同樣可注意的是，章節標題顯然比書本存在得更早，雖然作為索引工具使用在卷軸中看來不免有些笨拙；甚至如同班波碑印所暗示，章節標題可能是從法律文字的「拓樸」（topography）和碑文傳入卷軸的。[323] 此一傳承脈絡，就連此副文本形式最出色的理論家，例如吉奈特，也沒有注意到，他把章節標題句法公式的起源歸於中世紀。[324] 不論章節標題在卷軸裡的實際效用多大，都不改一個事實：使用章節標題的需求，乃是興起於知識文化圈熱衷於百科全書主義的背景之中，且使用了章節標題的文本，借語言學家赫曼・穆施曼

（Hermann Mutschmann）的話，比起供人閱讀，其目的更在於供人查詢和參照。[325]

不過，不論章節標題的原始用途再怎麼今昔一致，風格形式流傳得再久，依然有許多令人疑惑之處。尤以三個疑惑為最：章節標題歸屬於文本的哪裡？應該出自誰的手筆？甚至應該如何稱呼？——簡言之，就是章節標題的排放位置、來源、命名法。

章節標題該排放在哪裡，這個問題在古典時期絕無定論，雖然到了近現代抄本的時代隱約已有共識形成，但仍舊不乏眾多變異。問題的關鍵與章節標題的索引功能有關：是該將它放在文本之中，置於所導述的段落開頭，還是也要另行表列出來？是該將標題依序編號，顯示它在系列中的順序，突顯它從屬於索引方法，還是該讓標題獨立存在呢？從排版角度來看，章節標題應當獲得多大的強調？這些設計上的問題全都聚焦於章節標題兩種重要功能之間的平衡：一是檢索或搜尋功能，二是標題的分段功能。

最早隨所劃分的文本一起誕生的標題列表，相關證據少而分散，不過這些證據確實呈現出，目錄與標題本身之間一直存有交互影響。[326] 一方面，以老普林尼《博物志》為例，在現存手抄本中可看到三種不同的標題處理方式：(1) 作為摘要，集中收於獨立的第一卷，與《博物志》本身的文本分開。(2) 分散摘要，將《博物志》各卷的標題分別置於各卷開頭。(3) 綜合前述兩種方法。更添混亂的是，在文本早期傳播階段，有編輯將標題置於特定段落的開頭，而這些標題有的借自摘要，有的則是臨時發明。[327] 由此似可隱約看出一條發展軌跡，目錄經人**按章劃分**，循路進入文本當中，並因此變成一種分節工具，而不再是檢索工具。寇魯邁拉《論農業》近卷尾處有一份目錄，但當中的標題多數也出現在主文本中，且似乎自文本展開生命之初就採取此做法；相反地，格利烏斯的《阿提卡之夜》則不然。[328] 不過，到了西元 13 至 14 世紀，目錄和內嵌標題（intertitle）的關係變得緊密。這種共生關係有一個絕佳實例，是 15 世紀的聖經全籍「亞歷山

大古抄本」（Codex Alexandrinus），其中每部福音書前都有編號的標題列表，分章處則以頁緣編號和每頁上方的逐頁題名（書眉）加以標示，相較於拉丁語摘錄集的傳統，更緊密地結合了索引與分節功能。現代的書籍中，章節標題通常始於頁面上方，周圍頁面留白，更偏重分節功能：形同以圖像突顯一章為一單位，對標題的索引功能相應則不予強調。

出自誰人手筆，是章節標題遇到的另一個難題。時代邁入抄本許久以後，章節標題不只可能出自作者，也同樣有可能出自編輯。誠如豪利在第六章所述，格利烏斯的標題似為其本人所作，後續其他作者，如基督教史上著名的優西比烏（Eusebius）和比德（Bede），也會自行草擬章節標題；但編輯制定章節標題的工作，在古典時代晚期也是知識勞動的重要一面。章節標題經常是門生對老師作品的貢獻，例如波菲利（Porphyry）版的普羅提諾（Plotinus）《六部九章集》（*The Six Enneads*），或（後文將詳細討論）阿利安彙編愛比克泰德的《語錄》。[329] 不過，編輯對章節標題的操控，甚至也延續到標題可被視為一種創作形式的文類中；有證據指出，維多利亞時代小說家伊莉莎白・蓋斯凱（Elizabeth Gaskell）會將標題之撰寫留予她的出版商處理，甚至偶爾會在分章處留下空位，供出版商加上標題。[330]

最後，「chapter head」此一命名也是一個錯置誤植的結果，生於專門用語命名迥異令人困惑的傳統中，且經常在構成上混淆了標題本身和標題所在位置或聚集成一個單位的標題（列表或清單）。寇魯邁拉稱之為「argumenta」（論點提要），不過那也可以指書的標題列表，而不單指個別的標題；格利烏斯則用「capita rerum」，即「主題」，但同樣容易指向清單本身，而非清單內容。[331] 另一個稍微具體的名詞：「titulos」（標頭）或「tituli」（標題），可見於聖熱羅尼莫（Jerome）編譯的聖經、卡西奧多羅斯（Cassiodorus）的著書，以及普里西安（Priscian）的著作中；但傑羅美也用上了「argumenta」一詞，用到「capitulum」——最接近現代的「章節標題」，古希臘語

同源詞寫為 κεφάλαια ──則大多指段落或文字單位，而非該段落或單位的標題。[332] 神學家奧古斯丁（Augustine）和其他作家曾使用的「breviculus」，指的是總結摘要，不見得有章節標題的作用，也不全然純指標題列表而不指列表內容。[333] 波菲利在為《六部九章經》所寫的前言中，聲明他同時用了 κεφάλαια 和 επιχειρήματα 兩詞：前者（「標題」）指短標題，後者（「摘要」）可能是指稍長的概要，後者這個用法持續可見於早期印刷本聖經，例如 1560 年的日內瓦聖經。[334] 在此明顯可見語義在三個可能的指涉對象之間搖擺不定：一是個別標題本身，不論位置在哪裡；二是作為集合體的標題列表；三是標題所標示出的文字單位。這樣的混淆是標題固有的本質：章節標題作為文本可分割性（似可連續閱讀）和檢索性（似可不必連續閱讀）的中介點，不免既包含索引也包含單位。

章節標題在具體位置、由來歸屬，乃至於用語命名三方面皆無明確定義，但蟄伏在這些模稜兩可背後的，卻是一個機會。不論章節標題再怎麼生搬硬套、因循守舊，卻也仍能保有彈性，可以用來諷刺致敬常規，或者意有所指，用來點出對標題與所標定段落之間關係的初步期望常引起的認知問題。有兩個截然不同的例子，來自不同文類，歷史背景也大相逕庭，但皆有助於闡述章節標題可被有意識地運用、且超越索引及分節功能的範圍；總的來說，兩個例子都屬將章節標題用作一種追問方式。

第一個例子是西元 2 世紀的文本，愛比克泰德的《語錄》，抄寫者是門生阿利安，也最有可能是他將文字編排成附標題的段落。[335] 阿利安的標題雖然往遵從古典時代晚期標題常見的「關於」（about-）子句（希臘語 επρί），但其形式和用途上展現的彈性仍值得一提。他的 επρί 子句可能是對專有名詞的討論（「論恆定」「論友誼」），但也有一些採用詰問形式（「何為哲學之承諾？」「何為生命之法則？」）；有一些有對話對象（「致決心促進羅馬發展之人」），另外一些則採直述命題形式（「邏輯乃不可或缺」）。[336] 標題形式的多

變，顯見像愛比克泰德這樣一位哲學導師，日常運用的修辭語境必也同樣包羅多變，而阿利安也拒絕將這些豐富互動壓縮成拘束的單一概念。這同時也顯示，標題不僅僅具有索引功能。這些標題實際上看來像是一連串實驗，探討標題、或段落、或初始認知，與後續理解之間的關係。

以這種方式理解阿利安的標題，有助於重新定位以往常常被視為錯誤或草率的標題。[337] 阿利安的標題有些看似過分詳細說明在文本整體中偏向廣泛的討論；如第一章第五節（「反對學院」）討論的是心智「僵化」，標題指出的學院僅只是其中一例。另一些標題似乎刻意玩弄讀者的預設心理，如第二章第二節（「論心靈平靜」）及第二章第二十二節（「論友誼」），兩章節討論的都是標題的反面；還有第一章第十七節的標題（「邏輯乃不可或缺」），似乎只是章節開頭的句子，該章節實際多半都在討論自給自足。[338]

阿利安之所以採用這些標題，我們甚至可以推斷他首要關心的是預設心理。在愛比克泰德的定義下，「先入觀念」（preconception, 希臘語 πρόληψις）是一套從感知經驗衍生而來的觀念，我們觀察到的事物對我們的整體影響和普遍意義，也受到感知經驗界定。這些「先入觀念」是我們自然而然或自發性地從感知經驗中歸納所得，也因此可能只有部分完善或部分合理，但仍然能體現普遍事實。[339] 我們或許可以把先入觀念想成一種知識的天然索引，可以將我們的感知分類整理貼上標籤，就和章節標題一樣實用。問題是，誠如愛比克泰德費心解釋的，先入觀念和它所標定的特定例子不見得完美相符。《語錄》第一章第二十二節「論先入觀念」首句就解釋說：

> 但凡人皆有先入觀念，且一人的先入觀念並不與另一人相牴觸。因為吾人之中，誰不認為善是有益且值得嚮往的，不論何時何地都應力行求善？吾人之中，又有誰不認為公平是榮譽且正確之事？如此說來，矛盾起於何處？矛盾起於吾人將

一己之先入觀念，套用於特定事例之上。[340]

問題不在先入觀念本身可能有誤，問題出在先入觀念可能與它標定的經驗不符，因此未能盡到指引之責。對此，愛比克泰德建議不斷重複檢查先入觀念所作的普遍判斷是否與經驗的特定性質相符，如此一來，「自然產生」的先入觀念，或可轉變為「條理檢查過的先入觀念」（διηρθρωμέναις ταῖς προλήψεσι）。[341]

從普遍到特定的這個關係，同時是愛比克泰德認識論的結構，也是阿利安下標題時提出的挑戰。愛比克泰德借用文字編排用語，認為「吾人不可能對應現實去調適這些先入觀念，除非能夠有條理地逐步檢視先入觀念，判斷哪一個現實應當安放在哪一個先入觀念之下（ὑποτακτέον）」。添加標題之舉，自也是在「判斷哪一個現實應當安放在哪一個先入觀念之下」──也可以說，是在決定哪一個標籤適合哪一個經驗。而且正如愛比克泰德的提醒，對應結果與初始預期往往不盡相同。阿利安看似不對題的標題，可想成是為了刺激讀者不斷檢驗評估：我能不能相信立於這段經驗入口處的這個標籤？

阿利安的標題因此也是對自身索引功能的反省，因為它們反映了心智經常設法將特定事例對應到普遍事實的習慣。章節標題對智識認知提出挑戰的這個面向，流傳之久令人訝異，在聖維克特的休（Hugh of St. Victor）著於 12 世紀初的《閱讀研究導論》（*Didascalicon*）猶可見到，該書中提出的解釋對阿利安應不陌生：

> 古人將此類概述名為「epilogue」（結語），即以標題簡短重述已經說過的事（brevis recapitulation supradictorum appellate est）。不過，任何闡述都有一則原理，事件的全部事實與想法的所有影響都奠基於這則原理，其餘一切也都能追溯至這則原理。[342]

「先入觀念」在此更名化為原理（principium），但休的看法與

阿利安無異,為特定事例尋找一個合適的概括說法,這個智識任務就是章節標題的意義。

其他文類和歷史時代也會嘗試藉由章節標題提出其他疑問。在歐洲小說的歷史上,章節標題即便失去索引功能,卻仍屹立不搖,並且在過程中獲得新的功用,包括標出從連續閱讀中斷的機會、刻意揶揄地透露情節或「賣關子」、呼應先前的片段以表現情節架構。章節標題失去索引功能後,不僅最初有許多諧擬之作突顯這一點,諧擬之舉也持續了好一段時間;包括從《女吉訶德》等小說中刻意為之的反總結,到狄更斯早期作品中自我貶抑的浮誇標題——例如《皮克威克外傳》(*The Pickwick Papers*, 1836-7)第十六章的標題:「冒險太精采恕難簡述」——小說的章節標題紛紛模仿資訊標籤的語法,以突顯出這些標籤與小說隱然追求的連續沉浸式閱讀是如何扞格不入。標題的畫蛇添足正是詼諧笑點所在。確實,從 18 世紀末起,章節標題漸從歐洲小說中消失;任舉兩位小說名家為例,不論是珍・奧斯汀(Jane Austen)或托爾斯泰(Tolstoy)都未使用章節標題。[343] 不過到了 19 世紀中葉,新的用法出現,起初單純從新有的簡潔就看得出來。

從以下幾個 1830-40 年代的例子,可以清楚看見先後的轉變,傳統章節標題介系詞子句的語法已經消失:

「這會殺死它的」:雨果(Victor Hugo),《鐘樓怪人》(*Notre Dame de Paris*),第五部第二章

「無聊」:斯湯達爾(Stendhal),《紅與黑》(*Le Rouge et le noir*),第六章

「調解」:哈麗葉・馬蒂諾(Harriet Martineau),《鹿溪》(*Deerbrook*),第十一章

「對比」:狄更斯,《董貝父子》(*Dombey and Son*),第三十三章

「發展」:安妮・勃朗特(Anne Bronte),《威德菲爾莊園

的房客》（*The Tenant of Wildfell Hall*），第六章

　　這些標題刻意寫得晦澀，與任何一種檢索輔助工具只剩下殘餘關聯，而且顯得一本正經，彷彿出自論說文而不是虛構小說。雖然它們與阿利安的標題提出同樣的認知挑戰，供讀者判斷標題概述是否符合該章情節中的特定事例，但特別的是，這些標題也是一種敘事言說行動。也就是說，這些標題同時存在於情節敘述（diegesis）之內和之外；對誰在說話提出疑問（這個章節標題是誰說的？），那同時也是一個本體論的問題（這個標題來自哪個世界或時空？）

　　這個解釋在第一人稱敘事時說得通，因為在第一人稱敘事中，章節標題形同對已敘述過的事件進行回顧評估；但這個解釋在第三人稱敘事時同樣說得通，在第三人稱敘事中，標題能發揮一種奇特的縫合效果，在章節標題這個外於敘事又無法定位的獨特空間中，將角色的聲音與敘事者的聲音繫在一起。這個效果時常透過**引用**來達成：舉例來說，前述雨果小說的標題，就是引用故事中巴黎聖母院副主教克勞德・孚羅洛的絕望之語。更常見的則是透過**影射**，例如斯湯達爾的章節標題「無聊」，即是影射市長之妻德雷納夫人，標題向讀者昭告的事，她卻幾乎不敢對自己言明。在某些作家筆下，章節標題可以在這兩個位置之間周旋，形成極其複雜的效果。例如安東尼・托洛普（Anthony Trollope）的小說《弗拉姆利牧師》（*Framley Parsonage*, 1860-1），其中一章的標題「她豈不卑微？」借用並更動了角色說的話（**圖 12.2**）。高傲又頑固的魯夫登夫人眼看兒子將迎娶平凡的露西・羅巴特，忍不住他：「她——出身卑微。」[344] 這是一句遲疑而又大膽的宣告，在那一章當中受到反覆審問：

> 以世俗認知的好來說，她的確是個好女孩，魯夫登夫人從來不曾懷疑……魯夫登夫人承認，自己很可能也會喜歡露西・羅巴特；但轉念一想，誰願在她面前屈膝，侍奉她如皇后？她偏偏出身低微，豈不可惜？[345]

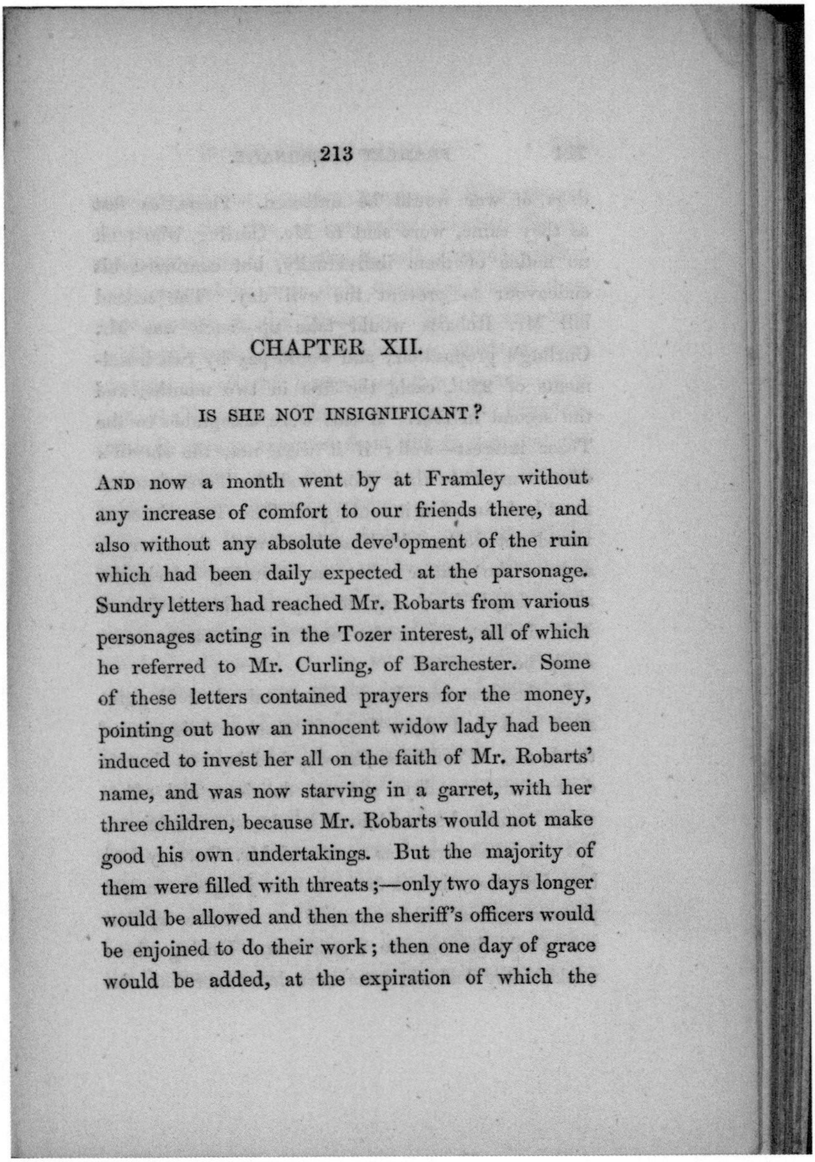

CHAPTER XII.

IS SHE NOT INSIGNIFICANT?

AND now a month went by at Framley without any increase of comfort to our friends there, and also without any absolute development of the ruin which had been daily expected at the parsonage. Sundry letters had reached Mr. Robarts from various personages acting in the Tozer interest, all of which he referred to Mr. Curling, of Barchester. Some of these letters contained prayers for the money, pointing out how an innocent widow lady had been induced to invest her all on the faith of Mr. Robarts' name, and was now starving in a garret, with her three children, because Mr. Robarts would not make good his own undertakings. But the majority of them were filled with threats;—only two days longer would be allowed and then the sheriff's officers would be enjoined to do their work; then one day of grace would be added, at the expiration of which the

圖**12.2**　19 世紀的繫合標題。Trollope, *Framley Parsonage*, vol. 2 (London: Smith, Elder, 1861), 213. Courtesy of the Rare Bool and Manuscript Library, Columbia University

托洛普對小說女主角「出身卑微」的看法，在三個不同語域之間如萬花筒一般游移照映。這三個語域分別是：直接引語（「她出身卑微」）、自由間接言談（「豈不可惜？」），以及章節標題的雙重否定詰問句（「她豈不⋯⋯？」），其中標題的詰問句雖然衍生自魯夫登夫人的言談，但已經不再能完全放回她的言談中。章節標題在托洛普的小說中展演的是言談本身的感染力，言談溢出小說活動的框限，彷彿拒絕接受副文本與文本、故事情境與真實世界之間的區別；我們的話語不甘只屬於我們，托洛普的章節標題意在對此致敬。[346]

這種玩弄小說本體論的做法，與阿利安用章節標題檢驗認識論，差異並沒有乍看之下那麼大。兩者各自順應所屬文類不同需求的同時，也都將索引功能推向僅供參考；比起用來標示段落，兩人在標題和段落之間建立起暫時關係，閱讀段落之前和讀完之後，標題看上去會有不同意思。隱藏在歷史上這些迥異用法背後的，也許就是章節標題指出的暫時性，雖然標題本身看似不具有暫時性。湯瑪斯・曼（Thomas Mann）小說《浮士德博士》（*Doktor Faustus*）中，敘事者探討自己對章節標題的特殊依賴，一度在敘述中停下來思索章節標題的作用：

> 我應如同處理先前的段落，最好別給這個章節一個數字，而應視之為前一章的延續，實質上屬於前一章。恰當的做法應當是逕自寫下去，不加任何深沉的休止，因為這一章依然題為「世間」，敘述的仍是我已故好友與世間的關係或欠缺關係。[347]

章節標題提出的休止有多深沉、編造上有多淺顯或多費心？從古典時期至今，標題經常變換形貌，提出這個疑問。而當我們問此問題，也就形同承認，章節標題距離初始的索引功能已經很遠了。

題辭與書從來無關。

　　　　　　　　　　——法蘭・羅斯，《奧利奧》

題辭（epigraphs）最早出現的地方是建築物，而不是書。至少可以說，這個名詞初為人使用時，指的是建築物、紀念碑、石柱、銅匾上永久銘刻的文字，而非出現在書中書名頁和章節開頭的引文。18 世紀中葉，約翰生《字典》對「epigraph」的定義僅為「銘刻的文字」；要到 19 世紀，這個名詞才固定指印在文本開頭的摘錄或引文，可當作參考點、詮釋方向、範例或反例，引導讀者閱讀文本。[348] 因此，相較於眾多媒材上的銘文，「epigraph」一詞具有一種優先感，它的希臘詞源帶有寫於其上、寫於之前、寫於上方的意思。

　　現代文本題辭的起源不明；盾徽座右銘可能是先驅之一。近代時期的文本中，常見於書名頁或選集中個別詩作題目下方的題辭，指涉對象比較多是作者，而非作品本身。首見於盾徽上的座右銘，慢慢轉移到書上，變得「對詩人很有用，可以當作加密的簽名附於匿名印行的詩作末尾，或實際或假裝地向不諳此道者掩飾自己的身分」。[349] 比如彌爾頓的《詩集》（Poems, 1645）於書名頁引用 7 世紀古羅馬詩人維吉爾的《牧歌集》（Ecologue）作題辭，並如學者路易斯・馬茲（Louis Martz）所述，命阿卡迪亞的牧羊人「取常春藤葉妝點嶄露頭角的詩人」；此舉一方面宣告作者身分與其未來，同時也「為即將在這些英語詩中見到的眾多維吉爾風格的人物與場景鋪路」。[350]17 世紀中期以降，題辭漸漸更常以文本而非作者為指涉對象，不過舊的用法到 19 世紀仍時有所見。[351]

　　很難確定題辭何時在歐洲文學盛行起來。吉奈特指出，他在 17 世紀前的法國文學和 1700 年前印行的英語書籍中都未發現題辭的蹤跡，類似題辭的文字主要出現在佈道書，用於解釋聖經經文。可確定

的是，題辭到了 18 世紀大量增生，引用自各式各樣的來源，作為各式各樣文本的開頭。期刊、印刷劇本、旅行札記、專著、傳記、宗教典籍，乃至其他各種形式和文類，紛紛引用過去的文本，特別是古典時期的知名作家，但像是莎士比亞和其他眾多較無名氣、比較當代的作者，很快也在該一世紀漸漸博得版面。英語小說尤其是這股變化的顯著例證。18 世紀早期的小說作品罕有題辭；即使有，也幾乎都引用自古典文本。但在同一世紀晚期，小說有題辭的比例愈來愈高，而且引用比較新近作品的情況也愈來愈多。[352]

題辭的功能

　　題辭在現代最常見用來以某種方式評論其後接續的作品。這也令人好奇，讀者盼望從題辭獲得什麼樣的意義並套用在文本上。單是題辭的存在，就是對傳統、作者權威、作者意圖提出疑問：甚至可以說，題辭創造出一個文學建構情境。題辭究竟針對文本**說了什麼**，性質可以從相對清楚到十分隱晦，到幾乎不可理解不等。吉奈特指出：「甚至可懷疑，有些作者是以亂槍打鳥的方式在文前放上題辭，認為每一種組合都能創造意義，就算缺少意義也能留下有意義的印象，這麼想也不無道理。」[353] 法蘭・羅斯（Fran Ross）在她 1974 年的小說《奧利奧》（*Oreo*）甚至採取更強硬的立場，先搬用自己的話寫了四個題辭，再用自嘲的口吻提醒讀者：「題辭與書從來無關。」[354] 有些題辭僅狹義地界定所屬領域，似乎希望迴避這個形式可以被遊戲延伸的文學性；例如用題辭為書名引據的經典做進一步解釋，似乎就希望像註腳一樣（看似）簡單樸素就好（關於註腳參見第十八章）。[355] 吉奈特將題辭的功能分為四類，把評論文本或作者這兩個直接功能，與他所稱另兩個「比較迂迴」的用法區分開。[356] 後兩者的第一種功能，是使文本與其他作者、文學傳統或其他文類產生關聯；獻辭和序言也有類似功效，此時題辭可與之合力或競爭。[357] 另一種比較迂迴的用法是「題辭效應」，也就是單純有題辭存在，就具有標示身處之「文

化」或「知識水準」的效果。[358]

　　當然在實作上，具有文學趣味的題辭，用單一功能分類或描述並不能夠充分說明。著名者如杜博依斯（W. E. B. Dubois）的《黑人的靈魂》（*The Souls of Black Folk*, 1903）每一章開頭出現的雙題辭，就是絕佳例子。每一對題辭中，兩個題辭分別為讀者指出該章的部分面向，同時兩個題辭之間的矛盾扞格，又呼應書中雙重意識的概念，協助維持全書的雙重結構。杜博依斯在每一章開頭引用一段詩句（主要引用歐洲或美國白人作家的作品），配上一段靈歌（杜博依斯稱之為「悲歌」）樂句（但非歌詞），選摘自費斯克大學＊慶典歌者和其他歌者吟唱的靈歌集。[359] 成對的題辭揭示各章的主題。如〈論布克・華盛頓先生等人〉一章，論述非裔美國人的社經未來，詩句題辭引用自拜倫（George Gordon Byron）詩作《哈洛德公子遊記》（*Child Harold's Pilgrimage*, 1812）的第二章，敦促讀者「爾等世襲奴隸！汝可知／願得自由者須先挺身而起？」；同一章也引用黑人靈歌〈應許之地的盛大營會〉（A Great Camp Meeting in the Promised Land），歌詞鼓勵聽眾「孩子啊，團結同行／莫要喪氣」。[360] 但實際出現在書頁上的，只有這首靈歌的樂譜，沒有歌詞；學者布倫特・愛德華（Brent Edwards）解釋，有必要注意杜博依斯「選擇不放靈歌的歌詞」，可能是為了「用另一種方式，突顯出加於（白人）讀者的另一重阻礙——再度暗示『面紗之下』的內在生活，即黑人的知識和『鬥爭』模式，只憑白人文化局限且不完美的方法，即使不是不能接近，也仍然難以觸及」。[361] 愛德華也指出，更總體而言，這些題辭是「正論與反論、『前瞻』與『後顧』形式交織的一部分」，而這種形式交織正是《黑人的靈魂》的特色。[362] 指出章節主題的同時，又對某些讀者隱藏主題，使作品與特定詩作和音樂傳統產生連結，並從比較這些傳統當

＊ 譯註：費斯克大學（Fisk University）是美國南方傳統黑人大學，位於田納西州，創立於 1866 年。

潮，值得深究。偶有例外如 1750 年代，像是菲爾汀和托比亞斯・斯摩萊特（Tobias Smollett）等小說作家，短暫實驗過在書名頁加入題辭，以未經翻譯的希臘和拉丁原文引用古典時期作家，巴徹斯認為這是將小說與諷刺文學和史詩文學的古典傳統連結在一起，以突顯「小說傳統的莊重」。[364] 到了 18 世紀末那三十年間，題辭已經廣泛易見；學者莉亞・普萊斯（Leah Price）指出，「至世紀末時，篇章題辭已經隨處可見，可供議論」，如珍・奧斯汀等本身未有題辭的小說作品，也對題辭做出議論。[365] 哥德式小說，如安・雷德克利夫（Ann Radcliffe）的作品，尤以題辭眾多出名，不只出現在序頁，也見於各章章頭。莎士比亞、維吉爾、霍拉斯（Horace）、波普（Pope）、德萊頓（Dryden）的詩句，是別受歡迎的引用來源，不過 18 世紀小說汲取題辭的文學之井，意外地既廣且深。有些甚至將目光轉向僅稍早一些的散文體小說作家──伊莉莎白・博伊德（Elizabeth Boyd）1752 年的小說《快樂的不幸》（*The Happy-Unfortunate, or, the Female Page: A Novel*），題辭引用德拉里維爾・曼利（Delarivier Manley）1709 年的《新亞特蘭提斯》（*The New Atlantis*）；賀伯特・克洛夫特（Herbert Croft）1780 年的《愛與瘋狂》（*Love and Madness*），卷首的一段話出自艾芙拉・貝恩（Aphra Behn）1688 年的《奧魯諾可》（*Oronooko*）。

小說中的題辭，不只引起所有關於副文本功能的常談疑問，也帶來一個新問題：題辭本身的虛構化。因為，題辭始見於虛構文學以後，不久即演變成為小說用於表現他人心思想像的一項特殊工具。例如珍・奧斯汀的小說本身雖無題辭，卻能為這種運作功能提供重要線索。應有讀者注意到，奧斯汀小說中的中產階級女主人公，如《諾桑覺寺》（*Northanger Abbey*）的凱瑟琳・莫蘭和《曼斯菲爾德莊園》（*Mansfield Park*）的范妮・普萊斯，她們誦唸的詩句聽來十分熟悉，不只出自名詩選集和單一作者詩集，其實也出自哥德式小說的題辭。[366] 在《諾桑覺寺》這本自我指涉的哥德式諷刺小說中，我們看到凱瑟琳會閱讀波普、湯姆森、格雷、莎士比亞的詩，且依敘事者所

言，將此當作成為小說女主人公的「訓練」。《諾桑覺寺》寫於1803年（但1817年才出版），收集許多同時代哥德式（與其他類型）小說章節開頭可見到的詩句題辭，且在情節發展到凱瑟琳旅行巴斯，初次讀到哥德式小說**之前**，已讓她引述過這些詩句。凱瑟琳所讀的哥德式小說，包括了安・雷德克利夫的《奧多芙之謎》（*The Mysteries of Udolpho*）和《義大利人》（*The Italian*），對她的影響在小說中段為她的經驗染上異彩。換言之，《諾桑覺寺》把凱瑟琳勾勒成那種哥德式的女主人公，口中有可能吐出安・雷德克利夫小說中見到的題辭。《奧多芙之謎》在作者親筆寫的總題辭後，第一章開頭引用了湯姆森《四季詩》（*The Seasons*）〈秋天〉篇一段詩句：「家是愛，是喜悅／是和睦與富足的依歸／養育者與被養育者，美好友人／與摯愛親屬，共享天賜之福。」[367] 而凱瑟琳・莫蘭早在讀到《奧多芙之芙》以前，已從湯姆森《四季詩》的〈春天〉篇學到「教導少者狩獵／乃令人愉悅之事」。

藉由想像這些問題是小說女主人公心靈構成的一部分，珍・奧斯汀對題辭在雷德克利夫小說中的地位提出反思看法。她提醒我們，在雷德克利夫的小說裡，題辭並不限於是作者對主題元素的提示，或文學或類型屬性的記號，題辭也可以相當不同，也許是女主人公可能表達思考的證據。[368] 珍・奧斯汀讓雷德克利夫以題辭呈現的相同一批引用文獻進駐凱瑟琳的思緒中，暗示《奧多芙之謎》和《義大利人》的題辭，也可能是兩部小說中人物心思的表現。奧斯汀給予的這個暗示，讓《諾桑覺寺》中傳達的希望小說女主人公彼此團結的著名願望顯得更有道理。[369] 而且透過如此，奧斯汀雖然自己迴避使用題辭，卻對虛構化題辭的反思起了幫助。

小說因此促使題辭的功能發生轉變，從作者、編輯或出版商為了評註書名或書作，或為了宣稱作品繼承的文學傳統或名望所動用的文字，變成一段可能傳達角色心境的文字。而且，18世紀末小說題辭大增之際，自由間接言談的使用也愈來愈多，借助這個技巧，（通常

是第三人稱的）敘事可以保留時態和人稱，同時又能呈現特定某角色的用詞和觀點。兩種創新結合在一起，提高了題辭可能歸屬於或就是角色想法的可能性，也讓題辭能夠加入小說既已發展成熟的特質，用於想像其他如前言和序言等副文本要素，也是小說的一部分，不全然只歸屬於一個絕對獨立的本體論範疇。喬治‧艾略特（George Eliot）的小說《米德鎮的春天》（*Middlemarch*, 1871）題辭受到許多討論，其中書首題辭正發揮了上述這種新能力，引用自博蒙特與弗萊契的近代劇作《少女的悲劇》（*Thae Maid's Tragedy*）：「我因是個女人，凡事都做不好／總是差那臨門一腳。」這段題辭置於第一章開頭，似乎暗示有可能屬於第一章，也有可能屬於平裝書的第一部（第一章在初版中的所屬單元），又或者屬於整部小說。此外，這段題辭率先出現在前言諷刺地提到「女人錯誤百出的生活」和女人對世界的廣泛影響之後——這個位置也種下多種可能性，題辭中第一人稱的感慨有可能出自朵蘿西亞本人，也可能（考慮到艾略特當時的成就更顯諷刺）出自「喬治‧艾略特」。《米德鎮的春天》的題辭至少有一些應為角色所發，而非出自敘事者或作者之口，關於這點，更多證據出現在小說中那些古怪時刻，「此時小說人物似在引用那一章的題辭，展現令人不安的把戲」。[370]

　　《米德鎮的春天》的第一段題辭，幾乎吻合題辭功能隨時間轉變的所有可能性，從最初可能是作者的座右銘，移向書的正文前頁代表作者對書中文字的評論，再到將作品與特定文學傳統或其他傳統連結在一起。此外，《米德鎮的春天》的題辭似乎也涵蓋近乎全部的可引用範疇：古典來源和現代來源，作者編造的「摘錄」，詩、戲劇、小說。不過，也有作用是縮減意義而非擴增意義的題辭，喬治‧艾略特在她生涯早期提供了一個範例。1859 年 7 月，她的第一人稱中短篇故事《撩起面紗》（*The Lifted Veil*）首度匿名刊載於《布萊克伍德雜誌》（*Blackwood's Magazine*）。故事中，心思敏銳、能預見未來也能洞穿他人心思的拉提米爾，在得知自己將死之前的短暫片刻，敘述他

這一生的故事。《撩起面紗》初載於雜誌上時並無題辭，後來收錄於書櫥版（Cabinet Edition）艾略特作品集中重新出版，多出一段經改寫的詩句當作題辭：「偉哉天堂，勿給我光，不如轉為／與人為伍的活力；／除日益豐饒的傳統之外／別無力量可使男子氣概更加完整。」艾略特在作品集中回顧作家生涯，為自己的畢生心血補上原本未收錄的匿名作品，且賦予它的一段題辭很明顯不能指派給書中質疑詩歌的第一人稱敘事者：因為不同於拉提米爾那摧毀同情心的洞察力，題辭的詩句但求有助「與人為伍」的光。不過，艾略特為此特意加上一段祈求獲得「力量」以使「男子氣概更完整」的第一人稱詩句，也形同依然堅信歸作者所有的這個題辭空間將她的創作能力識別為男性。如果說 19 世紀初，珍‧奧斯汀主張安‧雷德克利夫的題辭表現人物心緒，那麼到了 19 世紀末，認為題辭可能出自書中人物，已經是小說當時深植的傳統，喬治‧艾略特汲取此一傳統，寫下這一段題辭，以期特意拉開敘事者與作者的距離。

數位時代題辭的命運

　　題辭來到數位時代後，發生了什麼事？低品質的大規模數位化對題辭向來不友善，一如它對序言、索引、註腳等其他形式的副文本。這些副文本是為印刷業、紙本書、平裝書所設計的，與捲動螢幕和分散對齊、綁定平台的電子書不甚相容。原本若是印刷書，經數位化提供給電子螢幕和閱讀器讀者後，那些副文本往往景況淒涼。電子書依賴光學文字辨識軟體將印刷書照片轉譯為機器可讀的文字，副文本在版面上位置奇特，與主文本的文字方塊分開，往往使軟體混淆錯亂，生成的文字難以辨讀。甚至，有些題辭因為包含不易轉譯為字母數字的素材，往往整個消失。以《黑人的靈魂》為例，題辭中的悲歌因為是以樂譜圖像表現，在古騰堡計畫的電子數位版（很多人使用）裡，竟完全消失不見。少了悲歌，等於抹殺題辭的核心意義，留下正好相反的印象，彷彿這部闡述非裔美國人生活與文化的開創性著作，僅完

全仰仗單一題辭，且絕大部分竟然引用自白種盎格魯裔美國作家。

但題辭就算熬過文本數位重製保存下來，仍比過去更有可能不會被閱讀。當然，古往今來總是有一些讀者會跳過題辭或匆匆瞥過。彼得‧史達利布拉斯（Peter Stallybrass）就指出，非連貫式閱讀由來已久；莉亞‧普萊斯和安‧布萊爾（Ann Blair）也認為，跳躍式和瀏覽式閱讀可能比從頭讀到尾的閱讀方式歷史更悠久。[371] 題辭本身可視為與摘錄原文和備忘札記的漫長歷史有關，讀者藉此可以只細讀菁華，所以反過來，題辭本身有時候突出於書之外，作為讀者可以輕易略過的環節，似乎也才公平。題辭或許是**一部分讀者可能會**跳過的東西，話雖如此，自動略過題辭最近卻不乏被當作內建功能，寫入某些電子書裝置的程式中。這些裝置往往跳過副文本，直接翻到主文本的第一頁。艾倫‧麥奎肯（Ellen McCracken）2016 年即指出：

> 讀者在行動裝置上打開亞馬遜電子書，馬上會看到主文本的第一頁，因為裝置已內建設定，會自動跳過封面和版權頁，以及作者收錄在正文前的重要材料，例如目錄、獻辭、題辭。[372]

簡直像是新數位化編碼和文本提供平台察覺早期這些副文本中，有它們必須擊敗的對手一樣；光學文字辨識軟體把索引和註腳變得面目全非，彷彿目的是為了堅持找出新的機器可讀的文字作為替代；題辭經轉換後變得難以辨讀，但推薦引擎、亞馬遜書評、GoodReads 書評網站則趁此提供了文本參照以供教育學習的替代機會。

不過，在許多原生數位文字的形式和文類中，題辭倒是存續下來，有新的標記規則和不同的編碼格式讓機器和人都能辨讀。TEI（Text Encoding Initiatives, 文字編碼規範）有題辭專用的編碼格式，Wikibooks（維基百科閱讀器）也有；APA 論文撰寫格式有題辭在出版刊物中的格式規範，LaTeX 排版軟體也有一種以上的套裝樣式包，可供使用者以不同風格呈現題辭。[373] 而且，新的格式還將印刷書題辭

的功能拯救到數位媒介和數位平台。網站——特別是早期提供部落格空間的網站——往往有題辭；電子郵件簽名檔的名言引用，則倒反了題辭從作者座右銘演變成與文本相關的這段歷史，因為簽名檔引用的話雖出自他人，但又與該電子郵件的作者有一定關聯。雖然印刷文本轉數位化呈現時，題辭似乎面目全非，但其後題辭轉移到原生數位格式上看來卻意外順利；想想網路對文本互涉、文字摘錄、文本流通的重視，有此現象或許應不意外。

第十四章

舞台指示

蒂芬妮・史特恩

本章講述日後被稱為「舞台指示」（stage directions）之物的歷史：即為表演者或讀者所寫的簡短實用指令，多以不純正的拉丁語寫成，作者不明，通常出現在印刷劇本的開頭、結尾，或散見於其間。本文分成三個部分，首先論及 18 世紀，亞歷山大‧波普和路易斯‧西奧巴德（Lewis Theobald）共同發明「舞台指示」一詞，用以指稱莎士比亞劇作中非作者原著的指示。接著轉向中世紀及近代的劇作，探討「舞台指示」獲名以前是什麼樣貌、位於頁面哪個位置、使用什麼語言、可能是誰所寫又為誰而寫，以及「舞台指示」四字將它定義為一個實體以前，它是否真的是「它」。最後，本章會討論名稱確立以後的「舞台指示」，探討劇場「舞台監督」一職的興起，如何影響書頁上和舞台上的「舞台指示」。因此，本章從頭到尾共講述兩個僅部分相連的不同故事：一是「舞台指示」這個名稱的故事，二是名為「舞台指示」之物的故事。

「舞台指示」的發明

　　「舞台指示」一詞是詩人兼編輯波普和劇作家兼編輯西奧巴德兩人，對莎士比亞劇作《亨利五世》（Henry V）中的一句話有歧見，在爭論過程中所創的名詞。研究者皆知，該劇在 1623 年《第一對開本》的版本中，旅館老闆娘桂嫂談到法斯塔夫爵士，說他「鼻子尖如筆，與一張綠（greene field）的桌子」（TLN 838-9）。[374] 由於此一觀察當下看來並不合理，波普於是在他 1725 年編的莎士比亞作品集中修改了這句話。他認為這句話的末尾是「指示從頁緣潛入文本」，當時肯定有一位名叫「格林菲爾德」（Greenfield）的「道具師」，而他從角色言談中挑出來的指示，原本應為「格林菲爾德的桌子」。[375]

　　西奧巴德出版自己所編的莎士比亞作品集時，用的是現今廣為人所接受的修訂：「嘴上叨叨念著綠野」。[376] 他不僅對波普的解釋大感氣憤，也為這個解釋透露出波普對舞台表演的無知感到惱怒。他擴充波普用的「指示」一詞，稱之「舞台指示」，以強調指示的表演本

質，並且解釋說，「舞台指示」從不會在需要當下才出現在文本裡，反而會「預先標示……長度約有一頁，出現在演員台詞進場或道具搬上台之前」。[377] 「舞台指示」一詞於焉而生：原本指的是預先寫給道具師的註記，波普認為被誤塞進莎士比亞的原文中，西奧巴德則認為沒有。

不過，西奧巴德倒也把「舞台指示」一詞納為己用，用來指非作者原著的副文本。他在自己 1733 年編的莎士比亞作品集，就在幾幕啞劇用上「舞台指示」，例如在《哈姆雷特》（*Hamlet*）劇中〈謀殺貢札果〉（The Murder of Gonzago）這一幕啞劇的開場敘述「走進一對狀甚親暱的國王與皇后」前，寫下一段措辭嚴厲的註解。他指出接下來這一幕劇的主角，並非國王皇后，而是公爵與公爵夫人，並且告誡：「可見是那些粗心散漫的編輯……給我們這句舞台指示」。[378] 有此前後不一的錯誤，西奧巴德相信罪魁禍首是海明斯和康德爾，兩人是莎士比亞劇團演員，以「編輯」身分印刷出版了《第一對開本》：「詩人〔莎士比亞〕最初給定的皇室頭銜是公爵與公爵夫人，後來的演員……誤植為國王皇后。」在這個例子裡，「舞台指示」不是提詞員為道具師寫的文字，而是演員為讀者寫的文字。[379] 因此可說，「舞台指示」從最初就被理解為可以是不同人為不同對象所寫，但共通點是都非作者原著，且有損於閱讀莎士比亞劇作的過程。

「舞台指示」，及伴隨此名詞而來的罵名，到了 18 世紀晚期被編輯一概接受。1773 年，針對「**重新展開打鬥，馬克白被殺**」這句話，編輯喬治·史蒂文斯（George Steevens）寫道：「這句舞台指示……證明演員的程度甚至不足以避免措辭不當。」他的惱怒同樣指向海明斯和康德爾，原因出在這句指示與其後隨即出現的敘述令人混淆：「馬克白在此於舞台上遭到殺害，麥克德夫看似從別處走來，一會兒過後，馬克白的頭被插在矛尖。」[380] 史蒂文斯堅信這些不合邏輯的指示「很不莎士比亞」。他的編輯同業愛德蒙·馬龍（Edmond Malone）也表示同意，馬龍在 1790 年斷言，莎士比亞作品集中「許

多舞台指示看來是演員自行插入，往往十分淺薄」。[381]

　　有趣的是，18 世紀歐陸各國也開始為我們今日所稱的「舞台指示」發明詞彙。很多國家彼此效仿，採用古羅馬語詞「didascaliae」做變化，這個詞源約可追溯到西元前一世紀：「didascalie」（法國），「didascalia」（義大利），「didascalia」（西班牙）。但各地選用的這個拉丁語（襲自希臘語）詞，另有自己的發展脈絡。原本的意思是隨羅馬劇作一起提供的演出須知——包括初演何時舉行，戲劇提詞員、作者、演員姓名，該年的羅馬執政官為誰等等。這個名詞字面上並沒有「舞台指示」的意思，因為古羅馬文本中也沒有舞台指示。因此，歐陸使用的「didacaliae」一詞，從過去到現在指的都是劇中對白以外的所有文字，包含劇中人物表、標題、分幕分場，以及「舞台指示」。因此，歐洲評論家論及「didascaliae」時，多承認所指對象包含劇本衍生的各種副文本，且通常不關心副文本作者為誰。但在英語國家，「舞台指示」一詞定義狹窄，將某一些副文本獨立出來，合為一個整體，彷彿有固定意義和作者——但其實「舞台指示」早期使用上意義紛陳，而且多被認為與作者無關。

名詞出現前的「舞台指示」

　　近代劇作中被集中歸類在「舞台指示」這個名詞之下的文字段落，彼此的相同之處是版面位置，有時是所使用的語言，但不是相同作者或相同的目標讀者。甚至，「舞台指示」的共同特徵，往往還掩蓋了印刷劇本本身來源的歧異。藏在「舞台指示」這個名詞背後的，可能有作者寫的文字、為表演標示的文字、為讀者標示的文字，或綜合以上三者。因此需要探討的是，各種分別插入劇作中的文字，何以外觀漸趨相似，且共用一種（近乎）相同的語言呢。

　　中世紀神蹟劇（mystery plays）和道德劇發明的做法，可以解釋近代「舞台指示」的版面位置和使用的語言。這些中世紀劇本是牧師的手寫創作，目的不為出版，是為了年度公演；其中的「舞台指示」

多是戲劇從業者在搬演之際，或為了替後世記錄演出建議，後來才加上去的。也因為「舞台指示」通常不會與劇本同時寫成，除了字跡和用語可能和劇本其他部分不同，往往還會被「框起來」、紅字（用紅墨水寫），或用斜線號、括號、底線等記號強調，以免在視覺上與實際要演出的「劇本」混淆。這種版面配置將要說的詩句與不用說出的實務建議區分開來——雖然如學者巴特沃斯（Butterworth）指出「舞台指示在頁面所占位置這方面有很大出入」[382]——對戲劇演出很有幫助，乃至於抄書員重新謄寫劇本時，會先抄寫對白，再將舞台指示抄寫於頁緣，利用字跡或位置做出「區隔」。經由區別外觀，舞台指示被降了一級；版面配置表述了舞台指示並不如伴隨的對白重要。

　　近代劇作繼承中世紀手抄本的版面配置，且傾向把可演說的文字置於印刷頁面中央，對白前的敘述和表現動作的文字則置於外圍，至於是外圍的哪裡，須花時間判斷。[383] 第一部以英語印刷的世俗劇，亨利・梅德沃爾（Henry Medwall）的《富根斯與盧克雷斯》（*Fulgens and Lucrece*, 1512-16），將舞台指示置於頁緣，與對白的段落開頭一樣，起首用段落符號標示（**圖 14.1a**）；烏比安・富威爾（Ulpian Fulwell）的《物以類聚》（*Like Will to Like*, 1568）將部分舞台指示置中並縮排，部分向右對齊，框起或加上括號（**圖 14.1b**）；羅伯・威爾森（Robert Wilson）的《倫敦三女士》（*Three Ladies of London*, 1584）將舞台指示置中或向右對齊，使用羅馬體印刷，對白則使用哥德體（**圖 14.1c**）；喬治・皮爾（George Peele）的《愛德華一世》（*Edward I*, 1593）則是舞台指示使用斜體字，劇作內容用羅馬體（**圖 14.1d**）。如這些例子所示，舞台指示共用的文法才正緩慢成形：過去式（「朝他屁股狠狠踹了一腳」）、現在式（「他親吻狄肯的後臀）、未來式（「他們這時將會唱歌」）都還有人實驗，[384] 祈使句（「此處請露卡打開盒子，將手指探入盒中」）、命令句（「用劍重擊他的脖子」）、分詞子句（「指著站在一旁的人」）也都能見到。[385] 之所以最終採用現在簡單式，可能是為了節省字數，不過現在

> coz. ¶ Fare well then I leue the here
> And remēbyr well all this gere
> How so euer thou do ¶ Et exeat corneli?
> ¶ When þ deuil wil haue it so: it must needs so be. he knēleth þ
> what shall I say bottle nosed godfather cast þ tele down.
> ¶ Ill hail o noble princes of hel.   L
>
> Let Fraud runne at him, and let Simplicitie runne in, and
> come out againe straight.
> Fraud. Away Drudge, be gone quickly.
> Simp. I wis, doe thrust our mine eyes with a Lady.
> Exit Simplicitie.
>
> After the fight of Iohn Balioll is done, enter Mortimor
> pursuing of the Rebels.
> Mort. Strike vp that drum, follow, pursue and chase,
> Follow, pursue, spare not the proudest he,
> That hauocks Englands sacred roialty.   Exit Morti.

圖 **14.1**　(a) Henry Medwall, *Fulgens and Lucres* (facsimile) (New York: G. D. Smith 1920 [London: John Rastell, 1512?]), sig. e4r; (b) Ulpian Fulwell, *Like Will to Like* (London: John Allde, 1568?), sig B1r; (c) Robert Wilson, *Three Ladies of London* (London: John Danter, 1592), sig. Bir; (d) George Peele, *King Edeard the First* (London: Abel Jeffes, 1593), sig. I2r. All images by permission of the Folger Shakespeare Library

簡單式也有振奮精神之效，讓舞台指示像是當下即時發生，而非回想過去的表演或預測未來演出。

上述例子同時顯示，舞台指示共有的外觀式樣和版面位置，也是經過一段時日慢慢成形的。要到 1590 年，頁緣位置和斜體式樣才多少固定下來。何以做此選擇，原因很難追溯到單一印刷師，因此或可說是出於印刷坊總體的需求。構成舞台指示的字詞特別常用某些字母，特別是「出場」（Enter）和「進場」（Exit）會用到的大寫字母「E」：若從另外的「斜體」字盒中拿取這些字母，則能讓用於印刷劇本對白的羅馬體字母隨時保持完整。自此之後，舞台指示多傾向使用斜體字、位於頁緣、使用現在式，不過其他做法也仍能見到。

最終底定的這個版面形式，將對白呈現為有如詩行的樣子，舞台指示則有如詩的註解，這個形式曾具有詮釋意涵。舞台指示似在「評

論」旁邊的對白，而不屬於對白的一部分，且相較於對白往往比較不受重視。此外，因為舞台指示居於次要空間，且這個空間的特點就是空白很多，所以添加舞台指示看來也很容易。近代劇作印行到第二版、第三版時，舞台指示內容往往有變，但對白文字則未有變動——舉例來說，莎劇《理查三世》（*Richard III*）在《第三對開本》（1603）的版本中，額外印上了「解釋用」或必要（但先前並沒有）的舞台指示；伏杰莎士比亞圖書館收存的印刷版《兩名快樂的牛奶工》（*The Two Merry Milkmaids*, 1620），則有兩個不同人的字跡將近代手抄本版中的舞台指示添上去。[386] 舞台指示位於頁緣的特性，不只使其易於由多人合寫，更像在積極鼓勵多人合寫。

從近代舞台指示用的洋涇濱拉丁語，也可看出可能是他人所加——尤其，不同劇作的「舞台指示」聽起來常常比這些劇作各自的「作者」語氣更相似。「舞台指示語言」的起源確實「作者眾多」，它同樣繼承自中世紀手抄本的傳統（可能有人猜測源自印刷古典劇本，其實不然，印刷古典劇本的早期版本中並無舞台指示）。原以拉丁語寫成的中世紀劇本，後來應觀眾之需慢慢翻譯成各地的白話語言，但舞台指示因是演出人員所寫，也僅為演出使用，故仍保有原本的語言。[387] 久而久之，英語慢慢潛入，但拉丁語並未退出，結果就是近代劇本中典型可見的英語／拉丁語混用——約翰‧馬斯頓（John Marston）的《不知足的伯爵夫人》（*Insatiate Countess*）中有「*Exit the Watch. Manet Captain.*」（譯：守門人退場。隊長退場）；菲利普‧馬辛格（Philip Massinger）的《城市女士》（*City-Madam*）有「*Exeuent omnes, praeter Consta. and Gage*」（譯：眾人退場，除了康斯塔和蓋吉）。[388] 這種「舞台指示語言」自有其規則。有些動詞是同源字，因此仍維持「拉丁語」，例如退場的「exit/exeunt」和「manet/manent」；另一些動詞，例如進場的「enter」已經遠離拉丁語的「intrat/intrant」，就不會結合字根，而是以「英語」形態呈現。不過，不論進場或退場，詞語排列順序則不管語言都堅採拉丁語態，動

詞在前，專有名詞次之（例如，波索拉退場，會寫成「*exit Bosola*」，而非「*Bosola goes out*」）。這種語言確保了舞台指示彼此相似，但與劇本中其他文字有別，從而也說明了這些是不固定的文字段落，開放任何人書寫、增刪、更動，不與單一作者緊密相連。

只有從近代時期（某些）「舞台指示」的特定功能，可猜出是為誰寫的，從而暗示寫的人可能是誰。例如，有一種所謂的「舞台指示」，與舞台演出其實毫無關係。這些指示的對象是劇場的抄寫員，所以或許稱為「抄寫指示」比較合邏輯。[389] 抄寫指示包括湯瑪斯・基德（Thomas Kyd）的《西班牙悲劇》（*The Spanish Tragedy*）中，有一封信的開頭為「收到這封血淋淋的令狀是以何墨水寫就」，對此有註記寫「紅墨水」。[390] 這個指示的對象是負責抄寫演出用書信的人，指示對方使用紅墨水，以創造讓觀眾能看到「血淋淋」道具信的效果。這類指示通常會出現在「舞台卷宗」（會在舞台上誦念的文件）周圍；甚至，這些卷宗出現前常有標題預告——例如「信」「謎語」「公告」，可能也是告訴抄寫員要做出這些特定文件的指示。[391]

另一些副文本明顯是為「舞台管理人」和／或「道具師」寫的。例子包括夏普（Lewis Sharpe, 多簡寫成 L. S.）《高貴陌生人》（*Noble Stranger*）中的指示：「普洛德進場，手中拿一個盒子，盒內有許多捲起的小紙條：擺好一張桌子。」[392] 這段話可能在指示舞台管理人應做出一個含有如述內容物的盒子；可以肯定的是，它告訴舞台工作人員，八成是道具師，應確保提供一個盒子給演員，以及舞台上應該備好一張桌子。這和西奧巴德所指的寫給道具師或相關人員、以便為未來演出機會做準備的指示十分相似。莎士比亞和弗萊契合著之《兩位貴族親戚》（*Two Noble Kinsmen*）的印刷對開本，也有這種「預告」的指示，要求備妥「兩部靈車」以待「與帕拉蒙一起；阿塞特：與第三位皇后。特修斯：與他的主人一起預備」。[393] 這些指示告訴後台人員，同樣可能是告訴道具師，哪個人物應搭配哪樣東西，在正確的門後「預備」稍後進場。

至此所描述的這些指示，沒有一句是為演員寫的。確實，演員可能從來就不是近代舞台指示的直接受令對象，因為演員是透過各自拿到的「分冊」認識整齣劇，不是透過閱讀劇本內的所有文字。雖然演員分冊確也包含舞台指示，但這些指示可能是從完整劇本中選摘出來的（使這些指示在完整劇本中更像「抄寫指示」），各分冊可能同樣只包含針對每個演員的不同指示。這個時期留下的英國職業演員劇本分冊只有一個例子，是羅伯·葛林（Robert Greene）《瘋狂奧蘭多》（*Orlando Furioso*）中「奧蘭多」一角的分冊，沒有太多資訊可供進一步討論。不過，這個分冊中的指示很短且採拉丁語態，與完整劇本內用的白話英語不同。「奧蘭多」的分冊裡只有一個拉丁單詞指示：「*Inchaunt*（施法）」[394]，而《瘋狂奧蘭多》的印刷劇本（雖然是同一齣劇的不同版本）則有「他喝下藥水，她揮舞魔杖對他施法，〔他〕躺下睡著」的指示。[395] 在此值得記住，劇本中關於進退場的指示，提詞員最會迫切用到，因為他需要指揮舞台動線，但如「耳語」或「死去」之類的動作指示也很重要，因為提詞員必須知道什麼時候**不要**提詞，以維持台上必要的靜默。印刷劇本與演員拿到的分冊相隔一線但仍有差別，有時候可能是從提詞人手上的本子印過來的。[396] 因此其中的指示很可能是為提詞人所寫，有時也可能是提詞者寫的。

　　此外，也有表演中永遠不會用到的指示。包括在近代多部劇作中可見到的「全體進場」（massed entrances），顧名思義是要每個在劇中有對白的人物在該場戲開場前「進場」。有此指示的劇作包括約翰生、莎士比亞、米德爾頓的部分劇本，據信這是出自抄書員雷夫·克雷恩（Ralph Crane）的習慣，他希望讓戲劇在紙本上呈現古典氛圍。演出用不到的還包括被 18 世紀的編輯注意到且大加譴責的一種指示，例如《馬克白》劇中有「一行八位國王，班柯在最末位，手執一面鏡子」的指示（*Macbeth*, TLN 1657-8）。然而，接下來的敘述稱為首的國王長得像班柯，居於**末位**的國王手執鏡子，西奧巴德因此譴責「那些編輯」（一樣又是海明斯和康德爾）「就連在舞台指示裡也忍

不住要犯錯」，這句指示確實與劇中對白牴觸。[397] 類似的指示，似乎意在嘗試引導（誤導）讀者想像舞台情景；但既然並不能實際演出，「舞台」一詞用在這些指示上就有些奇怪，不如稱之為「讀者指示」。

這些不盡相同的副文本是誰寫的，則又更難解答。有人稱「讀者指示」是「編輯」於整理文本待印時所寫，但事實上從劇作家到印刷坊的排版師也都有可能。其他如抄寫指示和比較「有表演性」的指示，可能是劇作家、提詞員或其他舞台工作人員寫的，關心演出的排版師也不無可能。劇作家很可能寫下了部分指示，雖然從現存的手抄本可知這是罕見之舉；頁面上那些內容看來往往是其他專業人士加上去的。[398] 只有特別一種指示可肯定是原作者所著，就是「暗示的」舞台指示，藏於言詞之中（例如「莫要／哭泣，好孩子」），完全未採用舞台指示的形態。[399] 另一種有時候也被認為具有劇作家原著特徵的舞台指示則比較可議，那就是「虛構的」指示，例如「女巫消失」（*Macbeth*, TLN 179）──這裡的「消失」以演出術語來說，意思就是「退場」。這種指示因為明顯來自於對情節敘事有深入參與之人，所以往往被認為出自劇作家手筆。但當然同樣也有可能是特別強烈的「讀者指示」，或者也可能有戲劇上的解釋。判斷指示是為誰而寫，比判斷是誰寫的容易得多。

不過，既然有「抄寫指示」「舞台管理人指示」「提詞人指示」，有「讀者指示」，乃至還有「暗示指示」，從這裡即可清楚知道，並沒有哪一種文本能單純說是「舞台指示」──甚至如前所示，留存到現在的這些指示也非全部都與舞台演出有關。或許這也是為什麼，這個時期並沒有一個專有名詞來總稱這些副文本。只會提到「進場和退場」當作一個演出單位───一個有名的例子就是莎劇《皆大歡喜》（*As You Like It*）說到世間如舞台，男男女女「各有其退場和退場」（TLN 1120）。也只有進場，有時候連同退場，偶爾會進一步被擷取到名為「幕後情節」（backstage plot）的特殊文件裡。[400] 欠缺

一個廣義的術語可指稱「舞台指示」，突顯了說明和回憶、想像和事實、為抄書匠寫的文字、為提詞人寫的文字、為讀者寫的文字，即使用了相同語言、在版面上有相同位置，也不是同一件事。矛盾的是用來替它們歸類的詞語，反而隱藏了它們實質具有的差異。

名詞出現後的「舞台指示」

19 世紀晚期劇場生態的變化，也永遠改變了舞台指示。過去，提詞人的職責是從旁協助戲劇順利演出，如今他們地位遭貶，新的職務創造出來，那就是演員經理（actor manager），日後稱為「導演」。為自己監督演出的劇作提出獨特、創意的個人詮釋，是導演的職責所在——但導演的詮釋往往與劇作家本身的藝術表演想像有出入，或僅保留了些許原作者的想像。劇作家與導演之間爭奪戲劇創意主權的戰爭於焉誕生。戰場就在舞台指示。

19 世紀的劇作家通常拒絕出席排演，於是開始利用舞台指示口授他們理想的演出方式，希望藉此指揮、干涉、與「劇場導演」較量。導演從當時起到後來，則大多無視於這些干涉。現代劇場工作者兼理論家愛德華・克雷格（Edward Gordon Craig）早在 1905 年即用「戲劇」對白形態表達他的想法，宣稱作者寫舞台指示是「對劇場工作者的冒犯」：

> **導演**：假如切斷詩人的句子或用來插科打諢是一種冒犯，那麼干涉劇場導演的藝術也是一種冒犯。
> **觀眾**：這麼說，全世界所有劇本裡的舞台指示都沒有價值了嗎？
> **導演**：對讀者來說不會。但對劇場導演、對演員來說——是的，沒錯。[401]

將近一百年後，2003 年，導演珍・席夫曼（Jean Schiffman）解釋她就曾被教導「首次閱讀劇本就要把舞台指示全部劃掉」；演技與

教學指導艾美‧格雷澤（Amy Glazer）也受過類似的教誨，告訴她：「甚至會去看舞台指示，就表示這個演員演技不佳。」[402] 有幾位占有慾強烈的劇作家不贊同這種看法，發起反擊。例如山繆‧貝克特（Samuel Beckett）除了寫出兩齣悉數由舞台指示構成的劇作，《無言劇之一》（*Act without Words I*）和《無言劇之二》（*Act without Words 2*），還為他所有劇作的搬演寫下具規定性的詳細指示，像是他的劇作《終局》（*Endgame*）便逐句指示飾演漢姆的演員應有何動作：

> 我的……狗？
>
> （停頓。）
>
> 噢，我願意相信這種生物能有多痛苦，牠們一定就有多痛苦。但這就表示狗的痛苦和我相同嗎？那可未必。
>
> （停頓。）
>
> 不對，所有事——
>
> （他打呵欠）
>
> 都是確定的，
>
> （貌甚得意）
>
> 一個人愈大，他就愈自滿。
>
> （停頓。陰鬱貌。）
>
> 也愈空虛。
>
> （他哼一聲。）[403]

獲准搬演貝克特劇作的表演者，照合約須將劇作視為他的財產，遵守他的舞台指示。但就算是貝克特也阻止不了美國劇目劇團（American Repertory Theatre）於 1983 年搬演由導演主導的《終局》。反之，他僅能基於法律要求，在節目中插入尖刻的聲明：「〔本〕製作無視我的指示，我僅能認為這完全是一齣對我劇作的諧仿。」[404]

隨著導演興起，舞台指示在製作層面的重要性逐漸降低，但在印刷書中的影響力卻相對增強了。這部分要歸功於新的版權法——歐洲

1887 年頒行國際版權法，美國也於 1891 年頒行新法。在版權法以前，劇作必須有人演出，劇作家才能獲得報酬，因此劇作家往往迴避出版，因為任何劇作一旦印刷成書，劇團便可以合法演出。但新法保護出版劇作，未獲核准不可演出。如今劇作家可為自己的戲設想兩種不同生命，一在舞台上，一在書頁中。結果就是誕生出特別惦記著印刷出版而寫成的舞台指示：「書面性」的舞台指示——或不如就稱為「書面指示」，因為其中往往已少有表演要素。蕭伯納（Bernard Shaw）的劇作就幾乎完全只有「書面指示」。例如他的《人與超人》（*Man and Superman*, 1905）中，指示有時可長達 4 頁，且大抵不能用於表演：

> 赫克特·馬龍是美國東岸人；但對自己的國籍身分並無愧色。這讓時下的英國人對他印象甚佳，認為這個年輕人頗有骨氣，敢承認明顯於己不利的條件，不加掩飾也不找藉口。[405]

這段背景資訊寫出了狄更斯筆下人物的泰然自若，賦予馬龍這個角色豐富的背景脈絡，也讓印刷成書的劇作可與小說媲美，甚或被視為小說的一種版本。

劇作家對舞台指示的全新關注還產生一個結果，就是這個名詞的意義再度起了變化。「舞台指示」逐漸被認定是劇作家為演員寫的文字（雖然其實往往是為讀者所寫，可惜這並未被納入約定俗成的定義中）。1929 年的一本辭典將舞台指示定義為「印或寫於劇作中的指示，指示應當如何表演」，此後類似的定義屢見不鮮。[406] 就連《牛津英語辭典》追溯「舞台指示」一詞的起源也僅止於 1790 年代，且稱之為：「手寫或印刷劇作中添寫的指示，咸認為有表示恰當的表演動作等必要作用。」[407]

其實，舞台指示的作者與目的仍如以往一樣紛雜，端看出版的文本是哪一種版本。「演出」版劇本，例如為塞謬爾法國出版社

（Samuel French）出版的版本，多半關注特定的演出，很有可能取自於收錄有劇場「舞台指示」的製作提詞冊；「書面」版則可能保留了作者原著文本和作者所寫的舞台指示，不過若是實際演出以後出版的版本，可能也收錄了表演註記。

始終不曾改變的是舞台指示的樣貌和位置：總體來說，舞台指示仍維持著中世紀和近代時期發展出來的格式，往往位居邊緣、使用斜體字，標示「進、退場」時，仍使用拉丁語的句法順序。也因此，舞台指示的外觀依舊用於揭示它們作為次要文本的性質，開放接受訂正修改，也經常受到訂正修改。從現代編輯的做法就可看到：歷史劇作的編輯很尊敬原著對白，但往往會添加或修改舞台指示，編行號也排除舞台指示不算，使得這些細微文本作者可疑不明，想引用也很難。

舞台指示在各個方面——版面位置、外觀格式、語法措辭、作者身分（連帶包含創作時間和目標讀者）、必要性、受到的對待等，向來都與它所環繞的對白有尷尬的差異。是用來界定它們的這個名詞，為它強行加上且後來也形成同一作者和同一用途的概念。舞台指示並不一定都是為了舞台演出，也不見得都是指示，而且不盡如外表所似從以前到現在皆具有一貫性，唯有理解這些，我們才能更進一步破譯這個——或者該說，這些——舞台與書頁留下的迷人且各異的紀念物。

書頁上有許多形式的標頭——從中世紀抄書匠曾用來標示每個新文字段落開頭（caput）的段落符號（capitula, ¶），到現今仍用於將較長的作品分割成小塊的章節標題。此外也有頁頭標題（headline），即位於每頁上方的一行字，通常由頁碼、幾格空白，以及能指明書名的幾個字組成，描述該章節或該頁的內容，也／或會寫出作者姓名。而構成頁頭標題的詞彙經常稱為逐頁題名（running titles, 編註：也就是我們所稱的「書眉」。基於中文書慣習，以下多運用書眉），兩千多年來，書眉一直是書頁設計的固有特徵。明顯可見位於頁頭，早在久遠以前，已為希望按圖索驥或解讀各種書籍內容的讀者提供「情報」。可是為什麼我們——這裡的「我們」，我指的是日常讀者**以及**閱讀史學者——對書眉的關注如此之少？再怎麼說，書眉可是展卷即與我們對望。

原因之一是，書眉屢見不鮮。書眉存在於大多數書本頁面上，被視為理所當然的**事實**，延伸所及，書眉的**內容**也多被認為不值一晒。截至目前對書眉做過的研究，關注的都是書眉中的印刷錯誤，以及這些錯誤能透露早期製書過程中有怎樣的運籌帷幄和突發意外（即破壞汙損）。[408] 這些研究的目的向來欲把作者控制範圍以外的文本特徵分離出來，以光耀作者（幾乎總是莎士比亞）寫的文字。[409] 這些研究堅稱書眉在出版物中的狀態變化難測，局限我們對書眉隱含哪些書本製作方法的好奇，這種做法有效掩蓋了書眉那看似雜亂無章、實則蓬勃多變的存在樣貌和設計用途。尤其，書眉既把文字聚集起來，也將文字拆分開來，期待讀者實踐各自不同的閱讀方式。換句話說，書眉砌成一本書也打碎一本書。

我選擇用「running title」一詞來描述逐頁題名（書眉）這個書頁設計特徵，但它也曾被以各種名詞稱之，如「headline」「running head」「running headline」「page head」。[410]（嚴格來說，**headline** 是頁面上緣包含頁碼在內的一整行文字。）有時候，「逐頁」題名（書名；編註：即中文書習用的雙頁書眉）會與「段落」題名（書的章節名；編註：即中文書習用的單頁書眉）和「頁」題名（總括該頁內容）做出區隔。[411] 難以明確闡述這個「書籍組件」到底**是什麼**，確實也使研究它的**功用**或**設計用途**十分困難。

晚至 17 世紀，對書眉應該包含哪些資訊，或者該為讀者提供哪些功能，業界仍無固定處方。約瑟夫‧莫克森（Joseph Moxon）1683 年寫作出版的印刷指南手冊各方面皆很詳盡，但對於頁面上緣應放上哪些文字，無論是內容或設計的說明，很明顯都付之闕如。[412] 但蓋伊‧米杰（Guy Miège）的《英語文法》（*The English Grammar*, 1688）倒是有言：「每頁開頭處，常見有一僅以寥寥幾字表現的題名，名為**書眉**。而若該書由數個不同的主題組成，書眉亦會隨之更動。」[413] 依據米杰所述，書的「書眉」通常簡短，且往往經過改動，以反映該頁（或開頭）的內容，明確程度不一。在印刷早期，書眉因應書中「不同主題」而「隨之更動」是什麼意思，字面上即有許多可議之處。而哪些「寥寥幾字」最能表述書中「主題」（又是誰寫的），也同樣有爭議。這些決定所攸關的力量，能夠限制讀者對書中內容的第一印象與解讀。逐頁題名（書眉）既名為**逐頁**，除了在書的空間中延伸（「位於每頁開頭」），**也在**時間中延伸（有助於記憶），同時允許讀者**跟著**製書人設計的閱讀順序走或**跳脫出來**──可以順從，可以抵抗。畢竟，書有了書眉，讀者想跳著看也容易。

到了 17 世紀末，不論哪一種形式，書眉作為書的設計特徵已逾千年歷史。它與書本的興起緊密相關，許多現存最早的拉丁語手抄本頁面上緣都可見到書眉。[414] 中世紀之初，書眉一度從慣常使用中消失，原因可能是書眉能為誦讀（lectio，又譯誦禱）提供的輔助很少。誦讀是修道院採行的閱讀方法，強調緩慢、刻意、循序漸進地消化一部文本。[415] 但早至 12 世紀，與學術閱讀方法漸興同步，書眉開始再

度出現在手抄本的上方頁緣。忽然之間，書眉又有了用處；12 世紀是「思考成為一門技藝」的時代，講究「仔細審視論點」，影響所及也注重起一系列文本裝置，這些文本裝置能幫助讀者以各種路線閱讀日益複雜的複合文本和分冊。[416]

書眉的復甦和為人察覺的效用，起初實例零星分散，但到了 13 世紀初，出現一種會利用到書眉的文本整理系統，用以清楚闡述拉丁語所稱的「Ordinatio」——即特定作品內部的論理結構。也因此，書眉在不同顏色與裝飾花飾的標示下日益醒目。[417] 從內容來說，書眉往往能提醒讀者他們正在讀文本的哪個區塊（即書的哪一部、章、節，詩篇等等）。而且書眉也提供簡拢的描述，用更定性的方法框定文本。甚至在「compilatio」——即彙整多篇不同文章，通常出自同一作者，裝訂成大全冊的做法保護下，「逐頁」變得更為重要。在這類例子中，書眉不只幫助讀者區別並往復於單一文本複雜論述中不連貫的部分，在由多篇作品構成的書中，也讓區別不同作品變得更加容易。書眉成為「伴生裝置」中的顯著要角，有此裝置，當代學者很容易就能取得前現代的「知識體系」，加以消化與評論。[418]

❀📖❀

印刷出現後，書眉並未因此失去功用，因為歐洲早期的印刷業者希望協助讀者過渡到新的文本出版模式。印刷的到來絲毫不代表書頁設計也隨之「革命」，書頁設計在當時（到現在仍是）保守到出了名。[419] 印刷師為文字安排的位置，習慣手抄本版面設計的讀者一看就認得出來，其中也包含每一頁上緣那一行熟悉的文字。不過，雖然版本面設計延續以往，但近代印刷書中的書眉，在印刷設計上並不全然墨守陳規，提供給讀者的資訊也與過往不盡相同。即便如此，早期印刷書的製作者和讀者，對書眉的功能和詮釋潛力依然深有所覺。有時候，書眉引導讀者對文本產生特定理解；有時候，則協助讀者追蹤自

己的閱讀進度。有時候，書眉透過重複或消化書名頁所引介的資訊，突顯文本的某一面向；有時候則純粹只是重複標明書名。偶爾有更少見的例子，書眉刻意模糊頁面或開頭可議的內容，藉此轉移詆毀者的目標。[420]「學養佳」的讀者被認定應該憑直覺就知道書眉的功用，也應有能力發覺錯誤加以修正。較沒經驗的讀者則實質上需要書眉為認知提供的協助。

版面設計中某項特徵的功用為何，近代書籍很少對此提供清楚說明，但書眉的應用範圍之廣，引起的討論之多，往往使出版商有必要思考其功用，作者亦然。舉例來說，天主教神學家湯瑪斯・斯特波頓（Thomas Stapleton）反新教徒的論著《反駁霍恩斯・韋恩・布萊斯特》（*A Counterblast of M. Hornes Vayne Blast*, 1567），是一篇格外長的答辯，旨在駁斥溫徹斯特主教羅伯・霍恩斯（Robert Hornes）為消除外界對英國王室至高地位的質疑而採取的說法。論著中也對書本書眉的設計用意提出建言：因為斯特波頓也必須與他所欲答辯的書遵守「相同的規則與程序」，為維持讀者的注意力，他「在每頁上方做註記，一側印上主年，對側……則是該處討論的主旨」（sig. ****2v）（參見**圖 15.1**）。將年份印在內側頁緣，外側頁緣簡述該跨頁討論的「主旨」，這麼做可使讀者「翻開某一頁的第一眼」就「清楚自己

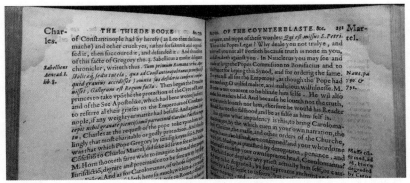

🌸 **圖 15.1** Thomas Stapleton, *A counterblast to M. Hornes Vayne Blast* [1567], sigs m2v-m3r. Folger Shakespeare Library

在什麼位置、正在讀什麼」。斯特波頓稱，書眉為希望找到特定內容或己身所在位置的讀者提供了「明晰的資訊」。

書眉對作家闡述複雜宗教爭論的重要性到了 17 世紀依然持續。1604 年，溫徹斯特主教湯瑪斯·比爾森（Thomas Bilson）應時已崩殂的女王伊莉莎白一世生前要求，出版著述答覆批評他公開宣揚（兩度獲英格蘭教會官方背書）基督肉身入地獄信仰的人。[421] 這本《論基督代人受苦》（*Survey of Christs Sufferings*）足足有 600 張對開頁，但讀者大可不必把全書讀完，也能大致掌握比爾森論點的輪廓和內容。正如書名頁所聲明，讀者可以只瀏覽「頁面上緣的標題」，大意與各頁內容密切相符（sig. ¶1r）（參見**圖 15.2**）。假如書本身看來「太長勿讀」，那麼書眉可說為比爾森的論述提供了一個友善版本。

如同在斯特波頓和比爾森的書中，書中所含文字旨在用於「答覆」已出版著作的主張，書眉在這樣的書裡特別有用。因此，書眉持續被用於闡明 ordinatio ——即特定複雜文本的順序和排列。喬治·里德帕斯（George Ridpath）反對劇場的專著《被詛咒的舞台》（*The Stage Condemn'd*, 1698），開頭有一篇特別的〈讀者啟事〉，目的在澄清對他的論述順序和邏輯的任何混淆：

> 本書所置標題並不依照書名頁中的順序，作者必須接受並依照主題在他所答覆的書中出現的順序；但透過書眉，所有主題都可輕易找到。[422]

對里德帕斯而言，書眉比起書名頁刊載的目錄順序，更能準確地反映書中各階段的論述。

鑒於書眉具有引導讀者理解複雜論述的能力，對特定作者來說，是否精準正確就有相當的重要性。有些作者會指出錯誤但請求諒解。如牧師約翰·托姆斯（John Tombes）告訴他的八開本專著《基督威嚇詆毀者》（*Christs Commination against Scandalizers*, 1641）的讀者，書中有「漏網之魚的各色錯誤……在書眉中」，但他也表達信心，認

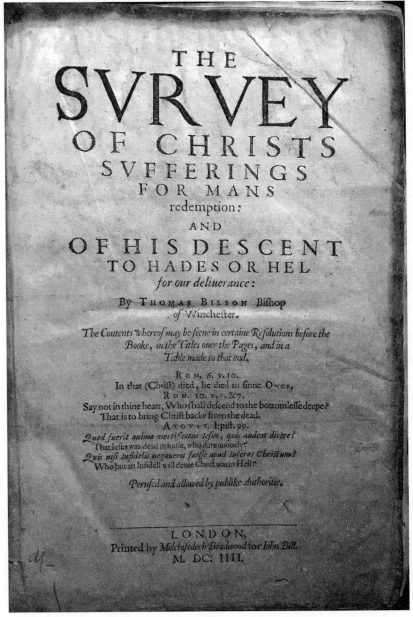

THE
SVRVEY
OF CHRISTS
SVFFERINGS
FOR MANS
redemption:
AND
OF HIS DESCENT
TO HADES OR HEL
for our deliuerance:

By Thomas Bilson Bishop
of Winchester.

*The Contents whereof may be seene in certaine Resolutions before the
Booke, in the Titles ouer the Pages, and in a
Table made to that end.*

Rom. 6. v. 10.
In that (Christ) died, he died to sinne Once,
Rom. 10. v. 6. &7.
Say not in thine heart, Who shall descend to the bottomlesse deepe?
That is to bring Christ backe from the dead.
August. Epist. 99.
Quod fuerit anima mortificatus Iesus, quis audeat dicere?
That Iesus was dead in some, who dare auouch?
Quis nisi infidelis negauerit fuisse apud Inferos Christum?
Who but an Infidell will denie Christ was in Hell?

Perused and allowed by publike Authoritie.

LONDON,
Printed by *Melchisedech Bradwood* for *Iohn Bill.*
M. DC. IIII.

圖 **15.2**　Thomas Bilson, *The survey of Christ sufferings* 的書名頁 (1604). Folger Shakespeare Library

為「學養佳」的讀者將能「輕易修正」錯誤，而且就算不能，書眉也「不太會妨礙或扭曲對其餘內容的理解」。[423] 喬治‧斯溫諾克（George Swinnock）抱怨他的《天堂與地獄縮影》（*Heaven and Hell Epitomized*, 1659）一書中，「有些頁標扞格不入」，並怪罪印刷商未能「依書中處理的若干標題提供書眉」（即呼應各「段落」題名）。斯溫諾克指引讀者去看目錄，承諾目錄會充分彌補書眉中的「錯誤」。[424] 理查‧布洛姆（Richard Blome）也同樣責怪印刷商印行他的英國在美領地插畫紀錄時，「忽略修正每頁上方的書眉」。[425] 假如錯誤的書眉未能指引讀者前往布洛姆討論的地理位置（也是書中的位置），至少書名頁上的目錄資訊可以。

有些作者則遠不及前人懂得變通。威廉‧艾倫（William Allen）1683 年論天主教義的著作中，僅見勘誤表中稱「本書之書眉有誤」，其餘便無下文。[426] 類似者還有山繆‧克拉克（Samuel Clark），責怪印刷師在他 1698 年論經典的專書中任意插入「不當的」書眉，卻未確切指明不當之處。[427] 另如尚‧克婁代（Jean Claude）《為改革辯護》（*Defence of the Reformation*, 1683），全書各頁首的書眉為「為改革進行｜歷史辯護」，但該書的眾位譯者抗議「書眉中的**歷史**一詞」是未經他們同意就「插入」書眉之中。[428] 此處隱然暗示讀者應直接無視這個形容詞，但這是不可能的要求，因為書眉就出現在幾乎**每一頁**的上緣。約翰‧卡美隆（John Cameron）為歸正教會著有辯護，該書的致讀者信為書中使用了「偏見」一詞致歉，稱該詞「除了**書眉**以外，亦見於本書中眾多段落」，採用的是該詞的法語意涵。文中也提醒讀者勿將這個詞「依我們平日用語習慣，解讀成惡意偏見」，而應解讀成「對事物可能抱有的一切先入為主的想法，不論是好是壞」（sig. π2r）。[429] 由此說來，書眉可以預先防止但**也可能**造成混淆。

在其他許多與此類似的案例中，書中會提供相關資訊給讀者，使其能正確解讀書眉及修正提到的錯誤。之所以有錯誤，可能是因為印刷師忘記配合書中新的章節，置換頁面上方的文字，也可能出自於小

範圍的印刷錯誤或拼字錯誤。放在一起看，這些書眉「不當」或「有誤」的例子，揭示了製書流程與作者對文本清晰易讀的期望之間，長期存在著緊繃關係。試圖點出這些錯誤，也暗示讀者是會注意書眉的，也會運用書眉提供的資訊——有時候會結合或用於替代其他索引工具——作為閱讀時的參考。

也有些時候，書眉正確無誤，只是不符合製書人原先的設想。例如，英國詩人路克・米爾本（Luke Milbourne）用書眉來挑剔德萊頓在 1697 年翻譯的維吉爾詩作，認為「假如**維吉爾的名字**未添加……而且用**大字**……在**書眉**上」，完全認不出這是維吉爾的作品（參見**圖15.3**）。[430] 該譯本的「書眉」——包括「**維吉爾｜田園詩**」「**維吉**

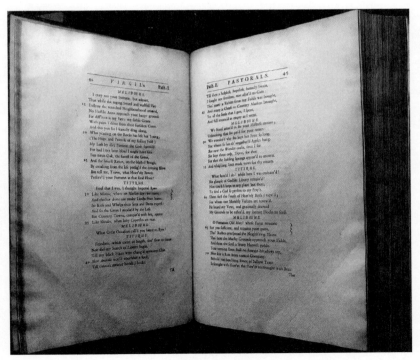

圖 15.3 John Dryden, *The works of Virgil containing his Pastorals, Georgics and Aeneis* (1697), sigs B1v-B2r. Folger Shakespeare Library

爾｜牧歌集」等等，在每一次翻頁時提醒讀者，不論德萊頓把文本攪得多麼面目模糊，他們正在讀的還是維吉爾。米爾本也堅信，假如由亞伯拉罕‧考利（Abraham Cowley）而非德萊頓翻譯，「不必**書眉昭告**」，讀者也馬上認得出是維吉爾之作（sig. C7r）。即使出版商雅各‧湯森特意設計書眉，讓書讀來像是權威譯本，米爾本仍鼓勵讀者，不如將這些書眉解讀成是用來校正德萊頓「不信不達」的翻譯。不論解讀正確與否，書眉都表現出作者和出版者引導讀者用特定方式與書互動的意圖。

❀📖❀

　　印刷傳入的第一個世紀，書眉成為設計程序的一部分，在定義過程中向讀者暗示書是什麼——或者可以是什麼。更具體來說，在書眉幫助下，讀者可將單一文本的書籍匯集起來，形成特製的選集——就像更晚近的年代，書眉亦幫助民間廣泛應用文本再製的新技術將文本拆解開來。書眉遠不只是同形擬真物（skeuomorphs, 即看似熟悉，但終究是實物的殘影，所以沒有用處的設計特徵），即使在只包含一個文本的書中，書眉也預先考慮到書本作為有形之物，可以如何被操控及利用。我以早期的印刷劇本為例。

　　1490 年代，品森印行古羅馬劇作家泰倫斯的喜劇，附有模式一貫的書眉，區分書中各個部分——對應的劇名印於對開右頁，幕數印於左頁。[431] 不過，16 世紀初出版的兩部曲白話劇，包括《富根斯與盧克雷斯》一和二（1512-16?）、《和善與高貴》（*Gentleness & Nobility*, 約 1525）一和二、《自然》（*Nature*, 1530-4?）一和二，則都沒有書眉或任何形式的索引工具。這些相形輕薄的劇本鼓勵直線漸進式的閱讀。現存最早印有書眉的英語白話劇本書，是約翰‧貝爾的《基督的誘惑》（*The Temptation of Christ*, 1547?）、《上帝對人的重大承諾》（*The Chief Promises of God unto Man*, 1547?）及《三律法》

（*The Three Law*, 1548?），全都由德瑞克・范德史特拉騰（Derek van der Straten）印刷。三者之中的第一部劇本，現存只剩一個印本，每頁開頭上方皆印著「Comœdia Ioannis Balei | De Christi tentatione」（喜劇家約翰貝爾 | 基督的誘惑）。這部劇本似乎很可能曾隸屬於某個三部曲劇作。[432]（另外兩劇的文本現已佚失。）因此，書眉在這裡也用來標明全集。上述其他兩個劇本，則非出版於全集之中，不過一樣有書眉——兩者都用於將文本總體拆分成較小的區塊，例如**第幾幕戲**。貝爾的八開本《三律法》讀來尤其像我前面討論過的宗教辯證。書眉為全劇提供摘要，先後是自然律法（第二幕）、摩西律法（第三幕）、基督律法（第四幕）的衰敗，最後以上三者在第五幕復位：「Restauratio legum diuinarum | Actus quintus」（聖法復位 | 第五幕）（參見**圖 15.4**）。

　　繼出現在范德史特拉騰印刷的貝爾劇本書之後，書眉在當作大全集內單冊販售給讀者的各版單一劇目劇本中，明顯愈來愈常出現——特別是 1559-66 年間出版的七冊單一劇目「英語」塞內卡劇作。這七本冊劇本全都標明作者為塞內卡，全都以八開本格式出版，書名也全都附上編號，以顯示該劇在一系列共十齣劇（塞內卡生涯所有的戲劇作品）中的順序。因為這七本書**外觀**全長得一樣，即使不實際集合裝幀成大全集，讀者也可以考慮照順序將它們收集起來，**裝訂成收集冊**（sammelbande）。學者泰拉・黎昂斯（Tara L. Lyons）將此現象稱為「照順序完整收集的發想」。[433] 這些書的書眉也包含在這個設計策略中，因為這些書眉也預先考慮到了書的收集。這些書眉只印出劇名（少部分有塞內卡的名字），對引導讀者閱讀每個八開本的個別內容並無幫助（參見**圖 15.5**）。但當讀者選擇將部分或全部單冊集合在一起時，這些書眉忽然就有了用處，能在新的大全集裡發揮引路之效。確實，從這些八開本現存於哈利瑞森檔案館普菲茲海姆藏品（Pforzheimer collection）的三個印本，就能看到引人注目的證據，證明它們曾裝訂在一起。[434]

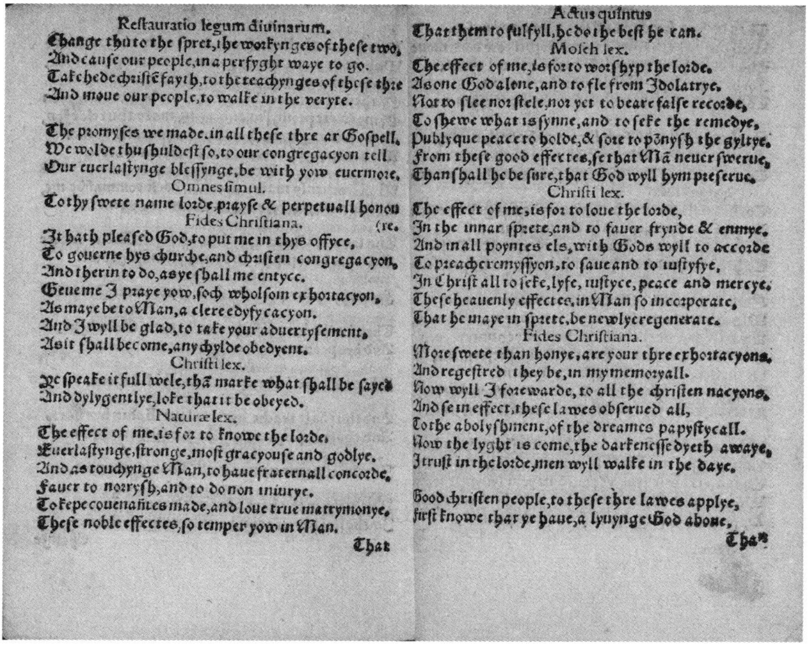

Restauratio legum diuinarum.
Change thu to the spret, the workynges of these two,
And cause our people, in a perfyght waye to go.
Take hede christē fayth, to the teachynges of these thre
And moue our people, to walke in the veryte.

The promyses we made, in all these thre ar Gospell.
We wolde thu shuldest so, to our congregacyon tell
Our euerlastynge blessynge, be with yow euermore.
Omnes simul.
To thy swete name lorde, prayse & perpetuall honou
Fides Christiana. (re.
It hath pleased God, to put me in thys offyce,
To gouerne hys churche, and christen congregacyon,
And therin to do, as ye shall me entyce.
Geue me I praye yow, soch wholsom exhortacyon,
As maye be to Man, a clere edyfycacyon.
And I wyll be glad, to take your aduertysement,
As it shall become, any chylde obedyent.
Christi lex.
Ye speake it full wele, thā marke what shall be sayed
And dylygentlye, loke that it be obeyed.
Naturæ lex.
The effect of me, is for to knowe the lorde,
Euerlastynge, stronge, most gracyouse and godlye.
And as touchynge Man, to haue fraternall concorde,
Fauer to norrysh, and to do non iniurye.
To kepe couenātes made, and loue true matrymonye.
These noble effectes, so temper yow in Man.
That

Actus quintus
That them to fulfyll, he do the best he can.
Mosch lex.
The effect of me, is for to worshyp the lorde.
As one God alone, and to fle from Idolatrye.
Not to slee nor stele, nor yet to beare false recorde,
To shewe what is synne, and to seke the remedye,
Publyque peace to holde, & sore to pōnysh the gyltye.
From these good effectes, se that Mā neuer swerue,
Than shall he be sure, that God wyll hym preserue.
Christi lex.
The effect of me, is for to loue the lorde,
In the innar sprete, and to fauer frynde & enmye.
And in all poyntes els, with Gods wyll to accorde
To preache remyssyon, to saue and to iustyfye,
In Christ all to seke, lyfe, iustyce, peace and mercye.
These heauenly effectes, in Man so incorporate,
That he maye in sprete, be newlye regenerate.
Fides Christiana.
More swete than honye, are your thre exhortacyons,
And regestred they be, in my memoryall.
Now wyll I forewarde, to all the christen nacyons,
And se in effect, these lawes obserued all,
To the abolyshment, of the dreames papystycall.
Now the lyght is come, the darkenesse dyeth awaye,
I trust in the lorde, men wyll walke in the daye.

Good christen people, to these thre lawes applye,
First knowe that ye haue, a lyuynge God above,
That

圖 15.4 John Bale, *The Three Laws* (1548?), Mal. 502, sigs F7v-F8r, by permission of the Bodleian Libraries, University of Oxford

在塞內卡的單劇劇本之後，愈來愈多單劇書開始於印刷時附上書眉。到了 1580 年代，在單劇劇本的頁首上緣看到書眉已是時勢所趨。大多數案例中，書眉僅是複製書名頁印載的劇名，只是礙於空間限制常將文字縮短。劇本的書眉常吸引讀者注意劇作的所屬分類，偶爾加入些許評價（如「討喜的誇耀喜劇」「最出色的悲劇」「真正的悲劇」等等）。正如同分類參考往往會促使讀者透過既有慣例去欣賞一齣劇（尤其是猜測劇的結局），用於評價劇作水準或可能引起何種反應的修飾語，也會提醒讀讀者，閱讀劇本除了是一件評論活動，**也是**表述情感的活動。例如「令人嘆惋」一詞就曾分別出現在《洛克林》（*Locrine*, 1595）和《羅密歐與茱麗葉》（*Romeo & Juliet*, 1599）的書眉中（參見**圖 15.6**）。

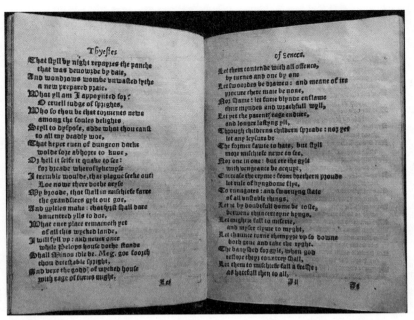

圖 **15.5** *THE SECONDE TRAGEDIE…entituled Thyestes* (1560), sigs C4v-C5r,
Folger Shakespeare Library

　　不論是有意為之或出自意外，單劇劇本中的書眉因此具有詮釋的
潛力，雖說書眉也很少在其他方面左右讀者與書籍實體的接觸。正因
如此，很容易假定到了專業劇本在倫敦書業漸受歡迎的時代，即
1590 年代，書眉的實質功能應已衰退，同時也容易將單冊販售的劇
本內的書眉，輕忽為業已過時的文本索引系統殘存的產物。單劇四開
本劇本，雖和其他眾多類型的單一文本書籍一樣，**以往通常都是個別
印刷販售（實體概念上）**，但設計原意是為了鼓勵讀者收集，再與其
他四開本，特別是與其他劇作，一起裝訂成收集冊。[435] 單劇劇本中的
書眉與這個策略同一陣線。就此來說，開本的標準化（多數劇本以四
開本出版）並不是促進讀者收集裝訂鬆散的書冊，再客製化裝幀成集
的唯一因素，書眉也預期有此做法。它們為量身訂做的收集冊提供了
製作索引工具的起點，讀者可以憑自己意思，選擇要不要增補手寫目

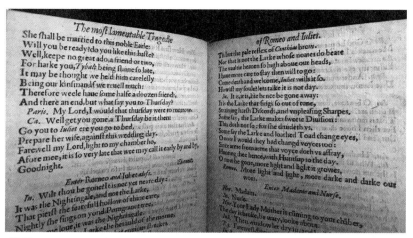

🦋 **圖 15.6** *THE MOST EXcellent and lamentable Tragedies, of Romeo and Iuliet* (1599), sigs B4v-C1r, STC 22323 (Copy 2), Folger Shakespeare Library

錄。

　　早期一部劇本收集冊的殘本，現存於伏杰莎士比亞圖書館，書中可以看到曾經有一名讀者實際利用了組成該書的各四開本的書眉。（這本收集冊後來被拆開，重新依內容分別裝訂。）收集冊中第一部劇作是《亞歷山卓的盲眼乞丐》（*The Blind Beggar of Alexandria*），而根據現仍與首劇裝訂在一起的手寫目錄，組成收集冊的還有另外十二冊四開本（參見**圖 15.7**）。[436] 這些四開本全都出版於 1568-1628 年間，除了最早的兩冊外，其餘書中都有書眉。[437] 其中兩個例子，書名頁的書名與書眉用字不同，不過抄寫目錄的這個人選擇沿用書眉的文字。一例是威廉・華納（William Warner）翻譯普勞圖斯（Plautus）《攣生兄弟》（*Menaechmi*），印刷書名為《攣生兄弟：一齣討喜且值得誇耀的喜劇》（*MENAECMI. A pleasant and fine Conceited Comœdie*），書眉呈現作「**一齣討喜的喜劇名為｜攣生兄弟**」，目錄則用與書眉同字的「**攣生兄弟**」。同理，羅伯・威爾森的《倫敦三紳士與三女士》（*Three Lord and Three Ladies of London*），目錄未依照書名頁（《愉悅

與莊重的道德：倫敦三紳士與三女士》），而是照書眉（「**莊重的道德｜倫敦三紳士**」），只記為「倫敦三紳士」（略去女士未提）。寫下這份目錄的人（不論其人是否就是編輯者）在著手記錄收集冊內容時，無疑注意到了書眉。配合客製化目錄，書眉給了這名讀者和其他可能經手這本書的人一個視覺輔助系統，讓他們一眼就能速覽書中內容，無須頁碼也能翻找到收集冊中的某一齣劇作。從這本收集冊可以看出，單一文本四開本中的書眉如何因應藏書收集的習慣與藝術，而被設計出這些預先回應需求的功能。

❧📖☙

　　羅伯・布林赫斯特（Robert Bringhurst）在《字體排印風格元素》（*The Elements of Typographical Style*）一書中指出，書眉（他用「running head」這個詞）「假如讀者還得四處找就等於沒用」。早自西元 6 世紀起，抄書匠已懂得利用不同字體與字級大小讓書眉更醒目。有印刷後，以字體排印做出區隔（書眉用羅馬體，主文本印哥德體；或主文本印羅馬體時，書眉採用斜體字）十分常見。對布林赫斯特及其他現代字體排印師來說，突顯書眉的回報是能「提醒讀者現正造訪的是哪一個知識聚落」。確實，米爾本也希望讀者注意湯森用於維吉爾詩德萊頓譯本的書眉中的「大字」，以確保讀者能不受德萊頓干擾，記得自己仍身處維吉爾的聚落。雖然不論以什麼角度讀那本書，那個聚落都慘如地獄。

　　衡量書眉發源時的實用性，對設計師布林赫斯特來說，當今它們最能發揮用處的地方是「文選和參考工具書」，在「作者聲音強烈或主題一貫」的書中則「毫無意義」。（也的確，近代收集冊在 19 世紀被拆開來，重新裝訂成整齊精美的單冊書籍時，書眉也失去了在集冊中曾有的功用。）不過，布林赫斯特堅信，書眉在過渡期的主要功能始終是「為對抗盜印剽竊提供保險」。於今，文本再製技術很明顯

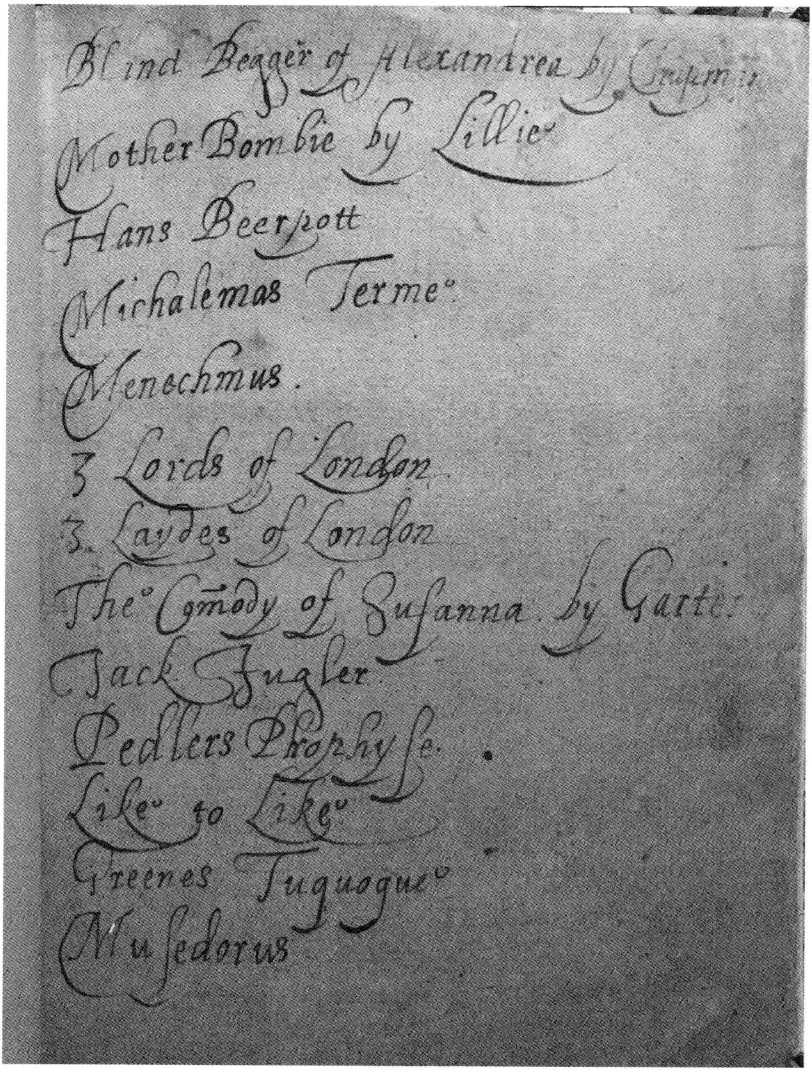

圖 **15.7** Sammelband catalogue, bound with STC 4965, Folger Shakespeare Library

不再僅限於布林赫斯特提到的「影印機」而已，對文本真偽和知識財產都帶來危害。但有書眉在每一頁的頁首昭告書名和／或作者名，能減輕剽竊的威脅。即使影印技術「很容易單獨擷取⋯⋯某一章或某一頁」，書眉也能確保那上頭仍有屬於書中哪一章或哪一頁的記號。（諷刺的是，布林赫斯特自己的手冊中，書眉倒是只列出章節名，而未表示書名或作者名。）

現代印刷書中的書眉預期完整的一本書經常會被拆分破碎，與16、17世紀單一文本四開本中的書眉預期大多數讀者會對收集、彙編、拼裝感興趣恰恰相反。不過，即使是一本書經影印——或掃描、拍照，或其他形式的數位圖像編輯之後的碎片，也期待複印後的文字獲得為讀者訂製的新結構（如摺疊成冊，不論是實體的小冊子，或數位的檔案夾）。就此而言，書眉仍持續發揮頁面主腦和首席情報員的功用。即使在現今廣受歡迎的亞馬遜閱讀器 Kindle 上，螢幕上方依然有書眉昭告書名（非章節名或作者名）——只要讀者願意看到。即便這些數位裝置以附有眾多不同的索引工具為豪，書眉也未因此顯得多餘。畢竟，這些手持機器容納了上百本、乃至於上千本書（即這麼多的「書名／標題」），儼然是中世紀文集的21世紀版本。書眉依然存在於這些電子格式中，提醒讀者眼前這篇文字——有時可供上下捲動而未附頁碼，有時可調整字級大小和明暗度，而且除此之外往往別無其他特徵的文字，可以得知究竟隸屬於哪一本書。書眉在此一如既往，依舊是書穿越時間空間主張自己身分、起源、背景和／或主旨的方法，也鼓勵讀者依照自己的需求和想望，在書中逡巡來回，或重組或拆分一本書。

1603 年，兩名印刷商為了「年曆」（結合曆書與記事本）所附的銅幣木刻版畫（woodcuts）對簿公堂。書商公會法庭——印刷業與書業在大不列顛的管理機構——聽取兩造說法。[438] 糾紛起因於誰有印刷錢幣的權利，包含字面上的意思和象徵意涵。一個多世紀以來，木刻版畫為文學（如《尋愛綺夢》〔*Hypnerotomachia Poliphili*〕）與科學（維薩利〔Andreas Vesalius〕的解剖書）書籍添上插圖；1530 年代，馬丁·路德焦急地想要確認德語聖經裡的新木刻版畫能否反映新教教義，[439] 同一個十年間，漢斯·賀拜恩（Hans Holbein）設計的木刻版畫「死亡之舞」（Dance of Death）展開漫長生涯，伴隨柯羅澤（Gilles Corrozet）的文字翻譯至數種語言。也是木刻版畫將都鐸王朝自我投射的形象散播至全英格蘭王國。[440] 1603 年在書商公會法庭前的這起訴訟，所牽涉的出版物再平凡無奇不過，僅僅是一本袖珍日記，卻反而更能說明木刻版畫直至此時的影響力和地位。[441]

手壓印刷時期，木刻版畫作為書的構成元素，最常見者是與文字一起印在頁面上的圖形花樣。木刻版畫在 15 世紀並未立即取代書中的手繪插畫，而是與手繪插畫相輔相成。[442] 除了書中插畫和圖飾，木刻圖也用於製作書的封面圖案，待書名頁也成為印刷書的特徵以後，書名頁的印製可能完全使用木版印刷（xylography, 將文字刻在一塊完整的木版上），也可能配合每一本新書，將金屬活字與木刻圖案或圖飾，或木刻鑲框（passe-partout）一起排進需要的版面裡。[443] 木版印刷與活字，兩種凸版印刷表面結合，是將插畫或圖飾融入印刷書最直接的方法。再加上木版印刷經久耐用，此兩項務實考慮很大程度影響了木版印刷在書的解剖學中的地位。不過，木刻在這些物理因素所造就的歷史中也擔起許多角色和特性。

將圖案雕刻在木板上（梨木、蘋果木或其他果樹硬木），所有欲印刷的區域浮凸於表面，在圖案浮凸的線條上刷一層油墨，將紙張平放在蘸墨的木版上，摩擦紙張背面，就能輕鬆印下圖案。或者木版畫

和金屬活字也能在同一部印刷機一起印刷（參見**圖 16.1**）。印圖是木版的鏡像，圖案會左右顛倒。另一種製作凸版印刷版面的技術是木雕（wood engraving），與木刻（woodcut）差別在於，木雕多使用紋理細密的木料（通常是黃楊木），且是在紋理末端雕刻，不是在木板平面（順著紋理）雕刻，相應之下，使用的工具也比較鋒利。凸版印刷版面也可以切割或錘敲其他材料製作，例如金屬。[444] 下述關於木刻主題的討論，多數都適用於可隨活字一起以印刷機一次印出的任何凸版印刷版面的印圖。

用雕刻木塊印出圖案，這門技藝出現在歐洲，比活字印刷發明來得早。[445] 木刻版用於在紙張或布匹上蓋印多重圖案，早期這些木刻圖也有一些被讀者採用到書裡，或貼或釘，或縫在書頁上。[446] 不論圖案再小，線條再簡單，都可在書中增加亮點，吸引讀者的注意力。例如16 世紀來自下薩克森邦（Lower Saxony）的祈禱書手抄本，頁緣就貼

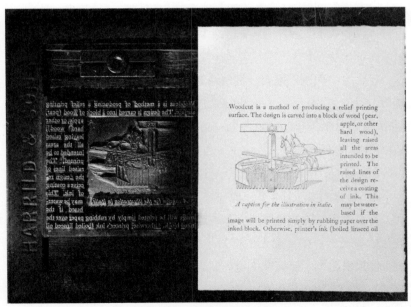

圖 16.1 　金屬活字和浮雕圖塊構成印刷版面。Photograph by David Stumpp

有三張印圖,分別是一名年輕女子和兩頭獅子。這些從紙張剪下的薄紙片,幾乎不比指甲大,但放在新的背景下分別成為「上帝的新娘」和基督死後復活化為獅子的象徵,為重要的靈魂奉獻概念賦予鮮明形體。

歐洲最早含有木刻版畫和活字且年代明確的書,是艾布列希特·普菲斯特(Albrecht Pfister)在德國班伯格(Bamberg)印行的《寶石》(*Der Edelstein*, 1461)。該書中的木刻畫是另外單獨印在頁緣留下的空間,這或許暗示當時製作木刻版和活字的工坊尚未整合在一起。[447] 之後,普菲斯特和奧格斯堡的鈞特·札伊納(Gunter Zainer)皆開始發行木刻畫和活字印於同一個印版中的書籍。英格蘭第一本附插圖的印刷書則是《世界之鏡》(*Mirrour of the World*),1481年出自卡克斯頓的印刷坊;書中同樣不知是技術不足或排版不周,宇宙圖的文字標示是後來再手寫上去的。換作其他例子,木刻圖案可以顯得與裝飾字和活字關係緊密,技術純熟的木刻師傅有辦法把字母刻進圖塊,或是在圖塊中刻一條縫隙,讓活字可以插入(參見**圖 16.2**)。近代木刻版畫的對話框為安插活字留下空間,顯見一個木刻圖塊可以用於多部出版刊物。[448]

結合文字與圖畫還有一種優雅的方法:以手工將兩者刻在同一塊木板材上。[449] 木版書(blockbook)在歐洲現存最早的例子,出自1460-70年代,與排版印刷書同一時期。[450] 木版印刷(xylography)不必然是排版印刷(typography)的前身,反而可以視為紙型鉛版(stereotyping)早期的一種型態,利於印刷教科書或祈禱書等內容經年累月少有變化的文本,只要在木版刷上油墨覆以紙張按壓即可印刷,不必動用昂貴的金屬活字甚或印刷機。全本木刻書也讓文字與圖案能精細結合。如《窮人聖經》(*Biblia Pauperum*)每一頁都是一幅類型學教學範本,建築風格邊框裝飾,新舊約聖經概念並置,引用自聖經的語句在場景周圍的小旗幟中展開。[451] 相較之下,1462年的排字印刷版本中,木刻板畫和活字相對僵硬地分屬在不同的長方形區

 圖16.2 19世紀的木雕圖，呈現手工雕刻的字母（d和f）及木刻完成後才嵌入的金屬活字字母（e）。Collection of Richard Lawrence

塊，視覺與文字要素也因此各自為政。

　　阿爾丁印刷的傑作《尋愛綺夢》出版於1498年，展露了木刻版畫作為排版印刷書內建要素的潛力。總體設計在文字與圖畫間玩出平衡，排版本身在視覺上亦十分豐富。將木刻人像插入文字區塊之中，不只使插畫與設計融合，也使文字與插畫融合互動。刻有銘文的墳墓與墓碑圖像，是以結合木版印刷或活字印刷的木刻畫構成，有時甚至兩者兼用。

　　在古騰堡的發明後，短短數十年之內，為宗教文本或中世紀或古典作者的通俗文本取得木刻版畫套組，成為書籍印刷商或出版商的要務，他們也會委託專門匠師刻製圖案。[452] 卡克斯頓1484年版的《伊索寓言》，使用的是1480年里昂版的木刻版畫，而它們又是1476年烏爾姆（Ulm）的喬納森・札伊那（Jonathan Zainer）所用版畫的印

本。[453] 若是下文將討論的科學書籍插畫，作者可能會密切參與委製木刻版畫，但在印刷初始的幾個世紀，也可發現許多出版者或印刷者挑選插畫的例子。[454] 15、16 世紀歐洲書籍的木刻畫目錄，透露了印刷商複印與重複利用木刻塊的程度。[455] 印刷師運用木刻印模，可期待印出成千上萬種圖案，不只限於單一版本的印量。[456] 木刻塊耐用的程度也產生很矛盾的效果。一方面，印面上的圖案可能不曾改變，但同一個木刻塊印出的圖案，卻也可能在其他作品的頁面之間雜交增生，與其他圖像結合。

自早期起，印刷師已經想出許多重複運用木刻塊的方法。例如，印刷師約翰尼斯・萊茵哈迪（Johannes Reinhardi）印刷泰倫斯《喜劇選》（*Comedies*, 1496）時，用的是木刻塊的裝配組合，每名人物各有一種組合，背景也有一種組合，用來替每一幕戲印上人物群相。又如《紐倫堡編年史》（*Nuremberg Chronicle*, 1493）是一本插畫精美的書，有些篇章開頭呈現橫跨兩頁的血統世系圖，而個別木刻塊皆經過設計，圖案可對齊家族樹狀圖上所繪的「分枝」。不過，印刷師重複運用某些街景和肖像，只用 650 塊木刻塊即得此成效。類似效果也在 1560 年代兩部重要的英語插畫書中實現：荷林謝德（Raphael Holinshed）的《編年史》（*Chronicle*）中，僅用 212 塊木刻塊創造出 1,026 個圖案，佛克塞（John Foxe）的《行傳與見證》（*Actes and Monuments*）也重複運用同一幅殉道者浴火的圖像。[457] 在單一版本中重複出現的木刻版畫，揭露了書籍具體製作過程中的一段重要歷史；同一圖案出現在成書中多處，使人注意到印刷也有時間順序，包含活字和木刻塊在內的諸多構成元素，會隨每個對頁或帖組合在一起，再拆開來配合下個對頁重新組合。

當木刻塊出現在迥然不同的文本中，我們可以假定是印刷師認為使用現有庫存比較方便，但這不代表那就是草率之舉，也不表示圖像因此不具意義。[458] 假如圖像用在不同的文本裡，要看圖像本身描繪**什麼**——或是**用什麼方式**描繪的？構圖和內容一樣可以暗示意義。1610

年出版的一本算命書中，有許多繪有象徵圖案的木刻方格畫（**圖 16.3**），後又出現在 1652 年的一張傳單上。[459] 傳單印刷者將方格組成一個長方形當作邊框，圍住一篇題為「酒醉之鏡」的文字。木刻方格畫在新構圖中構成一面照映道德的鏡子，這是所有鼓勵基督徒檢視自身靈魂的文獻常用的比喻。[460]

在普遍為人所知的宗教與世俗肖像的脈絡下，圖畫往往可理解為具有象徵意義，而不僅是通用而已。1816 年，法國的一本字母學習書，書衣正面與背面有兩幅鳥的木刻圖，[461] 分別是烏鴉和鴿子，即諾亞方舟派出的兩隻鳥，放在教科書尾端用以象徵希望十分恰當。木刻畫再運用時的情境可能與原來相去甚遠，但不盡然不能相容：例如有一本面相學參考書，1556 和 1613 年的版本都出現過一組男子頭像的

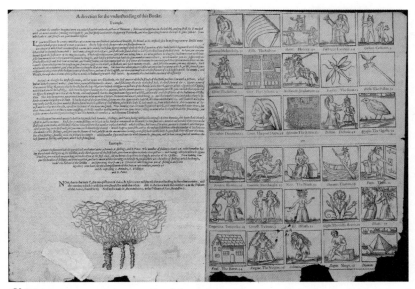

圖 16.3 Andrea Ghisi, *Wits laberynth, or, The exercise of idlenesse. Englished and augmented* 書首 (London, 1610). Printed by Thomas Purfoot, to be sold by John Budge. 序文結尾有個「懸飾」（cul de lampe）形狀的木刻圖飾，當作頁面的美麗界標；該形狀是由一幅顛倒印刷的植物插圖構成。右頁的木刻方格畫似可玩預測遊戲。其中一些構成了 1652 年的傳單「酒醉之鏡」的邊框。By permission of the Bodleian Libraries, University of Oxford; Bodleian G 2.9Jur

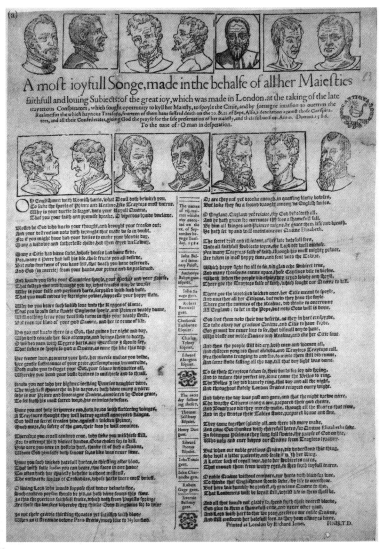

圖 16.4 木刻圖重複用於不同文本。圖中頭像原用於 Bartolommeo della Rocca Cocles, *A brief and most pleasau[n]t epitomye of the whole art of phisiognomie* (London: By Iohn Waylande [1556]). 後來重複用在以下地方：(a) *A modt ioyfull Songe, made in the behalf of all her Maiesties faithfaull and louing Subjects: of the great ioy... at the taking of the late trayterous Conspirators... for the which haynous Treasons, fourteen of them haue suffred death on the 20. &, 21. Of Sept... Anno. Domini, 1586.* Society of Antiquaries, erf. Lemon 83; By permission of the Society of Antiquaries

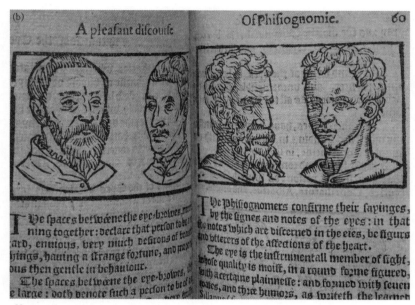

The spaces betwæne the eye-browes, runs ning together: declare that person to be a[?]ard, enuious, very much desirous of bea[?] things, hauing a strange fortune, and most in ous then gentle in behauiour.
The spaces betwæne the eye-browes, in e large: doth denote such a person to be of f[?]

The Phisiognomers confirme their sayinges, by the signes and notes of the eyes: in that the notes which are discerned in the eies, be figurs and vtterers of the affections of the heart.
The eye is the instrumentall member of sight, whose quality is moist, in a round forme figured, with a certaine plainnesse: and formed with seuen coates, and three humors, as witesth the learned Galen. [?]

圖 **16.4**　(b) Thomas Hill, *A pleasant history: declaring the whole art of physiognomy* (London: W. Jaggard, 1613): ff. 59v-60r. By permission of the Bodleian Libraries, University of Oxford, Bodleian Douce H 66

木刻畫；這兩個年代之間，同樣的頭像曾用來當作一首民謠的插畫，內容在歌頌巴賓頓陰謀事件（1586 年）[*]的謀反犯遭到處決。[462]這些「面相學」頭像，或可說是遭處決的叛國賊頭像，透過他們的面相特徵，是否有助於完整的揭露怎樣的臉孔是殘酷、荒淫、狡詐之人（**圖 16.4**）？

　　面相學的例子提醒我們，木刻圖對科學書籍的製作很重要。[463]就實用性而言，使用凸版印刷的圖表（不論是木刻或金屬鑄模）好處多多，因為早期的印刷師得以藉此讓圖畫在頁面上貼近說明文字，例如 1490 年代，艾哈德‧羅道特（Erhard Ratdolt）在威尼斯印行的歐幾

---

[*] 譯註：巴賓頓陰謀（Babington plot）發生於 1586 年，主謀者企圖暗殺支持新教的英女王伊莉莎白一世，將信仰天主教的蘇格蘭女王瑪麗一世推上王位。

里得（Euclid）著作。萊昂哈特・福克斯（Leonhart Fuchs）也讚許為其藥草學論著（1542）繪製插圖的木刻師傅，不過他同時注意到，他的著作別具水準是因為每一株植物都配有**不同的**木刻圖，其他作者則允許木刻圖重複使用。[464] 最高水準的木刻圖更是 16 世紀解剖學傑作，維薩利《人體構造》（*De Humani Corporis Fabrica*）書中的重要元素。[465] 話雖如此，該書在倫敦出版的盜版書中，這些圖的複印品卻是用雕版印製的，可見凹版雕刻媒材的名聲正逐漸上揚。[466] 原因除了金屬雕版可以刻出精細的細節之外，也可能如葛里菲斯所言，這個時代對木刻已經產生心理反感：因為木材比較廉價，木刻又時有重複使用或從其他作品回收再利用的傳聞，漸漸使人心生不信任之感，視之為低水準的表現。[467]

有些木刻印圖確實能看出木章已有裂痕或因蟲蛀受損，證明這些木刻章從當初製成至此也用了數十年。借助改造來延長木章的壽命也是可行的：木章的一部分可以移除，再於原位嵌上新的「嵌件」重新雕刻。圖案中的某些元素也可能會配合新的主題，或因為不被宗教或意識形態接受，而在日後遭刪除。[468] 例如 1568 年的初版英語主教聖經所使用的木刻圖進口自德國科隆，但其中上帝的圖像被四字神名*取代。[469] 1572 年的對開本二版製作了新的木刻圖，這些圖後來在1620 年代又被用於民謠傳單。[470]

經由了解視覺表現風格、閱讀習慣，以及木刻插畫出版物的讀者群，我們或許能明白特定情境為什麼使用特定的木刻圖。從 16 世紀中葉起，凹版逐漸取代木刻，成為高價書插畫愛用的媒材，木刻則漸與比較便宜的圖畫書和古舊文本相連，另添一種復古懷舊的價值，也常伴隨童年讀物出現。17 世紀中葉起，單頁民謠（broadside ballads）

---

* 譯註：四字神名（tetragrammaton）為代表上帝之名的四個希伯來字母，原讀音已失傳，中世紀經拉丁化為「YHWH」或「JHWH」，接近現在所稱的「耶和華」。

上的木刻圖畫，在英格蘭蔚為大眾文學的代表，許多到了 18 世紀仍會再印。[471] 例如有個廣為人知的男子肖像，在兩世紀間經手工複印超過八次（木刻塊現存於大英博物館），顯見這個大眾熟悉的圖像意在吸引讀者購覽每一次新印行的文本。[472]

讀者如果看到以半世紀前製成的木刻塊壓印的圖案，或用舊有模版複印的圖案，有必要思考這些古畫的美學效果，以及它們使哪些閱讀習慣得以成立。羅傑・恰提爾（Roger Chartier）認為，大眾閱讀文化重視「重複勝於創新：每個新文本都是已知主題和母題的變形」。[473] 這個習慣並不全然僅限於較貧困的讀者。擇類型而讀是行之有年的閱讀模式，也讓一幅圖案既能表現現在，也能表現過去。[474] 1478-79 年科隆版聖經中〈厄斯德拉上章〉（1 Esdras）的一幅木刻插畫，就將長期興建中的科隆大教堂投射回到舊約聖經時代。反之，假如舊版聖經中所羅門王的木刻圖被挪用到廉價的單頁民謠上，17 世紀初的讀者可能很容易認得出處來自欽定本聖經，尤其後者亦刻意鼓勵這種比較。[475] 更有甚者，重複也是真實人生的實情：比如國家政權輪替旨在展演一種權力的延續性，所以一幅身體部位可置換的絞刑架鑲框木刻畫，雖然不甚有藝術價值，但直至 19 世紀仍可精準描繪倫敦公開處決的場景。[476]

18 世紀，木刻也用於印製教科書插畫，以及在廉價書市流通的作品。[477] 不過有個特例，總結了木刻在 18 世紀文學出版界的地位，那就是勞倫斯・史特恩的《項迪傳》。包括第一部中著名的黑頁（「唉，可憐的尤里克！」）與第二部中誇張彎曲的「故事線」都使用凸版印刷。這兩幅抽象圖像──作者宣稱，未經分割的黑色圖塊底下，隱藏著「眾多看法、交易和真相」；另一幅圖則記錄了小說直至此刻的敘事曲線──前者表現未說出的文字，後者用以總結文字。至於霍格斯為該書二版設計的卷首插畫，則已改用金屬雕版印刷。

1788-1800 年間，英國有兩位皆學過金屬雕版的藝術家，分別將凸版印刷帶往南轅北轍的方向，各自形成卓著的影響。威廉・布萊克

的「浮雕蝕刻」（relief etching）工序，據說是弟弟羅伯的靈魂向他揭示的，他看見啟發他的文字隨羅伯的靈魂出現：「如此能以刻版的形式，使詩與圖像結合一體。」[478] 金屬版在小量嚴密印製下，能以和 15 世紀木刻書相同的方式結合文字與圖像。另一位藝術家湯瑪斯·畢威克（Thomas Bewick），則利用木雕為自然史著作及新版伊索寓言發明了一種引人注目的插畫風格。其中很多圖塊都是刻版，所以日後也出現在其他印刷物中，例如故事書、海報和民謠。[479]

畢威克的成就在於提高了木雕的名聲，直到 19 世紀末以前，木雕成為替小說、雜誌、報紙創作插畫的重要媒材。隨著部分雕刻技術機械化，木雕塊也愈來愈容易複製量產，這個努力成果也有一段漫長歷史。[480] 但是相較於早期的大師，如阿爾布雷希特·杜勒（Albrecht Dürer）之作，這種圖像的量產仍不免顯得機械化。重現木刻版畫在搖籃本時期的輝煌華麗，威廉·莫里斯（William Morris）於 1890 年代受此目標感召，委請匠師為印刷書繪製木刻插畫與圖飾，並且和布萊克一樣，關注整頁乃至於整個開頁呈現的畫面。只不過，他稱凱姆史考特出版社（Kelmscott）印行的圖飾和插畫「難以模仿」，[481] 掩蓋了有些圖畫實際上是用電鑄版印刷的事實。[482]

將一本書解剖來看，木刻版印出的圖像可能形成書中視覺內容的整體（如木刻書），也可能僅構成部分或全部。圖像在不同出版物中重複再現，從過去到現在皆在提醒讀者，每一本書的存在不單是一個有機整體，從印刷機跳下時已經完整成型。從另一個角度來看，每一本書也是各個構成零件的暫時組合，每個零件皆各有用處也各有關聯。[483]

金屬雕版（engravings）須由工匠襲用金匠和甲冑製造師傅的工具和技術，在銅板上精細加工而成。在 15 世紀的印刷書中，泰半只能零星見到金屬雕版插畫，且多半融合得很生硬。早期書籍印刷商與木刻師傅專業合作密切，雕版技術又習於保密，最重要的是，雕版圖畫與書中文字須使用不同印刷器具，造成不便與額外開支，種種因素在一開始都延遲了金屬雕版作為書籍插畫的成功。不過，若說凹版印刷（intaglio 一詞源自義大利語動詞「切割」）起步比較慢，它也在後來的世代裡證明自己大器晚成。金屬雕版可為讀者和觀賞者提供一定程度以上的細緻、精確和圖形密度，是其木刻近親罕能企及的。[484] 世界地圖、天文圖表、解剖圖解，以及動植物的圖畫紀錄，漸漸都仰賴雕版師傅在平面上創造的繽紛效果，也需要雕版圖畫書作為載體交易販售。金屬雕版到了 17 世紀已經是圖書文化的重要環節，尤其在對外日益擴張的近現代世界中，圖書文化還指望利用版畫野心勃勃的自然主義，記錄兼宣揚殖民、探索與冒險主義，並且盼望從中獲利。

我們常聽人說印刷，特別是圖畫印刷，其實不難。[485] 將一個多少可複製的線條結構從模版轉移到媒材上，這個概念也許從古代發明封章以來，早已廣為人所熟知，但是作為一種技術，事實證明它的流通發展遠比想像中來得複雜。木刻板畫印刷在 14、15 世紀之交的發展伊始，雖然無庸置疑也經歷過複雜難懂的時期，但很快便發展成熟，甚至到了 15 世紀中期凸版印刷興起時，多已近乎直覺。相較之下，金屬雕版還是尚在萌芽的技術。金屬雕版是書業最先納入使用的凹版印刷製程，利用形似鑿子的雕刻刀，抵在雕版（通常是銅版）上刻出凹槽。由於雕刻刀不只是把金屬屑推向兩旁，還會從凹洞中剔除，所以形成的凹槽邊緣清晰利落，不會有毛邊。到了準備印刷時，銅版會先塗上一層油墨，再將表面擦拭乾淨，只留下已滲入雕刻凹槽中的油墨。此時再覆上紙張用力施壓，讓沾溼的紙張把凹槽中的油墨吸上來，印出線條。每印一頁內容或一幅圖畫，這個流程都會重複一

次。[486]

　　看起來夠簡單了。然而，製程中每個步驟都有非常多環節可能出錯，而且往往就是會出錯。油墨可能太濃，可能不夠黏稠，導致印出的線條太淡，或在紙上暈開，糊成一團。銅是質軟的金屬，雕刻師用的拋光銅版很容易有刮痕和裂痕，進而留下額外的線條，甚至是整片灰調，模糊了原本的圖案。或許最重要的是，用雕刀雕刻的動作，與繪圖者或抄書匠自然順暢的手勢不同，要修正這種生硬製作過程中造成的錯誤很花時間。法蘭西斯柯・伯林蓋里（Francesco Berlinghieri）的《七日地理學》（*Seven Days of Geography*, 1482）是最早一批收錄雕版畫的書，不過也是不要隨意在印刷書中添加插畫的經典示範。該書收錄的 31 張地圖（**圖 17.1**）雖然借自已有數十年歷史的舊有模版，但結果證明，轉化到這種新媒材是一大挑戰。一如早期許多雕版插畫，這些地圖可能難以辨讀，表面滿布灰色汙痕。同樣地，現存很多

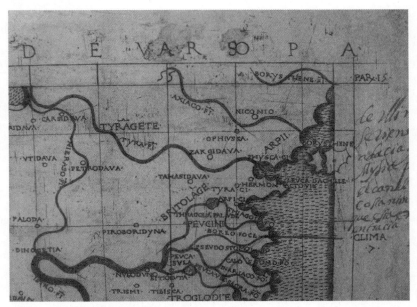

圖 17.1　第九張歐洲地圖（細部）。銅版畫出自 Francesco Berlinghieri, *Seven Days of Geography* (Florence, 1482). Milan: Bibliotaca Nazionale Braidense

印圖往往墨色不均勻，顯見早期的滾筒印刷機為了對接近對開大小的銅版均勻施壓，可能面臨不小的考驗，而對開大小的銅版在 15 世紀又是最大宗。不過最值得注意的是，雕刻師顯然不熟悉鉛字沖壓器等工具，對錘打、拋光等基本技術也不甚了解，但要修正錯誤，勢必要運用這些技術把銅敲回凹槽，重新拋磨平整。綜合以上因素，結果就是數千個地名標記必須另外徒手雕刻，印錯的線條也無法消除。看到書中第九張歐洲地圖，很難不替可憐的工匠感到心疼同情。地圖中，咱們倒楣的雕刻師一開始就把標題誤寫成「亞洲」。因為沒辦法移除錯字，只好又把「歐洲」幾個字母印在先前的標題之間，形成一串難以辨識的亂碼。[487]

　　能預防這種刺眼錯誤的工具和技術，不僅只見聞於歐洲北部，而且大部分集中於德國城市亞諾（Arno）附近。因此，當我們佛羅倫斯的雕版師還在努力補救時，德國印刷商康拉德・史文海姆（Conrad Sweyheym）已訓練出多名羅馬工匠，可以精確執行這類修正（**圖17.2**）。[488] 結果就是一部出色的地圖集《輿圖》（*Geography*）於 1478年出版，伯林蓋里的版本在書市完全不是對手。相較於佛羅倫斯人的版本，史文海姆的地圖線條利落對齊葉形線，沒有裂痕和刮痕造成的汙損，地名標記也幾近無瑕，這是鋒利的金屬沖頭造就的成果，讓雕刻師不必辛苦地用雕刀將地名一個個雕刻出來。[489] 這些地圖展現早熟的立體空間概念，例如在世界地圖中，纖細的山脊線旁，有精雕細琢的交叉排線表現投射於山坡上的陰影。如此造就的成品，自然寫實的程度無可比擬。比方說，同樣於這幾年間在烏爾姆印刷的木刻版《輿圖》，書中示意性的平面地圖即便清晰可讀，也難與雕版地圖媲美。

　　如果說羅馬的印刷師和雕刻師，為這項新技術明顯造成的視覺阻礙找到了解決方法，與伯林蓋里《地理學》同一間佛羅倫斯印刷坊所印行的另一本書，則顯然意識到要把雕版圖畫編入書中，還會遇到一個更根本的障礙。克里斯多福羅・蘭迪諾（Cristoforo Landino）對但丁（Dante）《神曲》（*Divine Comedy*）的評論出版於 1481 年，原欲

製作成豪華珍藏版，印於上等羊皮紙上，進貢給該年的佛羅倫斯政府。[490] 當時收錄在書中的地圖，都是另外印在獨立的紙張上，裝幀時再與文字頁面裝訂在一起。但這本《論神曲》（*Commentary*）的作者和印刷者別具野心，想嘗試結合插圖與但丁的各個篇章，讓圖畫直接出現在文本每個段落的第一頁。[491] 概念上聽起來很容易，畢竟這個做法運用於木刻版也已行之有年。問題是，木刻印刷使用的是傳統為活字設計的平壓式印刷機。相較之下，金屬雕版需要施加明顯更大的壓力，這個問題一般會用滾筒式印刷機解決。《論神曲》的出版商因此面臨意料之外的挑戰，要將這兩種不同媒材結合在同一個頁面裡。

印刷師起先（過度樂觀地）嘗試使用兩步驟的製程。首先利用印刷坊平時使用的平壓式印刷機印出文字，然後將文稿仔細對齊塗好油墨的銅版，再送進滾筒式印刷機壓印。雖然原則上行得通，但結果證明這種工法既費力又昂貴，成品也令人不甚滿意。一張紙要重複通過印刷機兩次，勢必會產生「校準」的問題。簡單來說，只要不夠小心注意，印圖就有可能跑到紙上某個不該出現的位置。波德利圖書館現存館藏中的一本書，第三章第一頁便非常滑稽地呈現了這種工法遭遇的考驗。[492] 在這一頁可以看到，雕版在擺放時不只上下顛倒了，還歪向一邊，印出來的插畫當然也因此東倒西歪（**圖 17.3**）。想必是害怕繼續重蹈覆轍，新的策略受到採用。雕版插畫先以滾筒式印刷機分開印在紙上，再逐一剪下，貼到印好的文字頁面上。即使是這個方法也證明有編排組織上的難度，現存只有少數幾部印本保有接近完整的插畫。

這些起步時的錯誤和將就彌補的辦法，可以告訴我們很多圖畫書的發展歷程。首先最重要的是，這些例子提醒我們，近代印刷工法是高度地方化的。工匠和印刷商依賴的工具和工法，並未均勻分布於歐洲各地。雕版在初生階段更是個全新職業，結合了甲冑製造師、金工匠、畫家，以及早先多以木刻和鉛字為主的印刷師用到的各種技術。不過，地方化並不只是自然生長陣痛期的結果。恰好相反，包括如上

to muouersi/se prima non si mouue la ragione. Entrai per lo camino alto:cioe profondo/chome diciamo alto mare et alto fiume:perche el primo camino fu per linferno cioe per la comptitione di tutti: equali sono infimi:perche sempre consistono circa le chose terrene. ET SILnestro:perche chome diciamo nel princi pio e peccati nascono dalla selua cioe dalla materia che el corpo.

CANTO TERTIO DELLA PRIMA CANTICA

Per me si ua nella citta dolente
per me si ua nelleterno dolore
per me si ua tra laperduta gente
Iustitia mosse el mio alto factore
fecemi la diuina potestate
la somma sapientia el primo amore
Dinanzi a me non fur cose create
se non etherne et io etherno duro
lasciate ogni speranza uoi chentrate
Queste parole di colore obscuro
uidio scripte al sommo duna porta
perchio maestro el senso lor me duro.

Sono alchuni equali cre donoche e dae primi capito
li sieno stati inhnoghi di proemio:et questo terzo
sia el principio della narratione. Ma se consideremo
chon diligentia tutta la materia/facilmente si puo pro
uare che la narratione comincia nel primo capitolo: et
nel uerso lo non si so ben dire chomio ueutrai. Impe
roche Danthe narra in questa sua peregrinatione esser
si ritrouato nella selua: et hauere smarrito la uia essersi
condocto appie del monte. Et dipoi essersi addirizzato
uerso el sole per erto catrino elquale lo conduceua asal
uamento se le tre fiere non lauessino ripincto al basso.
Et finalmente ridocto quasi al fondo hauere hauuto el
soccorso di Virgilio et dalle tre donne. Et per Iesue paro
le esser pisuaso lasciado el corto idare del monte seguitar
lo per linferno et purgatorio:liqual mia sane sinistro
intoppo si puo conducere al cielo. Iiche significa quel

lo che gia disopra habbiamo dimostro. Et se alchuno dicessi che in amendue questi anti molte chose scriue
conle quali capta beniuolentia et attentione et docilita: Enon si niega che logni pie del poema non si possi fa
re questo. Anzi maximamente sirichiede allo scriptore che le capi douitque crucis occasione di poterlo fare
Hora perche siamo gia al puncto chel poeta descende nellinferno. Giudico sia utile experimere le chose si
a inferno:et in quanti modi si dica alchuno sordere allinferno. Inferno adunque e/infimai: et basso parte
del mondo/detto inferno da questa diuione infra che lignifica disocto:Ne solamente dal popolo di dio e
posto lonferno: Ma anchora da molti poeti:et maxime da Homero da Virgilio. Claudio Statio:et Claudi
ano:Et molto piu egregiamente dal principe de philosophi Platone/Costui inceritone nel qual libro induce
Socrate disputante della immortalita dellanimo/dimostra che lanime humane dopo la morte sono giudica
te secondo le loro colpe:et nellinferno tormentate inf se atanto che si purghino/se epeccati non sono sta
ti molto graui. Ma quelle che hanno commesso scelerateze enorme:et sono impurgabili secondo lui/sono
mandare in luogho piu profondo docto tartaro et quini se no auesse inetherno con grauissimi supplicii. La
quale opperatione e/molto simile alla christiana fede et abraccia con ferno et purgatorio: Et la maggior pte

图 17.3 Incipt of Canto III. Copperplate engraving and letterpress from Cristoforo Landino, *Commentary on the Divine Comedy* (Florence, 1481). The Bodleian Librarries, University of Oxford. Shelfmark: Auct. 2 Q1.11, f. Clv

述的佛羅倫斯和羅馬印刷商——以及他們合作的雕版師傅——都具有生意頭腦，保護最有效的工具、製程和技術，當作行業機密不外傳，對他們有既得之利益。[493] 自然不用說，這麼做代價高昂。羅馬印製的托勒密（Ptolemy）著作雖然視覺效果成功，但也未比佛羅倫斯的版本賺更多錢。實驗新媒材成本昂貴，利潤因此相對微薄。《輿圖》出版後不久，史文海姆與商業夥伴便發現自己破產，出版事業只能靠向教皇鉅額貸款才得以勉強經營下去。[494]

史文海姆的雕刻師運用精細的交叉排線和對線條的精確掌握，發展出令人佩服的立體空間概念，並為這些地圖配上清晰利落的地名。即便如此，成品與木刻相比，依然和早期大多數雕版插畫一樣都有一個顯著的缺點。今日談到印刷，幾乎普世都會想到白紙黑字之美。[495] 近代的讀者則正好相反，習慣手抄彩飾本的讀者，心中預期印刷書也有繽紛色彩，但看到的卻是一開始尚無成熟明暗色調系統的印刷圖像。如果說，對藝術家的出版物來說，這種偏好相對短暫，對傳達詳細視覺資訊的書籍插畫而言，則是過了很久仍舊重要。地圖正是這種資訊性圖像最具代表性的一個分類，需要能快速且確實無誤地區分圖（figure）與地（ground）（即圖形和背景）。雕版的線條排列緊密，依賴交叉排線製造明暗效果，雖然優點很明顯，但在頁面上只留下些許負空間（negative space）可供水彩上色，早期印刷書通常會使用半透明水彩來添加色彩。因此，就算 1482 年在烏爾姆印行的《輿圖》，在細節或自然寫實深度比不上佛羅倫斯和羅馬的版本，但它的木刻地圖卻能提供較大的空白區塊供人上色，不用擔心留下擦痕、裂痕或錯誤記號。終於，細緻的手工上色後來不只逐漸可行，且事實上還成為常態，因為有愈來愈多經驗老到的雕刻師細心讓自己的作品可另外再上色。傳統金屬雕版與化學蝕刻凹版媒材的結合，也同樣日益常見。化學蝕刻凹版是利用酸腐蝕銅版創造出線條，而非用雕刀直接施力雕刻——這讓版畫師可以用細膩的明暗漸變區塊取代著色。[496] 最後更發展出可直接印刷彩色雕版的工法，如柯內利斯・德布魯因（Cornelis de Bruijn）1700 年出版的《黎凡特遊記》（*Voyage to the Levant*），就使用創新的雙色系統（two-color system）印出他所見的埃及與中東風景。[497]

　　當這些方法日益為人所識，很多技術上的難題也慢慢消失，久而久之，凹版印刷方法也和前代的凸版印刷一樣廣為人知。到了 16 世紀末、17 世紀初，由訓練有素的雕刻師形成的專業階級，製作出愈來愈多凹版畫。這些工匠與製圖師和出版商配合無間，他們的專業比較不在於設計工藝，而在於將視覺概念轉化成可複製的版式。不過，早期這些棘手難題仍有一些存續下來，成為雕版畫與書本關係的定義特徵。凹凸版印刷結合的複雜程度，也代表雕版最適合用於製作地圖集一類作品，其中的每幅圖像可以個別印刷，再分段裝訂成最後成品。在其他例子，包括如解剖圖解和科學儀器與模型的展示圖，雕版則用於製作蘇珊・史密特（Suzanne Karr Schmidt）所稱的「雕塑版畫」（Sculptural print）。不論是印成單頁或裝訂在書中，這些圖像設計成可以剪開組裝，再黏合成立體物件，看起來很像現代的「立體書」。[498] 如凱莉・伍德（Kelli Wood）所示，這些物件壽命短暫，現今雖然往往已經佚失，但雕版紙玩圖版是很多印刷商財產目錄中重要的一部分。雖然可能附有凸版印刷公約描述使用規範，但這些圖版是獨立物件，而非書的組成零件。[499] 同樣地，16 至 17 世紀，許多雕版印製的大幅地圖和風景畫並未裝訂在書中，而是當作單獨的項目販售，例如馬里歐・卡塔羅（Mario Cartaro）1576 年雕印的當代與古代羅馬市景，是製作成掛飾吸引遊人訪客來訪這座永恆之城。[500] 簡而言之，以嚴格定義來說，近代大多數雕版在製作時並不當作是書的組成零件，或許是不失公允的推測。

　　實際上，圖畫書與凹版畫在 16 世紀大多維持可合可分的關係。雖然凹版印刷潛力無窮，但許多口碑最好、影響力最大的書，插畫仍繼續使用木刻。如喬爾喬・瓦薩里（Giorgio Vasari）1568 年增訂其《藝苑名人傳》（*Lives*），希望將手繪的義大利藝術家群像轉製成版

畫，他也選擇了木刻，哪怕這代表必須遠赴威尼斯找到堪當重任的工匠。因此，預備草圖先是成批寄到北義大利，由名家工匠刻出圖版。這個階段可能會先行試印，經作者信任的經紀人看樣核准後，圖版成品再送回佛羅倫斯印刷。[501] 選擇使用木刻版畫，對《藝苑名人傳》而言是必要的，因為這些肖像畫必須在每一位藝術家傳記頁首與印刷文字直接合併在一起。同樣地，維薩利的《人體構造》1543 年在瑞士巴塞爾（Basel）印行，雖然該書需要表現嚴密細節，但也選擇了依賴木刻。結果證明，維薩利繪製的人體解剖圖解是該時代最具影響力的解剖學著作，無人能近其右，要等到 19 世紀亨利‧格雷（Henry Gray）編寫出同名教科書，才算有了對手。維薩利呈現剝開外皮後支撐人體的骨骼和肌肉，考驗著木刻版畫的工藝技術。[502] 這些插圖或許缺少精確、細密的圖式設計，但木刻與生俱來的一種特性，不只彌補更讓木刻版畫別具優勢：那就是木頭絕佳的耐久性。高壓加上銅本身相對容易凹摺，代表銅雕版經過反覆壓印，很快就會磨損。[503] 相較之下，撇除纖細線條上的裂損不論，木刻版可印刷近乎無限多次。以瓦薩里《藝苑名人傳》的肖像畫圖版為例，到了近一世紀後依然可以使用，這次送到了波隆納（Bologna），用於 1647 年編的新版中。[504]《藝苑名人傳》和《人體構造》提醒我們，有很多印刷書，即使是附有技術性或藝術性插圖的書也一樣，在文字與圖畫的結合上需要彈性，並因此受惠於木刻圖版的長壽。[505]

但有一些作品需要特別精細的視覺資訊，圖畫又可與文字分開的作品——而且潛在讀者群也不擔心價格——這種時候，金屬雕版不僅不可或缺，還成為威信的表徵。專業雕版師與出版商緊密合作，在歐洲人口中心包括羅馬，及至後來的安特衛普（Antwerp）、阿姆斯特丹，以及歐洲北部大城市，製作出精雕細琢、令人嘆止的書籍。[506] 到了 16 世紀最後二十五年，金屬雕版已廣為認可是一項技術奇觀。法蘭德斯藝術家揚‧范德史特拉（Jan van der Straet），人稱史特拉丹努斯（Stradanus），把雕版師工坊列為嶄新靈巧的發明之一，誇之為

「新星」（Nova Reperta），並且在委請揚・柯列特（Jan Collaert）雕版、菲利浦・蓋勒（Phillips Galle）出版的系列版畫中大加宣揚。對史特拉丹努斯而言，在他和贊助主身處的近代世界裡，雕版印刷可與火藥和羅盤並列為改寫世界的三大技術。[507]

地圖集走在這股潮流最前端。荷蘭古典文學研究家亞伯拉罕・奧特利烏斯（Abraham Ortelius）1570 年印刷其拉丁語地圖集《寰宇大觀》（*Theatrum Orbis Terrarum*, 又譯《世界舞台》），就選用銅版作為媒材。[508] 學界多認為《寰宇大觀》是第一部真正涵蓋全世界的地圖集，援用了安特衛普第一流雕版師的技術，書中地圖為讀者和鑑賞者提供前所未見的細膩、清晰和新奇（參見**彩圖 6**）。今日來看，奧特利烏斯的世界地圖依然是製圖資訊廣度與深度近乎完美的結合，也是傳統探索時代巔峰地理知識的縮影。[509] 觀看者的目光在大比例尺的雙對開投影地圖之間無縫移動，再延伸至整個攤開的頁面，以及其中無數的迷你城鎮、山脈、河流。這些細節有效模糊了製圖記號與令人神往的風景之間的界線，漸漸成為歐洲北部自然主義發展的里程碑。同樣地，文藝復興時代晚期藝術也在華麗的圖紋與渦卷、女妖與小天使、船隻與海怪上火力全開，填滿這幅生氣蓬勃地球圖的邊緣與空白。此外透過精心規劃，這些地圖的地理特徵之間與周圍留下了充裕的負空間，可供均勻一致地手工上色，高度呼應了當時發展中的圖像幻覺技法（illusionism）。

《寰宇大觀》迅速在近代最成功的版畫印刷作品中占有一席之地，不只在安特衛普激起競爭、效仿和詮釋，在歐陸各地皆然。在地圖集提供的創意火花中，最具新意的一個例子或可見於喬格・布勞恩（Georg Braun）和弗蘭茲・霍根伯格（Franz Hogenberg）合作的《寰宇城市》（*Civitates orbis terrarium*, 1572），如果說奧特利烏斯的地圖集著重全貌，這本書則補其所短，詳細呈現世界各大城市的天際線、海岸線和城堡要塞。[510] 重要的是，《寰宇大觀》圖版化的特性也代表書中的雕版地圖——即書中最最費工的環節，在作品為非拉丁語讀者

改編修訂時，還可以重複使用。除了一定有的荷蘭語版本，德語版和法語版也在原版之後迅速跟進，而且證明利潤豐厚、符合成本效益。在這方面，雕版畫倒是因其「書本零件」的身分而受益匪淺，不過它始終是可與整體分離而獨立存在的。

即使是奧特利烏斯這種等級的創業家也很難想像得到，商業化、奢華風的銅版畫在下個世紀會攀升到怎樣的地位。以幾次小規模試做的成功為基礎，荷蘭製圖師約翰尼斯・布勞（Johannes Blaeu）於1662 年向世界推出第一卷他所謂的《大地圖集》（*Atlas Major*, 彩圖7）。阿姆斯特丹當時可謂是歐洲的出版中心，在阿姆斯特丹印刷的《大地圖集》沾染了《寰宇大觀》等先驅的名氣，最後共由十一大冊的雕版畫組成。[511] 不過，布勞的野心遠遠凌駕於務實考量，他打算最後要把天空與海洋的地圖也結合進去，提供一部名副其實的空間百科全書。極大程度上，使《大地圖集》與眾不同的是書中這些雕版畫令人驚豔的圖形品質和比例尺度，而非所載的地理資訊有多特殊。雕版畫在 17 世紀中葉已是一種藝術形式，包括亨德利克・格奇尼斯（Hendrik Goltzius）和克勞德・梅倫（Claude Mellan）等專業藝術家，採用愈來愈多令人稱奇的視覺效果，構成此種藝術的特徵。[512] 這種精湛的技藝在《大地圖集》的頁面上，創造出如雙半球世界地圖等令人耳目一新的圖像。先進的製圖投影技術在此與古典天神女神和古代地理學者肖像等風格強烈的巴洛克圖像結合，悉數置於繪圖者所想像的天堂之中。其他可能還有很多先姑且不提，布勞的《大地圖集》是 17 世紀書市能買到最昂貴的書。在最貴的印本中，甚至每張地圖都奢侈地以手工上色，價格根據估計約是當時專業工匠一年的薪水。當然，這當中牽涉到的遠不只是榮譽和藝術聲望而已。對《大地圖集》的印刷商來說，與對手洪第烏斯（Hondius）印刷鋪之間的商業拉鋸戰不斷升級，《大地圖集》代表他們最新、最強的一擊。與兩個世紀以前剛出現時一樣，圖畫書雕版畫本質上依舊是風險高、實驗性強、技術面富有冒險精神的一項事業。

雕版畫所提供的細膩、精準和圖形密度，尤其是輔以蝕刻明暗效果和手工上色的時候，皆代表數個世紀以來，它在許多方面始終是珍本書籍插畫的黃金典範。事實上，對某些圖像類型，包括如本文討論到的高檔地圖集，雕版畫一直保有驕傲的地位，直到後來被平版印刷（lithography）和廣泛普及的商業彩色印刷給取代。也許說來諷刺的是，像布勞《大地圖集》中包含的精湛雕版技藝，日後竟不是被徹底翻新的新技術取代，而是木頭媒材印刷在 19 世紀的復興，只是這一次，木頭媒材是以令人眼花撩亂、彷彿身歷其境的木雕版形式出現，為眾多藝術家所使用，例如 1882 年版的但丁《神曲》，古斯塔夫・多雷（Gustave Doré）將其運用在他舉世無雙的插畫裡。

註腳（footnotes）與其他眾多形式的註記有共通的家族特徵，其中有些註記不只比印刷還要古老，甚至比書本的形態出現得更早，這些包括〈塔木德〉（Talmud）、教父對聖經典籍的註解，以及大量對古典和經籍作者的手抄本評註。本章雖以註腳為題，但所述將不只限於註腳，還會涉及影響所有形式之文本註記的根本原則；話雖如此，註記出現在印刷頁面的頁腳處，而非邊欄註解或交替使用的章節附註，可以確定是在 17 世紀最後幾年，首見於歐洲北部。馬庫斯・沃許（Marcus Walsh）指出，法國牧師兼聖經學者理查・西蒙（Richard Simon, 1638-1712）是學術文獻歷史上的關鍵人物。[513] 西蒙於 1680 年出版評論舊約聖經的文集，並在前言中直言他會保持引證簡短，以免冗長的證言令讀者感到無聊；這些極簡化的邊欄註記另可對應到比較完整印於書尾的參考文獻清單。論新約聖經的續作（1689）則遵行截然不同的文獻格式；有些人抱怨翻來翻去查找對應的段落太過麻煩，西蒙寫道，因此他決定將引述置於頁面下方，「où chacun pourra les lire dans toute leur étendue, & dans la langue des Auteurs」（「在此人人都可用原作的語言讀到完整的引述內容」）。[514] 對聖經典籍本身發表任何評論本，很明顯也代表對舊有宗教信仰形式提出深入的質疑，學者艾芙琳・崔保（Evelyn B. Tribble）便指出，在「接受過往的典範會遭逢壓力」的時期，頁面的形狀往往變得「比平常更清晰可見」，「近代時期，隨著註記的範式從邊欄註解移到註腳，」她觀察道：「註記也漸被當作戰場，對作者與傳統、過去與現在之間關係的不同看法，在此短兵相接」。[515]

註腳從發展之初就不是曇花一現，也無意偏居一隅。幾乎就在註腳出現的同時，它增生擴散、擾亂印刷頁面的傾向即已歷歷可見，有一些裝飾得最奇形怪狀的註腳實例，正可見於註腳初始存在的這幾年。註記繁複的頁面，可提供一種甚具吸引力的方式，用於（以往只能隱晦且厚著臉皮地）抨擊當代正統教派，如皮耶・貝爾（Pierre Bayle）1697 年初版的《歷史批判辭典》（*Dictionnaire Historique et*

Critique）即為一例，並且也延伸至後續多個版本（**圖 18.1**）。例如，查閱 1741 年第六版四冊大對開本，我們可以清楚看到每一頁如何變成評註糾雜纏繞的樣子，彷若 *Scriblerain* 期刊，同時使用多個註記系統，每個各有自己的字母和數字編號。[516] 貝爾的註記風格和與之聯用的歸納法，羅倫斯・李普金（Lawrence Lipkin）形容是一種「**連發評論模式**，要讀過所有已知的資料來源以後才會知道想法順序」，這種註記風格成為 18 世紀很多評論的架構原則，包括約翰生在《詩人的生平》（*Lives of the Poets*）中的評論，雖然評論家的版面此時已不再密密麻麻滿是註記。[517]

16 世紀，古典文學研究者發展出編輯古典文本的新技巧，到了 17 世紀，聖經學者化用這些方法，用途從表達保守看法到激進懷疑皆有。約莫 1700 年時，聖經和古典文本編輯可能涉及的風險都步入最高點，包括政治上、文化上、知識上的風險，換句話說是無所不包。文本編輯的實踐，穩坐於西歐知識文化界的中心，追隨者一般被認為具有鮮明的現代性，尤其會與英國古典學者理查・本特利（Richard Bentley）的形象連結。但隨著古典與現代之爭愈演愈烈，「直白」的註腳逐漸引起戲謔諧仿和延伸闡述，斯威夫特、波普和其他類似想法的文人，紛紛利用這種新形式的註記來評論或批判當代創造意義的方式。將笛卡爾（Descartes）和洛克（Locke）放在天平一側，斯威夫特、波普和各方盟友放在另一側，我們能清楚看見正面交鋒的形勢，一方立足於現代辯論性立場，人的思想本身成為主要的探究對象，古典科學和承襲自古典文學傳統的智慧已大多被取代；另一方則表現出刻意回顧、深有自覺地貴族（有時只是「仕紳」）立場，重視延續勝於斷裂，但也不時發現自己受到本應批判的那種語言和思想的吸引。換句話說，註腳作為學術文獻的一種「直接」形式，從使用到發展，與它被當成諷刺工具，突顯所謂現代學者的故意賣弄和自我吹捧，時間上是同步發生的。[518]

斯威夫特《木桶的故事》（*Tale of a Tub*），為註腳的早期歷史帶

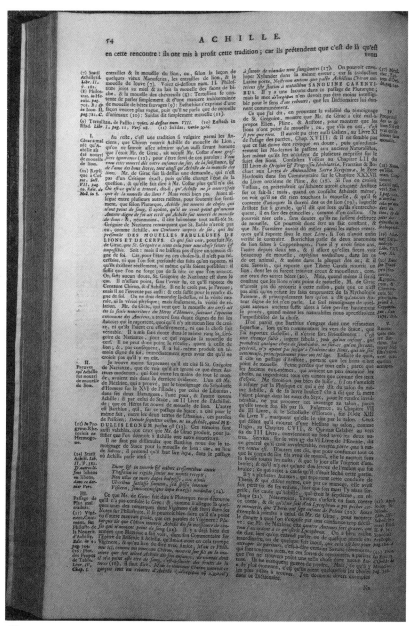

圖 18.1 Pierre Bayle, *Dictionnaire historique et critique*, 6th edn 4, 4 vols (Basel: Jean Louis Brandmuller, 1741), entry for 'Achille', 1:54. In the collection of Harris Manchester College Library, Oxford (F 1741/2 (1-4)) Photo credit: Georgina Wilson

來另一個啟發時刻。《木頭的故事》第五版印行於 1710 年，原先只有邊欄註解，經增補後多了延伸的註腳。[519] 沃許指出，斯威夫特在意的不是「學術成果像這樣轉移到註腳」，他認為主張使用註腳而不用章節附註的，不是作者本人，而是斯威夫特的書商圖克（Tooke）。斯威夫特反而是反對這整個新方法的，《木桶的故事》中那些諧仿的欄外標註和註腳，可以想成是「老派古典文學研究者對新方法的焦慮反應」。[520]

其他某些明顯的宗教評論模式（尤其是新教徒的評論）想必也滋養了斯威夫特把註記當作疫病或感染的想法。崔保觀察早期的英語印刷聖經，很多頁面都星星點點，布滿各式各樣的印刷邊註和註記，「古典文學研究者把書頁當作凝聚共識和同類之地的習慣，因此整個翻轉過來，現行脈絡指出的是印刷書頁作為意識形態占領地盤的重要性。」[521]

我們認為小說是這個時期的「飢餓」文類——它把其他印刷品論述的主題和特性全都納為己用。但諷刺詩和諷刺散文一樣有能力模仿及吞併更常見於其他寫作模式的做法，出自這個時期且我們至今仍會閱讀的文學作品，有非常多都利用註腳當作為正文鋪底、建立架構或暗埋伏筆的工具。想想波普把詩作《文丑傳》改造成集註版（edition variorum），亦即詳盡融合先前各家編輯評註的版本。[522] 波普、斯威夫特和其他幾位作者，幾年前共同創造出文本編輯馬丁尼斯·史奎布勒流斯（Martinus Scriblerus）這個角色，而今集註版《文丑傳》則呈現出頁面「經史奎布勒流斯之手」充分揮灑後的樣子，註記不只吞併正文，甚至有埋沒正文之虞。

波普在集註版《文丑傳》中正式針對的一個目標，是路易斯·西奧巴德（Lewis Theobald），後者彙編的《復原莎士比亞》（*Shakespeare Restored*, 1726）揭露了波普用於自編版莎劇上的編輯原則極度不當，看在（被針對人的語氣激怒的）波普眼裡，是當代最差勁最過分的文本評論。隨著 18 世紀推展，註腳也愈漸成為莎士比亞編輯一個有力

的表達媒介，西奧波德（博學而尖銳）和沃伯頓（霸道好戰）是其二，但其中最合作也最明瞭集註版為所創造之交流機會者，絕對當屬約翰生對莎士比亞的評論。這些讀者不在同一空間，甚至未活在同一時代，但他們與印刷書的親近使連結鮮活起來，重新賦予話語生命，將思想和智識放入一種動態交換模式之中。對印刷書評註者可能遇到的權衡取捨，約翰生意外提出了該世紀觀察最敏銳的反思：「註釋能澄清特定段落，但作品整體效果會被削弱。思緒因中斷而冷卻，想法從主旨上偏離；讀者漸感疲倦，卻未懷疑原因；最後將他過於勤奮研讀的書一把拋開。」[523] 約翰生與許多他的同代文人，對註釋本身的形式，特別是對註腳，看法都存在著很深的矛盾心理，覺得註解會半途打斷讀者的注意力，章節附註則不會如此。

聚焦於註腳可讓評論家彼此一同思考許多截然不同的作品，這些作品的寫作目的不盡然被視作相同，也不全然都參與了意義創造：這些除了斯威夫特《木桶的故事》和波普的《文丑傳》，還有如理查森的《克拉麗莎》與他在後續修訂中不斷提高對註腳用法的控制，加入更多文本互涉和道德寓意；或如 18 世紀中期詩人如湯瑪斯・格雷（Thomas Gray）和詹姆斯・格蘭傑（James Grainger）的自我評註，以及吉朋（Gibbon）《羅馬帝國興亡史》（*Decline and Fall of the Roman Empire*）裡完美典型的註腳。18 世紀中期也有幾部傑出的小說，巧妙運用了位於頁尾的註釋，其中或以《項迪傳》借用學術文獻格式最為有名。但像《克拉麗莎》和《湯姆・瓊斯》（皆出版於 1748 年）雖都運用了頁尾附註，但用意時而相同，時而有天壤之別。菲爾汀傾向利用註解來（開玩笑地且不忘自己小說的「後設」特性）增添小說世界與現實世界的時空平行感，將現實投影於小說場景，特別是他會用豐富的廣告提醒讀者小說與報紙在文類上的相近。例如，文本中提到「我們的主人公身手敏捷有力」，他「也許可與第一流的拳擊手匹敵，且不費吹灰之力就能擊敗所有戴著厚手套從波頓學院畢業的門生」，敘事者在波頓學院後附上一個註腳：「為免後人不解此

一名稱，我想可用刊登於 1747 年 2 月 1 日的一則廣告加以解釋。」接著便引用了實際位於倫敦乾草市場的波頓拳擊學院的廣告全文。[524] 理查森運用註腳的思維大抵與此相同，但所求的效果比較不在於打破框架，而在於直接廣告：例如當克拉麗莎的姊妹告訴她，「你舊居的畫像和什物已經全給拿下來了，連同你那幅范戴克風格的全身肖像也是一樣」，附註這時誠懇地觀察道：「這幅畫與真人等大，乃由海摩爾先生所繪，現收存在他手裡。」[525] 不過在《克拉麗莎》書中，更延伸使用也更有問題的是管理性質的註腳：這些註腳宣稱出自真有其人的貝福德手筆，熟悉小說結局的讀者可能知道，貝福德在書中被指定為克拉麗莎死後託付書信的執行人，但在好幾個例子裡，註腳的語氣與理查森自身的語氣也難以分辨，之所以能如此，是因為理查森恰好是個不常見的特例，他就是自己書的印刷者，因此對書的格式握有異常高的控制權，包含但不限於每一頁呈現的外觀，這也使情況相形複雜。安格斯·羅斯（Angus Rose）便提到，書中 22 個「全知視角」的「編註」是理查森為第二版添加上去的，並且續留到第三版，不僅補充更拓展了在初版已然存在的一面：「其中許多註腳，作用與書信微妙展開故事的效果相牴觸，反而唐突地指出接下來的情節。」他並補充：「而且，這整個做法肯定必須視為理查森為取回讀者對書信體裁與故事情節詮釋的掌控所做的嘗試。」[526] 從後代小說家會各自應不同目的重新發明註腳用途，也可以看出註釋的多元潛力，克萊兒·康納利（Claire Connolly）便提出豐富的例證，說明浪漫時期的愛爾蘭小說，如何向當代史學借用許多學術舉證規範和註釋格式。康納利也補充說，註腳在這些小說中的角色，不盡然是為了疏離讀者，還「提供一種親密的中介形式，帶領讀者走近一個衍生自大量參考來源並保存於印刷書中的有形的知識群體」。[527]

　　註釋還能做的另一件事，是將當代詩轉化成某種具有古典典範文本權威與莊重之感的樣貌，這也是格雷要為他某幾個版本的詩集自作評註的一個因素。例如 1768 年重新出版詩選時，格雷為其名詩〈墓

畔輓歌〉（Elegy Written in a Country Churchyard）添加註解，他補充的註腳不是關於事實或語言的解釋，不是古典語境背景，也不見他在〈吟遊詩人〉（The Bard）或〈詩歌的演進〉（The Progrss of Poesy）等大約寫於同時的詩作中能看到的註解特色。相反地，這些註腳都是用於對比的引用，在正文中以典故之姿拐彎抹角地暗示，到了註釋中才直接明言：除了用來致敬、供讀者參照外，也是一種突顯詩作本身高尚學養的方式。[528] 格雷為這首詩寫的註釋，不免令人想起艾略特為《荒原》寫的註釋。兩位詩人對於自作評註都採行一種晦澀、矛盾的取向。他們寫的註釋，作用不像要讓原文更清晰易懂，反而更像是要刻意混淆，引誘讀者誤入歧途。

　　〈吟遊詩人〉是格雷兩首品達羅斯頌歌（Pindaric Odes）的其中一首，先是由格雷的好友霍勒斯‧沃普爾（Horace Walpole）在他於草莓莊園（Strawberry Hill）新設立的印刷坊印行，之後才於 1757 年由羅伯‧多德斯利（Robert Dodsley）廣為出版。品達羅斯頌歌本身是一種難懂也難寫的詩體，刻意賣弄學問和實驗概念，絕無可能不言自明，因此格雷的兩首頌歌，無論格律和主題十之八九會令古今讀者難以理解。1757 年的版本中，兩首頌歌都沒有註釋，隆斯代爾認為，有鑑於〈墓畔輓歌〉無比成功，格雷是故意要讓詩意模糊的；沃普爾在該年寫給另一位朋友的信中，附上了這兩首詩和他的想法：「它們是古希臘詩，是品達羅斯體，它們高高在上──但結果我怕是有點隱晦……我無法說服他再加入更多註解；他說但凡需要解釋者，就不值得解釋。」格雷幾個月前曾寫信給沃普爾說：「我不喜歡註釋……註釋是拙劣和晦澀的徵兆。假如一件事沒有註釋就無法理解的話，那根本不要理解最好。」[529] 但 1768 年，格雷還是同意了兩個新版本的出版（一個在倫敦由多德斯利印行，另一個在蘇格蘭格拉斯哥，比提編輯，羅伯與安德魯‧富里斯兄弟印行），兩版均標榜是完整全集。在這兩個版本中，兩首品達羅斯頌歌都有大量註腳，詩前也都有一段聲明：「作者首度出版此首與次一首頌歌時，不少人建議他，甚至連他

的朋友也說，應當加入一些解釋附註；但他對讀者的理解能力滿懷敬意，認為不該奪走讀者的自由。」[530] 針對這個問題，格雷在寫給他蘇格蘭出版商的一封信裡，用備感受傷的語氣說：

> 至於註釋，我是出於怨恨寫的，因為大眾看不懂這兩首頌歌……但第一首明明不太黑暗，第二首用了幾個通俗典故，街頭任何六便士一本給小孩看的英格蘭歷史問答集中都找得到。我插入平行段落，則是為求對那些作家公平，我若湊巧受到某一句詩行提點，只要還記得就會註明。[531]

〈吟遊詩人〉開頭第一段出自詩名所指的詩人之口，每一行開頭都以引號標明此為直接引述，字裡行間有先知預言勾魂的威脅性質，也有詛咒的表演性質。但另一件令人驚訝的事是，單單開頭十行在這個版本裡就印了超過兩頁，附註不光只有引用（「效仿天空色彩漫展。」語出莎士比亞《約翰王》），還有關於專門用語和物質文化史的詳細介紹，我認為至少在現代看來相當滑稽：「鎖子甲是以鋼圈或鐵環交錯編織，形成一層貼合身體的鎧甲，可隨每個動作改變形狀。」[532] 從某方面來說，1768 年的註釋版〈吟遊詩人〉很彆扭造作，詩中感性受沃普爾的審美影響很大，與他在草莓莊園的設計和他處展現的美感不無相符。這些詩被各自的作者「傷感化」或「古典化」，改動表面樣貌，以創造對事物歷史相當不同的另一種理解，以及與之互動的不同方式。

史詩《奧西安》（*Ossian*）想必是格雷直接受的刺激之一。[533] 這種對大量結構／文本註釋的新偏好，在湯瑪斯·查特頓（Thomas Chatterton）的《詩集，應為湯瑪斯·羅利十五世紀寫於布里斯托》（*Poems, Supposed to have been written at Bristol, by Thomas Rowley, and Others, in the Fifteenth Century*, 1777）更加清晰可見；誇張加註的頁面在此有個功能，從某方面來說，具有裝飾作用和強烈的表演性，與表面上註解陌生陳腐詞彙的用途無絲毫關聯。這種新式註釋創造意義的

方式，克莉絲汀娜・路普頓（Christina Lupton）將其中一面描述得很美，她寫說，格雷以及同時代的亨利・麥肯錫（Henry Mackenzie）「努力讓自己的印刷文本看來像是一個物品，意外失而復得的故事可以套用於上。這包含賦予書本物品的身分，彷彿它原應安放在某處且易受損傷，以及一種偶然來到我們手中的感覺。」[534] 但格雷與多位友人之間的往返書信，以及這些段落和頁面在不同版本中呈現的多種面貌，隱約指出了幾個重點：首先，對多少註釋才是「正確」數量，或者在頁面上應該如何呈現，同業間並無共識；即使是作者原註，決定排放位置的往往不是作者，而是印刷商。再者，作者本人對這方面的偏好和選擇有何表述，從表面也很難看得出來。

學者安東尼・葛拉夫頓（Anthony Grafton）在他自己撰寫的註腳歷史中，提出一個獨樹一幟的主張：

> 歷史學者以文獻為基礎創建文學出版社，嘗試為後代明確復原文本訊息，任務與宗教、文學、科學著作的作者並不相同。一個在解釋產出文本所使用的方法及程序，另一個則在解釋該以何種方法及程序消費這個文本。[535]

不過，這兩種模式之間罕有確實且快速的區別，而註腳的吸引力有部分即在於其用途多變，就像能一邊走路一邊嚼口香糖。比方說，吉朋在《羅馬帝國興亡史》（1776-89）中的附註，不僅有引用出處、評論來源可信度之效，還能夠評判早期學術研究的品質，或借古諷今，或在歷史從一時期進入下一時期時，允許敘事正大光明地跳脫給定的出處——歷史註釋可堪當的用途眾多，這些都還只是部分而已。《興亡史》以其註腳聞名，但其實初版第一卷沒有註腳，只有章節附註。是大衛・休謨（David Hume）寫信給他和吉朋共同的出版商威廉・史特拉漢（William Strahan），建議後續版本換個做法：

> 衡量現行印刷書籍的方法，他的附註令人困擾：每見一個附

註標示出來，就得翻至卷末查閱，但找到的往往僅是原始出
處：這些原始出處全都應該印在頁面下緣即可。[536]

　　吉朋日後自述對此決定甚感後悔，在巴塞爾版回憶錄的一份草稿
裡，以註解陳述他的想法，寫道：「總共十四卷八開本中，最後兩卷
收錄了完整附註。是大眾強硬要求，逼我將附註從卷末移至頁尾，但
我經常後悔當初竟然順從。」[537] 我們可以《印刷商文法》（*The
Printer's Grammar*）一書為背景，來理解吉朋的猶豫，這本書對過度註
解表現出些微敵意：「因此我們可在過往出版商的出版物中看到，他
們樂見頁緣有一行行註釋和引用，他們還會刻意將之放大，設法包圍
頁內文本，如此看起來或許就像鑲在框中的一面鏡子。」[538] 格雷比吉
朋更願意冒賣弄學問的風險，可能是因為他對自己相對低下的家世出
身頗有自覺，所以緊攀自己的學者身分，以抵抗通俗作家的庸俗名
號；相較之下，吉朋盼望被視為仕紳君子，而非職業作家，這是令他
猶豫的部分原因，他在意的不是沿用文獻格式的事實，而是它們本身
在印刷書中呈現的方式。

　　吉朋在史書正文中的句子，一句接著一句滾滾流淌，有祥和平緩
的規律。文中雖有諷刺，但通常節制得體，文章中那沉著的步調，幾
乎可以說是「裝了緩衝擋板」；相較之下，附註的語氣節奏則比較多
變，標點的使用也不一樣（特別是會標出原著作名，但也不限於
此）。相較於正文的敘事者，註釋的語氣在我聽來比較親近——比起
正文的散文敘事編年史家，我們在許多附註裡較能看見一名啟蒙時期
的歷史學者，而吉朋確實也將他許多最發人省思的社會學或人類學比
喻保留到頁尾。而且，雖非全部，但很多註腳都帶有一種調皮諷刺的
慧點，在敘事正文中僅偶爾出現。以書中對戈爾迪安之子登基稱帝後
續事件的記載為例：

　　他的行止較不純良，但個性與其父一樣友善可親。宮中承認
　　嬪妃有二十二人，殿中藏書六萬兩千卷，足可證明他的喜好

變化多端；且從他遺下的產物來看，不論前者又或後者，目
的皆在實用，而非虛有其表。[539]

　　這段話除非讀過註腳，否則難以理解含意，只見註腳滿懷調侃寫
道：「小戈爾迪安的每一名妃子都生下三至四個孩子。他的文學創作
數量雖不及前者，但也不容小覷。」

　　讀者對眾多形式附註的偏好或許難以確定，尤其每個人的閱讀資
歷各有不同，閱讀文本的方式和目的也不相同，對附註的需求必有差
異。當我用 Kindle 或類似電子裝置閱讀妙用註腳的小說——如泰瑞‧
普萊契（Terry Pratchett）的「碟形世界」（Discworld）系列作——我
傾向不「點開」註腳，因為到章節末尾再一次閱讀所有附註比較省
時，重複點擊的次數也比較少。在數位時代，愈來愈多大部頭評論是
以 PDF 掃描檔的形式流通，註腳或許正在找回它的立即效用：因為
人難免健忘，很容易忘記掃描書尾的註釋頁，或是從專著中摘選出來
的單一篇章，而註腳有能力把來源出處與正文牢牢固定在一起，在數
位時代甚受新應用程式歡迎。

　　如同 18 世紀編輯的理解，沃許曾經強調：「一方面，學術評註
普遍被視為且刻劃成自我沉溺、自我服務、吸血寄生、不求解釋而只
想取代文本，另一方面，釋義評註則有解釋和中介的功用。」兩者常
被如此區分。[540] 但在此或許值得引用吉奈特來做個總結，論及納博科
夫（Vladimir Nabokov）傑出的評論體小說《幽冥之火》（Pale Fire）
中運用的編輯手法（使用章節附註而非合乎體例的註腳），吉奈特
說：「此一做法不僅是文本挪用的完美範例，也示範了在詮釋性評論
中總能看到的濫用和偏執，任何文本對任何詮釋的無條件順服都是在
支持這種做法，不管後者可能有多不道德。」[541] 換句話說，即使是最
願意釋義的評註，也永遠有變成吸血寄生、堆砌詞藻的風險，這種趨
勢在當代主流文學小說的作者註中體現得非常明顯，例如小說《夾
層》（The Mezzanine）和大衛‧華萊士（David Foster Wallace）的著

作，而這些評註本質上的威脅性，更在丹尼勒夫斯基的小說《葉屋》中化為明確主題。

第十九張

勘誤表

亞當・史蜜斯

❧

「第十九張」應為「第十九章」
「亞當・史蜜斯」應為「亞當・史密斯」

這些不是印錯，是我至今做夢也未想過的風格之美。

詹姆斯·喬伊斯，1922 年 9 月 [542]

歷史學者研究早期書籍，肯定能指出許多印刷專業上令人驚嘆的特點——例如 1568-72 年間，克里斯多佛·普朗汀（Christopher Plantin）在他位於安特衛普的作坊印刷的《多語種聖經》（*Biblia Polyglotta*），全套共八冊，希伯來語、希臘語、敘利亞語、亞蘭語的經文並置，附有拉丁語翻譯和評註，堪稱紙上奇觀。但近代書籍錯誤氾濫，同樣也是事實。「要說是**印刷的錯誤，**」羅伯·克洛夫特（Robert Croft）在 1693 年寫道：「進到書裡也罕有改正，書中並未找出錯誤。」[543] 錯誤如此常見，有技術上的原因——印刷當時還很困難，尤其是作業分散在代理人、出版商、印刷商時，又有時限和收支壓力——而且總體來看，作者、印刷師、出版商和讀者本來也預期印刷書中難免有錯誤。勘誤表（errata lists），或稱「究責」（castigata）頁，就是訂正錯誤的機制之一，其他還有如套印、蓋印、手寫騰改、蝕改、劃銷、貼上插頁等等。手抄本和印刷本有個重要差異，若借大衛·麥基特瑞克（David McKitterick）所言，是「（印刷本）從寫上頁面**之後**再修正，改成印**之前**先修正」，[544] 但勘誤表是這種「印前先修正」文化瓦解的證據。如果說，在最後的印刷成品裡，絕大多數的修正和校對步驟已經隱藏起來，勘誤表因為是書最後才印刷的環節，排在排版、校對和正文印刷之後，所以可捕捉到一些遺漏的錯誤。也因此，勘誤表可供讀者一窺文本成書之前的歷史，約略體會印刷坊人工勞動難免疏漏的過程。除了書本製作的由來之外，勘誤表作為充滿諷刺與文學潛力的形式，也述說著另一段歷史。

勘誤表是源自印刷的一項發明，興起於 16 世紀初。[545] 有時以全書須統一更動的備註方式呈現（「自接近中間處起，至本書末，凡

Getulia 一字皆作 Natolia」），[546] 但比較常見的仍是冗長列舉應代換的詞語，並標出所在頁數，有時也會標出在第幾行，或像在一個特別仔細的例子裡，寫出哪一頁哪一側的哪一行。[547]「seed 應為 feede」「rake 應為 take」「annoynted 應為 accounted」「stayres 應為 stories」「miage 應為 image」「his arms 應為 her arms」。[548] 某些類型的近代書籍，製作的勘誤表特別詳盡：其中又以數學著作為最，包括民間算數指南和學者的研究著作，因為本身主題就注重精確，再加上標示垂直算式中的錯誤，做成一絲不苟又冗長的訂正表，本來就有難度（「範例式 D. ii. a 第二行的 9 應為 6」）。[549]

漏誤表往往附有一段簡短的說明或註解，最典型是一段散文，偶爾也有詩行韻文。這段文字通常不具名，可能是作者或出版商寫的，偶爾是印刷商，字裡行間透露出謙恭、惱怒、叮囑、機智、懊悔混雜的特殊情緒。這些置於正文之前的勘誤表，典型會請求讀者耐心諒解後續出現的錯誤；有的會提出「盼讀者閱讀本書之前，先提筆修正錯誤」[550] 等類似請求，同時指出其他未列出的錯誤可加以忽略，或由讀者修正成自認合適的樣子。正文前的勘誤表，也常淪為踢皮球的空間，參與書籍製作的其中一方（通常是作者或出版商，但有時候是印刷商）在這裡把出錯的責任推給另一方（通常是印刷商，但有時候是校對、作者或翻譯。作者往往被責怪提供的手稿難以辨讀）。約翰・奧本朵夫（Johann Oberndorf）在《分析真醫生與假大夫》（*The anatomyes of the true physition, and counterfeit mounte-banke*, 1602）末頁，寫下一段簡短但在這個文類十分正統的訊息，上述這些功能全都結合在一起：

> 印刷師遺漏了多處錯誤，雖然照理很容易察覺。是以我請求您（友善的讀者）於閱讀時自行提筆修正：也請原諒我，偶因瑣事纏身，未能盡我應盡之責細查錯誤，否則（出於我願）必會修正。[551]

勘誤表通常出現在接近書首處，作為開頭資料的最後一項，又或是出現在書的末尾。總之，勘誤表徘徊於邊緣，是正文的補充，但不盡然是正文的構成要素。不過，我們後面會看到，勘誤表使用的修辭常常會滲進作品主體中。勘誤表「常見收錄於有多餘空白頁的書裡」，這樣便不會產生額外的紙張開銷，詳盡程度往往也依剩餘多少空間而定，而非實際反映書中錯誤的多寡。[552]確實，勘誤表常常被塞進零碎空間，或另外貼在某一本書的某些（但非全部）印本上，有時候黏貼位置還不一樣，或者也有可能單獨做成夾頁插進書裡，這些做法全都創造出一種事後彌補的效果，顯示這段文字是後來加上去的，地位並不明確。

這些告解用的小空間，最初看似是一種講究正確的新文化的表徵，早期的書籍史學者也是以這個角度理解勘誤表。例如伊莉莎白・愛森史坦（Elizabeth Eisenstein）提到：「出版勘誤表這個舉動，展現了能精準找出文中錯誤，同時又能將此資訊傳達給零散讀者的新能力。」[553]但勘誤表與錯誤本身的關係其實很弔詭，放在這一類輝格史觀[*]的論點中顯得十分尷尬。如果說指明錯誤能創造用心製書的形象，希望塑造正確形象的書籍，也會利用昭示錯誤來做到這一點。那麼簡短的勘誤表，是代表文本多半正確，還是正確性堪慮？而冗長的勘誤表，又代表印刷坊不用心，還是很仔細呢？勘誤表經常是後來再另外印成校正頁，貼進書裡作為補充，這相當於第二波偵錯行動，意在烘托這本書的正確性，但同時也削弱了該書自詡的正確性。有時候，勘誤表本身又有更多錯誤，往往使書中必須貼上更多插頁，彌爾頓的《失樂園》即為一例。[554]

一如其他印刷校正機制，相較於修正錯誤，勘誤表的作用更在於

---

[*] 譯註：歷史學者巴特菲德（Hubert Butterfield）於 1931 年提出輝格史觀（Whig history; Whiggish history）一詞。簡言之，輝格史觀傾向以現況為出發點，以今論古，將歷史發展解釋成依照現行邏輯持續演變至現況的過程。

標出錯誤。錯誤受到突顯，儼如印刷書的一項正字標記。印刷術有個常為人所忽略的後果，就是產出大量從來無人閱讀的書籍，[555] 正同如此，印刷機也是散播錯誤的激進力量。在湯瑪斯・海伍德（Thomas Heywood）《致演員的道歉信》（*An Apologie for Actors*, 1612）一書中，勘誤頁被敘事化，用來大肆抱怨威廉・賈格德（William Jaggard）在海伍德口中的「拙劣技藝」。他的上一本書（海伍德宣稱）被賈格德印得錯誤百出：「因為印刷師的怠慢輕忽，我的《不列顛特洛伊》（*Britaines Troy*）漏下無限多的錯誤，引用錯誤、音節錯誤、上下半行擺錯位置、自造古怪新詞等，比比皆是。」[556]

本書述及各種形式的副文本，許多在闡述發展歷史時都使用同一種模式，首先提出一個誕生時期（以勘誤表來說，約介於 1520 到 90 年之間），該形式的常規在這個時期經多次重複而確立下來。接著過了一陣子，那些常規為人所熟知以後，則進入成熟期。這時，該一形式的副文本開始會用來發揮戲謔、諷刺或文學效果。就某方面來說，只要概述得當，這個模式很有幫助，但它忽略了一個事實：我們或許稱之為印刷錯誤的語句，但它牽涉到的從來不只是文字而已。勘誤表誕生自宗教改革前期的激烈論爭，賽斯・勒雷（Seth Lerer）曾分析在宗教改革前期，文本正確性的問題如何被徵用在告解性的爭論中：湯瑪斯・摩爾（Thomas More）以此把新教文本塑造成錯誤百出的書，並將自己封為校正者，改正其中的印刷和道德謬誤；威廉・廷道爾則教育地方讀者，利用勘誤表做一名勤奮的讀者。[557] 有些作者把錯誤框為技術困難的表徵，有些卻把印刷錯誤視為世界墮落的明證。從這方面來說，勘誤表有效標示出人墮落到怎樣的境地，同時也是對作者自尊心的檢驗。戈德菲・古德曼（Godfrey Goodman）在《人的墮落》（*The Fall of Man*, 1618）一書中，認為他的書裡數之不盡的印刷錯漏，不僅僅是書業錯誤氾濫的產物（雖然也的確是），追根究柢更基本的原因，古德曼稱之為宇宙「總體的敗壞」：「我何其高興，選擇這樣一個主題，似乎可為我書冊中的錯誤百出找到藉口？」[558]

如果說近代早期的作者認為文本與道德密不可分，後來的作者則把勘誤表延伸運用到更多相異的作用上。這往往也代表文本與副文本的界線漸趨模糊。1709 年初期對開本版的《塔特勒》（*The Tatler*）雜誌，所收錄的勘誤表以親密道歉的口吻寫成，延續了雜誌文章的整體語氣，把作者與頹廢的印刷業界區分開來。從艾薩克‧畢克斯達夫（Isaac Bickerstaff）為雜誌內文錯誤做的解釋，可以窺見他的作者怪癖：「我一向愛用古體的 e，它與 o 的差異不大。」這也解釋了諸如「these **應為** those，behold **應為** beheld，Cervix **應為** Corvix」等等的錯誤。[559]

　　勘誤表幽默諷刺的潛力也常為人所利用。把一連串的錯誤列出來，本已經很接近諷刺（「kill 應改為 kiss」），[560] 只需再輕輕一推，就可使勘誤表歪樓成某種尖酸批評。身兼詩人與泰晤士河上船夫的約翰‧泰勒，就把勘誤表當成他在荒誕的參考書目中遊歷的一條支線。《果戈里‧胡謅爵士與他來路不明的消息》──「豐富的智慧、學習、判斷、韻腳和理性盡皆欠缺」的一首詩──有裝模作樣的書名頁、獻給「並無此人」的前言，還有一串拉伯雷風格的引用列表，引用的作者包括「炸鍋和那個男孩」「對鵝喝一聲」「啤酒廠」，以及（泰勒發揮書目的小幽默）「無名氏的見證」。1831 年，羅伯‧騷塞（Robert Southey）稱許為「誠實正直又嚚張的胡謅」，[561] 泰勒這首詩有部分也是研究副文本插科打諢的絕佳材料。詩作中也附有「印刷漏誤」表，列出的是一連串的諷刺笑話，包括「第 25 頁 44 行，**鍋口應為布丁**」和「第 90 頁 27 行，**朋友應為稀少**」。[562] 正文中其實沒有這些錯誤──甚至書根本就沒有那麼多頁。但泰勒在文本形式的常規之間自由飛舞。副文本的實用功能被拋在一邊，或被納入文本的文學目的之中，類似這樣的時刻，在重視諷刺的年代發展至顛峰，包括1580 年代晚期到 1590 年代，可以看到的例子有馬汀‧馬普雷特（Martin Marprelate）小冊、湯瑪斯‧納什（Thomas Nashe）的著作，以及 1650 年代貴格會教徒山繆‧費雪（Samuel Fisher）用《農民到學

者》（*Rusticus ad Academicos*, 1660）一書的勘誤表，嘲諷聖經作為信仰源頭不會出錯的概念。

但勘誤表的諷刺潛力，在近代以後尚有很長一段歷史。詩人山繆・柯立芝（Samuel Taylor Coleridge）早期著有激進的小冊《致人民書》（*Conciones ad Populum*, 1795），譴責王室發動對法戰爭，卻主要從窮人裡徵兵。柯立芝在小冊末尾加上一個仿勘誤形式的附註：「第61頁，**謀殺**應讀為為國王陛下與國家而戰。」[563] 18 世紀或許是戲用副文本最鼎盛的時期，也是在 18 世紀，勘誤表被更加有效地運用來延續諷刺效果。波普的《文丑傳》是他仿史詩《埃涅阿斯紀》詩體的頌詩，假稱頌真諷刺女神朵尼斯（Dulness，即愚蠢）與她在塵世的諸位代理人。珍妮・戴維森在本書第十八章提到，對常規註釋的挪用也是這首長詩很重要的一環。而勘誤表也一樣，成為一個能發揮影響的空間，供波普嘲諷在他看來矯揉造作且自我吹捧的文本裝置，像當代文本評論家如西奧波德，他的著作《復原莎士比亞》就利用文本裝置來突顯（令波普萬分火大）「波普先生犯下的眾多錯誤，且未加訂正」。波普用勘誤表進行報復，借史奎布勒流斯之口，寫下他認為文本研究已然淪為虛浮自誇和無節制的過度解讀，事實上許多可議之處往往只是印刷疏忽：

> 我們認為可將本書之**勘誤表**託付予您（可敬的讀者），相信以您的坦率與仁慈，必不介意提筆修正印刷時意外遺漏的錯誤：但見某些審查者竟稱之為**文本訛誤**和**閱讀錯誤**，以此怪罪於編輯，且斷定同為訂正，自己就可稱為**復原**，是**光耀文學評論的成就**，我們願以同樣態度將責任歸於自身。

史奎布勒流斯接下來給的附註，正是波普認為與西奧波德和理查・本特利等評論家形影不離的那種過頭的註釋。後世學者包括豪斯曼（A. E. Housman）在內，多把本特利視為歷史文獻學發展的重要人物（「全英格蘭，乃至全歐洲史上最偉大的學者」）。[564] 但在《文

丑傳》裡，本特利只是一名剛愎自用的假學究，他「辛勤不知疲倦／讓賀拉斯都顯乏味」（第四部，第 211-12 行），且他直到生命最後還在劍橋三一學院擔任院長，在此「長眠於港口」：

第一部第 8 行，E'er Pallas issu'd from the Thund'rers head。E'er 是 ever 的縮寫，但在此處意思全非如此：請改為 E're，不必有任何顧忌，這是 or-ere 的縮寫，古英語的 before。瞧我們的母語多麼無知！[565]

進入 20 世紀，以勘誤表作為修辭形式創造文學效果的詩人，數量多得引人注目。閱讀勘誤表，可體驗一種精確與豐富的奇特結合。一個單詞，或一個片語，被利落代換成另一個（「打擊你應是為你好」），[566] 其間看似沒有含糊之處；但我們不禁會觀察、想像、取笑或憂心兩者之間的關聯，這又相當於去推敲錯誤與訂正之間的偶然連結——我們知道這個偶然的連結是虛構的，但若要棄之不理，在那之前至少必須獲得一些樂趣。而勘誤表的附註有時候能做到詩人喜歡做的事：把非同類的事物套連在一起；突然在語境與現實之間、在習以為常與超凡先驗之間來回轉換：「**笑聲**應為**憔悴**」。[567] 可以確定的是，詩人皆肯定這個形式與生俱有文學潛力。傑佛瑞・希爾（Geoffrey Hill）的詩作〈愛的勝利〉（Triumph of Love, 1999），就在勘誤表的韻律中找到詩意共鳴：

拿走假想。插入栓劑。
這必是對的時代（definitely the right era）應讀為：右耳聾了（deaf in the right ear）。[568]

伊恩・芬利（Ian Hamilton Finlay）的〈奧維德的勘誤表〉（Errata of Ovid）刻在英國盧頓史托克伍德公園的石頭上，詩中將古典神話分編成一連串的印刷錯誤，把奧維德筆下的各種變形，化作印刷漏誤。

「達芙妮」應為「桂樹」

「菲洛美拉」應為「夜鶯」

「仙亞妮」應為「泉水」

「艾可」應為「回音」

「阿提斯」應為「松樹」

「納西瑟斯」應為「水仙」

「阿多尼斯」應為「銀蓮」。[569]

另如保羅・穆爾頓（Paul Muldoon）和查爾斯・席米克（Charles Simic），以及其他詩人的詩作，也各自探索了勘誤表作詩的可能性。[570]

若說勘誤表為詩人提供了一種特別的可能，它帶給編輯的則往往是矛盾難題。編輯對勘誤表應該如何反應？勘誤表是作品的一部分，還是外加上去的？編輯是否應該照表更正內文，或者那些錯誤和更正表本身都是作者刻意所為，應當予以保留？這些複雜問題在傑羅姆・麥克甘恩（Jerome J. McGann）編輯的 1980 年版拜倫《哈洛德公子遊記》中，有一些被巧妙地呈現出來。該版本包含原作以希臘語寫成、記有六個錯誤的勘誤表，另有附註寫道：「以下拜倫抄錯希臘語的例子，已為印刷業者無意間改正。」[571]

羅伯・赫里克（Robert Herrick）的《赫斯珀里德絲》（*Hesperides*, 1648），為編輯遇上勘誤表的難題提供了另一個實例。赫里克的原文包含四行作者所寫的詩句，用來為印刷勘誤表開場，並把錯印的責任推給印刷商：

> 讀者諸君，你等在此所見過錯，
> 應當怨怪印刷師，請切莫怨我：
> 我給他善美的麥子，但他誤取
> 種子；便將這些稗子遍植於我的書中。

接下來的勘誤表始於「第 33 頁第 10 行，應為**棍子**（Rods）」（原寫作「諸神」〔Gods〕），總計列出 16 條應訂正處。表是誰彙整的並不清楚，但從上述四行詩句的指責對象來看，赫里克是貌似合理的人選。不論是誰下的工夫，他都做得不盡完美；勘誤表在這個時期通常都會一併出版，但這份表留下很多錯誤沒標記出來——具體來說是 69 個錯誤，藏在書中未被記錄。[572]

赫里克作品的編輯不太曉得該拿這首勘誤詩和其後的修正表怎麼辦。湯姆・肯恩（Tom Cain）和露絲・康納利（Ruth Connolly）合編的 2013 年版，執行了 16 處更動——換言之，他們訂正了 1648 年原作要他們訂正的錯誤。所以原本的勘誤表雖然還是印在他們的版本中，但已經沒有用處了。更何況，他們的版本編頁與 1648 年原作不同，但勘誤表仍保留原本的頁碼和行碼（「41 頁 19 行，右側，Gotiere」），好比一個無效的網址連結，再也不可能使用。摩爾曼（F. W. Moorman）所編的 1915 年版也循類似做法，但加上編註：「勘誤表之錯誤在重版已經更正。所列頁碼與行碼為原始文本所有。」這個版本在 1921 年曾經再版——「非為學者，而是為詩歌愛好者發行」，保留四行勘誤詩，但略去了勘誤表，並附註：「原作中此詩後續有一勘誤表，此重版中已按表修正。」[573] 馬丁（L. C. Martin）編的 1965 年版，連同四行勘誤詩與勘誤表一併省略，卻在索引開頭幾行提及該首勘誤詩，頗令人困惑。

赫里克的勘誤表令編輯頭痛，作為副文本，它在內與外的邊緣閃爍游移；雖然是一段呼籲更正的文字，但若實際執行，勘誤表在產出的新文本中又失去了存在的合理性；作為勘誤表，又以明確具有文學性為由，主張可被納入赫里克的詩作主體之中——有些編輯同意這個主張，但並非所有編輯都認同。勘誤詩和勘誤表在此的作用，有點像是文本的壓力點，把定義編輯工作的一些相互衝突的刺激匯集在一起。編輯工作向來被認為是在為文本建立邊界（何者在內，何者在外？），且往往被認為會糾結於依照最早呈現方式維持文本樣貌（保

留錯誤在內？）和依照現代方式加以改正（錯誤剔除在外？）這兩種衝動之間。

當出版轉移到網路上，文字於線上呈現時，勘誤表又有何變化？以大多數數位刊物而言，讀者看不見修正錯誤的過程，因為文字在初次發布後，仍可以上傳更新，表面不會留下實質痕跡。常情如此，偶有例外是當發表者有意識地想要彰顯一種編輯和道德精神的時候：例如《紐約時報》在報導文章末尾提供修改時間與修改紀錄，透過抗拒數位格式可輕易隱藏過往錯誤的能力，呈現出勤快編輯的效果，可算是面對數位戲法時，對道德的一種增補或執著。[574] 未來對線上錯誤的態度，現在仍不明朗，因為在數位出版界，包括來源證據、智慧財產權、取用流通、編碼標準、有效時限，乃至俗以「死鏈」這個不討喜名詞稱呼的連結損毀問題，許多更廣泛的問題都還未有明確答案。[575] 也許線上出版重視速度、易連結和流通性，勝於投入的心力和正確性，只把錯誤當成新秩序之下後果不嚴重的犧牲品；也有可能，訂正的工作被轉交下去，或該說轉交出去，交託給知識水準與專業能力不一的匿名使用者，樂觀來說，是仰賴克雷·薛基（Clay Shirkey）所說的網路認知剩餘（cognitive surplus），[576] 悲觀來說，則是令人憂心地把賭注押在大眾的能力與堅持上頭。

絕對屬實的是，不論我們對正確有多堅持，事實證明，勘誤表用於消除印刷書中的錯誤，整體來說是個無效的方法；一來，相較於揪出的錯誤，勘誤表漏掉的錯誤往往更多，二來，勘誤表在後續版本中，似乎往往會被忽略不理。《一個青年藝術家的肖像》（*A Portrait of the Artist as a Young Man*）初版後，喬伊斯和哈麗葉特·韋佛（Harriet Shaw Weaver）於 1917 年各都為它列出一份勘誤表，但 1916 年初版中的錯誤，絕大多數晚至 1961 年依然可在各版書中找到。[577] 又或如史賓塞的史詩《仙后》（*Faerie Queen*, 1590），第一到三章結尾處列出 110 個「印刷漏誤」，到了 1596 年的版本中，有近半數依然未經訂正（該版本本身又多出 183 個新的印刷錯誤）。後續 1609 年、

1611-17 年、1679 年等版本，對勘誤表也少有留意，或根本不予理會。要到 1751 年湯瑪斯・伯奇（Thomas Birch）的版本，1590 年的勘誤表才受到編輯眷顧（但也必須提到，這個版本自己也另有錯誤）。[578] 照此說來，勘誤表所發揮的功效，至少往往比較像是大肆宣揚揪出錯誤的修辭表現，而不是實質提升文本的正確率；而那些看出勘誤表具有文學與諷刺潛力的作者，也不算是把（單純）實用的副文本，轉變成（複雜）戲謔的文本，勘誤表本就具有此般豐富的內涵，他們只是參與了這一段漫長的發展歷史。

第二十章

索　引

鄧肯，丹尼斯

乍看之下，索引（indexes）和目錄有很多相似處。兩者都是標籤列表，都有定位編號指向正文中的某個位置或某個區塊。中世紀晚期，這兩種副文本甚至共用一些相同的名稱，例如表冊（register）、表錄（table）、題目（rubric）等，也使得兩者益發難以區別，除非仔細審視。[579] 喬叟筆下的騎士，在故事另一名主角阿賽特死後，果斷拒絕臆測死後會發生何事——「I nam no divyistre: / "Of soules" find I nought in this register」（ll. 1953-4；翻成白話文就是：「我沒有天眼：我的表冊裡沒有『靈魂』這個條目」）——我們很難明瞭他腦海中想到的究竟是哪一種表冊。無論如何，兩者其實是相當不同的書籍構件，有如書擋跨立於正文兩側，一個在前，一個在後，各有其功能與歷史。

即使沒有定位編號，目錄也能供人概覽作品的結構，因為目錄是依照文本出現的順序揭示整體架構。我們只要瀏覽目錄，就能合理推測全書的整體論點是什麼。因此，目錄一定程度上是個獨立的平台。例如，即使是以一連串卷軸形式存在的作品，目錄在其中依然能有效發揮功能，且正如約瑟夫‧豪利在本書（第六章）所言，目錄的歷史可以上溯到古典時代。相較之下，索引具體而言是一項隨機存取技術，而且是手抄本時代的發明。經摺疊裝訂、能輕易從中間翻開或翻到最後的一疊書頁，才是索引能合理存在的載體；而且與目錄不同的是，索引要是少了定位編號，作用就和少了輪子的單車沒兩樣。

這是因為，索引的主要作用機制決定於人為。索引的首要創新之處，在於填補了作品結構與目錄架構之間的空缺。索引的排序考慮的是讀者，而非文本——只要知道自己想查什麼，字母排序提供了一個獨立於文本之外的通用系統供你查找。（也許可以說，大多數索引都是雙重人為決定，因為最常見的定位編號，也就是頁碼，與作品或內容主旨並沒有原生關聯，只與載體有關。）「中世紀不喜歡字母排序，」理查與瑪莉‧羅斯夫婦（Ricard and Mary Rouse）寫道：「認為字母排序與理性對立。」[580] 上帝創造了秩序和諧的宇宙，學者的工

作是辨認及反映這個和諧結構，而非加以忽視。因此，除非需求迫切，否則索引的神聖用途，比不過它的人為武斷特性對神聖的褻瀆。

索引在 13 世紀初方始出現，因為當時兩種新興公共機構為閱讀方法帶來變革，索引正是其中一項創新發明。這兩種機構分別是傳道教會——道明會與方濟會——以及大學。因應傳道與教學之需，閱讀方法必須更有效率、目標更明確，不能再用從前修道院那一套冥想默記的模式。因此，進入 13 世紀前後的數十年間，手抄本頁面上多出諸多各具意義的特徵，如：「書眉、紅字章節標題、紅藍交替的起首字母、不同大小的起首字母、段落標記、引用出處、引用作者姓名。」[581] 還有一項關鍵發展同受閱讀方法轉變推動，就是聖經各書細分成章，這是英格蘭牧師史德望・朗頓（Stephen Langton）於 1200年左右的創舉。（分節則更晚，要到 16 世紀中葉。）多了聖經分章這個合適的定位編號，舞台已布置完畢，供索引跨出第一個重大里程碑：聖經用語彙編（Bible concordance，又稱經文彙編）。

第一部經文彙編，始於 1230-35 年間，完成則不晚於 1247 年，是集學術努力之大成的驚人傑作，在聖謝赫的休（Hugh of Saint Cher）指揮下，由聖雅各道明會修道院的修士合力編纂而成。聖雅各修道院位於巴黎塞納河左岸，就在先賢祠今日所在之處的旁邊。這部經文彙編列出約 10,000 個關鍵字，中間的定位編號則約有 129,000個。基本上，每個詞（冠詞和介系詞等等除外）的每個例子都收錄在其中，附上由哪一書、哪一章組成的定位編號，以及出現位置在該章何處的標記（從字母 a 到 g，每一章理論上分成七個等長的段落）。然後全部再依照字母順序重新謄抄，以驚嘆詞 Aaa 為起始——或寫作A, a, a，意思是唉（出現四次），結束於舊約聖經中的國王所羅巴伯，*Zorobabel*。

聖雅各經文彙編令人驚奇的一項特徵，是它精緻的尺寸。頁面內容排列成五個直欄、縮寫聖經各書名稱，加上使用極薄的羊皮紙，全部內容因此能收進口袋大小的開本中，例如現收藏於波德利圖書館的

MS Canon Pat. Lat. 7，只比手機大了點。但若便於攜帶是一項優點，它也有個顯著缺點。我們從第一頁挑一個關鍵詞來看，就能察知問題所在。以下是 abire 一詞開頭的幾個條目：

Abire, Gen. xiiii.d. xviii.e.g. xxi.c. xxii.b. xxiii.a. xxv.b.g xxvii.a. xxx.c. xxxi.b.c xxxv.f. xxxvi.a. xliiii.c.d

單在〈創世記〉就有 16 個不同出現處，完整清單總計有數百個條目，橫跨好幾欄，而像 due（上帝）和 peccatum（原罪）等詞，條目更是占去多頁。這類例子並不罕見，對此，聖雅各經文彙編對找出特定段落位置的幫助並不大，因為剩下仍有很多事要做——單說要在各章分成那麼大的區段裡四處翻頁找到那個詞，依然不切實際。

正是第一部經文彙編的缺點，促成了第二部的誕生，即所謂的 Concordantiae Anglicanae，或英語經文彙編。這個書名源自它事實上——同樣在巴黎聖雅各修道院——是由幾名英格蘭道明會修士彙編而成，史達文斯比的理查（Richard of Stavensby）是其中一人。[582] 英語經文彙編約出現於該世紀中期，只比第一部晚了不到二十年，其創新之處在於為每個出處加上一段背景引文。這種形式現今稱為上下文中關鍵字索引（keyword-in-context, KWIC），例如 Google 圖書的「摘錄檢視」（snippet view）。以下是書中 regnum（王國）一詞前幾個條目呈現的樣子，關鍵字在條目中縮為兩點之間的大寫字母：

Regnum

Gen. x.c. fuit autem principium .R. eius Babilon et arach

xx.e quid peccavimus in te quia induxisti super me et super .R. meum peccatum grande

xxxvi.g. cumque et hic obiisset successit in .R. balaam filius achobor

xli.e. uno tantum .R. solio te precedam.[583]

除了告知所在的書、章、章內分區之外，現在還可略窺關鍵詞出

現的句子。

史達文斯比與夥伴在製作英語經文彙編時，不僅沿用第一部的關鍵詞，還另外加上小段上下文，新成品補足了第一部缺乏的出處索引。然而，英語經文彙編有個基本問題。定位編號有上萬個，每個都附一句上下文的話，原本精緻迷你的傑作，霎時暴漲成多冊大開本的磚頭巨著。甭說不能像前作一樣隨身攜帶查找，英語經文彙編根本笨重到限制了自身的實用性。因此還需要另一個版本，一個既能保留上下文發明、但又能夠大加縮短的版本。

因此，第三部經文彙編在 1286 年再度由聖雅各修道院發行，這次使用簡短至二到五個字的上下文句。[584] 在這近半世紀間，巴黎道明會修士不斷改良其原始配方，就像金髮姑娘試遍椅子的故事＊，第三個版本終於不大不小剛剛好。直到今天，第三部經文彙編依舊是今日以各國語言印行之經文彙編的參考模範。

不過，儘管費盡種種心力，經文彙編仍只能告訴我們特定關鍵詞的出現位置。它的單位是詞，而不是概念。試試看用經文彙編查找浪子回頭的寓言，即關於寬恕的著名故事，我們就能看出經文彙編這個做法的局限：因為寓言中並未包含**寬恕**或**慈悲**等字眼，甚至也沒有**浪子**這個詞。幸而就在 1230 年，正當聖雅各的修士們提筆動工之際，在英國牛津，科學家兼神學家羅伯・格羅斯泰斯特（Robert Grosseteste）也正在設計彙編一部聖經**主題**索引（topical index），是現代主題索引（subject index）的前身，也反映出他如百科全書般的閱讀廣度。為了匯整他的淵博學識，格羅斯泰斯特設計出一套註記系統，讓他能集合相同主題，附上一組參照標籤——實際上就是關鍵詞

＊ 譯註：金髮姑娘的比喻，出自羅伯・騷塞創作的《三隻小熊》，名叫 Goldilock 的金髮姑娘誤闖熊一家三口的屋子，偷吃屋內的三碗粥，偷坐三把椅子，又偷躺三張床以後，覺得不冷不熱的粥、不大不小的床和椅子最剛好。後 Goldilock 一詞即引申有「恰到好處」的意思。

——且可以通用於不同文本。格羅斯泰斯特這部《神學導引》（*Tabula Distinctionum*）現收藏於法國里昂市立圖書館，用的不是字母排序系統，而是將主題分成九大類（或稱 distinctions），其下再分出數量各異的子題（或稱 topics）。舉例來說，第一個大類標題名為 **de deo**，即 **Of God**，**上帝的**。這個標題底下列出 36 個子題，各自與母分類有關，如：**上帝的存在、上帝的實貌、上帝的一體性、上帝的三位一體**，等等。《神學導引》的前半部，基本上就是這些大類與子題的列表，總計共有 440 個項目。在每一個的旁邊，格羅斯泰斯特都設計了一個圖樣簡單但專屬於該子題的記號，如此一來在閱讀過程中，每當特定子題出現，他就能立刻在頁緣畫下記號，供之後參考查照。記號與子題有時關係明確，例如上帝的三位一體以三角形表示，上帝的一體性以圓點表示。但有鑑於格羅斯泰斯特斯的系統裡子題數量龐大，很多記號比上述例子更武斷也更複雜，也就不足為奇了（**圖 20.1**）。

　　九個大類與各自子題的列表，總共用去五頁篇幅，每一頁分成三個直欄，緊接著才是索引正文。在這裡，每個子題及隨附的記號又重新列出一遍，只是這次子題下方會加上一連串的引據出處，首先指引經文內與主題對應的段落，再來指引教會早期教父的著作，最後在右側的獨立欄位內，指引異教徒或阿拉伯作者的著作。所以，假如以第一個大類的第一個子題**上帝的存在**這個命題當作例子，我們先會看到格羅斯泰斯特給這個子題的記號，接著是如下的引據出處，把縮寫恢復成單詞（其中的 l'，格羅斯泰斯特的字跡寫為斜點交叉的 l，指的是 **liber**，即書的意思）就如以下：

ge· 1· a·
augustinus contra aduersarios legis et prophetarum. l'·1· De trinitate ·12· De libero· arbitrio· l'·1· De uera religione· epistola· 38· De ciuitate· dei l'·8· 10· 11· gregorius dialogi l'.4.27· Ieronimus· 13· damascenus· sentenciarum· l'·1· c· 3· 41· anselmus prosologion· c· 2· 3· monologion·

[右頁緣] aristoteles methaphisice l'·1·[585]

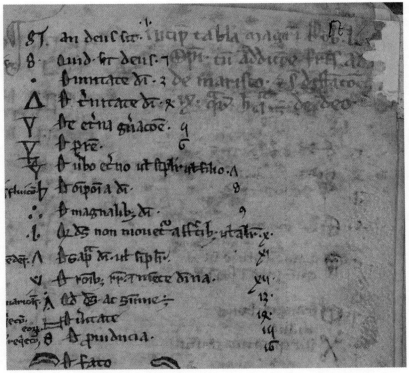

🦋 圖 20.1　格羅斯泰斯特《神學導引》的細部，條列出主題與對應的記號。
Lyon, Bibliotheque municipal, MS 414 f.17r

　　這一大段的意思是，假如我們想多了解**上帝之存在**這個命題，首先應該看聖經第一章〈創世記〉（「起初，上帝創造天地」），接著可以再讀聖奧古斯汀的諸多著作，如《上帝之城》（*De Civitate Dei*）的第八、十、十一章，或是教宗額我略一世的《對話錄》（*Dialogues*），或是聖熱羅尼莫、大馬士革的聖若望（St John Damascene），或是安色莫（Anselm）。而若我們願意跨界閱讀非基督教思想，可以嘗試亞里斯多德《形上學》（*Metaphysics*）第一章。假如我們按照其中一條索引，查到格羅斯泰斯特原本持有的《上帝之城》抄本，現藏於牛津波德利圖書館，翻到第八章，可以在下述段落

旁邊找到子題記號：

Viderunt ergo isti philosophi, quos ceteris non inmerito fama atque gloria parelatos uidemus, nullum corpus esse Deum, et ideo cuncta corpora transcenderunt quaerentes Deum.[586]

〔因此這些哲學家，如同我們所見，聲譽高於他人實非浪得虛名，他們意識到物質身軀皆非上帝，因此也往超越一切物質身軀的方去向去尋求上帝。〕[587]

　　同一段落的頁緣還標註著另一個記號，有點像一張三角桌，代表 de videndo deum（**論目睹上帝**）這個子題。可想而知，假如我們在《神學導引》查詢這個子題，索引表一定包含《上帝之城》第八章。

　　對需要寫佈道詞的牧師或新創立之大學的教師來說，像經文彙編或格羅斯泰斯特《神學導引》這樣的作品，價值不言可喻。但嚴格來說，兩者都不太算是書的構件。前者自己就是一本書，後者比較像所有藏書的搜尋引擎。不過，在兩者開路下，小規模的索引也逐漸流行起來。在整個 13 世紀，讀者開始為自己的藏書標註，在開頭空白頁手寫索引。例如大英圖書館收藏了威廉·德蒙帝布斯（William de Montibus）《辨義》（*Distinctiones*）著於 13 世紀中期的一份手抄本，但抄本中額外包含一個百年後才加上去的特徵：寫在書名頁內的手寫索引。[588] 這份索引與該書的編頁相輔相成，最初寫下原著正文時，並沒有這些數字頁碼，是後代抄書匠在彙編索引之前加上去的。德蒙帝布斯的《辨義》原本就是一部照字母順序排列的著作，但看來這還不夠，抄書匠顯然認為，假如你知道自己想閱讀的條目，參照索引後，只要翻動頁角就能找到你需要的那一頁，可以省下很多力氣。

　　用葉碼或頁碼當作定位記號，在這裡是一個值得注意的權宜之計。不同於聖經或聖奧古斯汀的《上帝之城》，不是每部作品都有廣受承認的分章或分書，所以編纂者的替代做法，是把索引與書的某一項具體特徵配合在一起。但這也代表，索引只對持有特定這一個手抄

本的讀者有用而已，換言之，就是**單一抄本限定**，因為直到 15 世紀中葉以前，所有的書都須由人工抄寫，幾乎每一部抄本的編頁和頁碼都不相同。不過，印刷術到來以後，編頁漸漸固定下來，只要是同一個版本，即使是不同印本，頁碼也會相同。某名威尼斯的讀者可以十分肯定，他在手中這本書第十五頁看到的內容，會與他在布拉格的朋友看到的相同。因此，雖然索引此前已經存在了數個世紀，但是在進入印刷時代以後，索引才真正得以發揮到極致。

看看英格蘭最早期的一些印刷書，我們可以更清楚索引在那個讀者群日漸擴大的時代有哪些新變化。首先會發現，這個在我們今日看來近乎直覺的書本構件，曾經需要詳盡的說明書，向讀者解釋它的用途及用法。以卡克斯頓版的《聖人傳說》（*Legenda aurea sanctorum*）為例，這是一本基督教聖人傳記，印刷於 1483 年，書中附有索引和目錄，兩者頭尾相連，兩張表的上方則有以下說明：

> 為便於可迅速找到各聖人的歷史、生平與志趣，我提供以下此表 / 詳列在何頁何處可找到欲知之事 / 並於各頁邊緣編有數字。[589]

這段話有幾個重點可以注意。第一點很奇特的是，印刷商特地向讀者說明書中附有頁碼（或者該稱葉碼，這方面詳見第十一章）：「各頁邊緣編有數字。」第二，這段話中簡潔巧妙地描述了兩張表的功能，是讓內容「可迅速找到」——顯見在當時和現代一樣，節省時間是好索引的條件之一。不過最有趣的是，其中還有「可找到欲知之事」這樣一句話。這句話似乎涵蓋了所有可能性：**不論你在找什麼，到索引裡查一查，跟隨參考出處指引，必定會有答案**。這當中或許有一絲廣告宣傳詞的成分，混在教學說明指南裡頭。漢斯・威利胥（Hans Willisch）曾指出，15 世紀的印刷商在索引裡看見商機：「隨著讀者漸能體會索引的價值，書中收錄的索引工具也愈來愈多，因為印刷商很快就意識到……提供索引有助於書籍銷售。」[590] 不過，那個

年代不是每本書的索引都附有那樣一段話保證它涵蓋充分。卡克斯頓在前一年推出新版的史學家雷納夫・希格登（Ranulf Higden）的《綜合編年史》（*Polychronicon*），書中初次使用字母序索引，當作「可快速連結至本書多數段落的附表」。[591]「多數段落」這幾個字不如「可找到欲知之事」那麼給人信心。甚至，卡克斯頓 1484 年出版卡托（Cato）的著作，附表結尾聽起來更明顯像是警告：「除卻上表包含的這些／尚有許多十分有益且值得一顧的／誡律、教誨和議事未列於以上陋表。」[592] 這段話像是在說，別誤把地圖當成風景，索引**可不是**全書的精簡縮影。

16 到 17 世紀，索引的發展逐漸熟而生巧，存在也日漸普遍，但也是在這段時期，索引不可取代作品本身等類似告誡，可以一而再地聽到。伊拉斯謨斯為其《簡短旁註》（*Brevissima scholia*, 1532）作序，妙言自己應寫成索引的形式，因為「eos plerique solos legunt（很多人只讀索引）」。[593] 一個世紀後，伽利略（Galileo）也感嘆：「眾人……欲求自然現象知識，不是親自駕船、操弓、開炮，而是退入書房，草草瀏覽索引或目錄，看亞里斯多德是否提到過這些事。」[594] 這些記載告訴我們，索引漸漸為自身的成功所累：讀者很顯然真的會使用索引——從書名頁會大加宣傳內附索引即可推知這個結論。但與此同時，也漸漸有人懷疑，有學者會利用索引**代替**讀完整本書。相較於其他書本構件（雖然其他肯定也受過類似譴責），索引為**應該**如何閱讀的焦慮擔負了更大的責任。

在英格蘭，此事在 18 世紀之交的「古今之爭」期間，受到最尖銳集中的爭論，還造出「索引就能學」（index-learning）之類的形容詞來嘲諷本特利等當代文獻學者。我們可看到波普譏諷說：「索引就能學，學子好氣色」（《文丑傳》[1743], I. 279），暗示勤奮苦讀與學問之間的關聯——挑燈夜戰以求真知——已經被摘要式閱讀的方便給不當破壞了。斯威夫特也加入攻勢，留下一段令人難忘的挖苦：「那些人，**翻翻索引**便假裝讀懂了一本書，活像一名遊客，只不過窺

見**茅廁**，就描述起**皇宮**來了。」[595] 不過「古派」對「字母學習法」的鄙視，最佳範例本身也以索引形式呈現：那就是威廉・金恩（William King）的〈以索引短評本特利博士〉（A Short Account of Dr Bentley by Way of Index），印在查爾斯・博伊爾（Charles Boyle）的《本特利博士論文》（*Dr Bentley's Dissertation*, 1698）書末。全書從頭到尾都是針對本特利的**尖酸人身攻擊**，因為本特利竟敢不知好歹地批評博伊爾出版的據傳為法拉里斯（Phalaris）原著的古希臘書信集。本特利逐字分析文本的做法，須大量仰賴單詞表來查找詞源和年代，使他成為優秀的索引學者，所以索引自然是諷刺誹謗的絕佳載體，例如以索引形式指出他的「肆無忌憚的愚蠢，頁 74, 106, 119, 135, 136, 137, 241」「他對從沒看過的書如數家珍，頁 76, 98, 115, 232」，以及當然少不了他的「賣弄學問，頁 93-99, 144, 216」。[596]

因為此例，金恩普遍公認是諷刺性索引的始祖，往後十年間還可看到不少例子，有些也是金恩本人所作。[597] 矛盾的是，在後續這些諧擬索引中，諷刺對象已經不再是用索引作學問；反而，索引漸受青睞，愈來愈不受批判地被當作慣例中暗含諧仿潛力的載體使用。如同其他許多書本構件，我們可以發現，當副文本開始用在諧仿用途，往往也表示步入了成熟期，讀者對它們的既有形式已經足夠熟悉，認得出是不是受到挪用。

諧仿的索引在今日依然與斯威夫特的時代一樣常見。其簡潔的子標題可以用來針砭政治人物，例如「喬納森・艾特肯：偏愛鋌而走險，頁 59；入獄，頁 60」；人為規定的排列順序，也讓現實中不可能的組合可以並置於一處，如：

福爾摩斯

　　伊蒙[*]：26n, 98, 152, 166n, 227, 230

　　夏洛克：87-8

　　索引特色鮮明的倒裝語法，也代表笑點可以巧妙鋪陳在短句結尾：「足球，吸引呆瓜：頁 167-9。」[598] 很顯然，現代人用起索引體依然妙語如珠。不過，這門技術既然如此緊密依附於紙本書，數位革命不免帶來重大威脅，專業索引員的社群間也興起一股嚴陣以待的強烈危機感。數位文本——不論是網頁或 Kindle 電子書——經常捨棄頁碼，但當然改就其他方法，依舊十分易於搜尋。話雖如此，現行的數位搜尋工具，不管是 Google 圖書搜尋工具列，或文書軟體 Word 和 Acrobat 的 Ctrl+F 搜尋功能，都繼承自經文彙編——也就是文字索引法，而不是主題索引法，所以受到的局限自然也與過去相同。此外，雖然出版商永遠希望錢能省則省，但專業索引界仍將持續證明，我們在嚴格技術上，還沒走到可以省略專業索引彙編的地步。索引這個書本構件的未來還有待檢驗。但至少現在，專業索引人，這個存在時間比印刷還早出一個世紀的人物，依然在書籍製作過程中扮演著重要角色。

---

* 譯註：伊蒙・福爾摩斯（或作伊蒙・霍姆斯，Eamonn Holmes）是北愛爾蘭電視主持人兼記者，因姓氏拼法相同，而與小說虛構的偵探夏洛克・福爾摩斯並列在一起。

第二十一章

封裡頁

席尼・伯格

拿起一本古書感到心中悸動，有一部分來自於古書之美能夠帶給我們鑑賞的樂趣。而其美感往往體現在構成書冊的材料之中。你永遠猜不到翻開封面看到封裡頁（endleaves）時會有何發現。[599] **彩圖 8** 呈現的就是一對引人注目的封裡頁，出自 19 世紀的西班牙，以布料製成，上有數十個看似迷你大理石磚的方格，全都有著不同的繽紛色彩。很顯然，透過顏色，透過製作的精細繁複，封裡頁也能美麗動人。當我翻開這本書，發現一個從沒看過的圖紋，備感驚奇。我到現在仍不曉得它是怎麼做成的。它和書中文字沒有關聯，但確實能讓人在好心情之中展書閱讀。我們以下會看到，封裡頁幾乎是所有書籍不可或缺的結構要素，但時日一久，封裡頁也和美術封面一樣，漸漸多了審美功能。不過首先我們有必要澄清相關用詞。

封裡頁（也稱為**末頁紙**〔endpaper〕或**襯頁紙**〔endsheet〕），是裝幀師用來遮蓋書封紙板內裡、連接文字頁與封面封底的頁面。封裡頁分為兩部分：黏貼在書封紙板內側的稱為**襯裡**（pastedown），與襯裡成對而不必黏合的稱為**空白末頁紙**（free endpaper）。裝幀師用羊皮紙、皮革、布料、紙張或其他材料包覆書封紙板，將材料拉緊，多餘部分向內摺，包住書封露於外側的三邊（天頭、地腳、書口，書封的第四邊在書背被裱褶遮住），然後把這些內摺進來的部分黏貼固定在書封紙板內側，稱為內摺（turn-ins）。因此，書封外側（封面和封底）通常有一層包覆，但內側僅在內摺的地方包覆住。裝幀師會於此時加上封裡頁，用其中一頁蓋住書封紙板內側黏合，成對的另一頁則不予黏貼。一般裝幀中，封裡頁尺寸會和全書所使用的紙張大小相同，這樣翻開封面時，封裡餘紙才能和紙稿頁完美切齊。襯裡會蓋住整個書封紙板內側和大部分內摺，遮去相對不美觀的紙板內側和內摺不整齊的摺邊。內摺通常不會全部遮住，會留下一小條露在書封內側邊緣。假如包覆書封用的是布料，則從書的天頭、地腳、書口這三邊，可以看見內摺邊條顯露該種布料。[600]

封裡頁不屬於一本書的**印刷**部分，所以在書目描述中，封裡頁不會涵蓋在核對公式裡，但假如封裡頁具有顯著特色，例如材料使用特別的紙張或布料、受到特別裝飾，或含有文字或藏書票，則會另於附註中提到。廉價書往往不含封裡頁，反映該書的社會地位。

在裝幀文獻中，經常可以看到不嚴格地使用**封裡頁**一詞，比較嚴謹的作者則會使用**蝴蝶頁**（flyleaf），或正好相反過來。嚴格說來，封裡頁包含襯裡和與之成對的封裡餘紙；蝴蝶頁則是又在它們「裡面」的空白頁。大衛·皮爾森（David Pearson）說書有兩種封裡頁，一個是襯裡，一個是書名頁，就是將兩者混為一談了。[601] 這種用詞不察的現象，有部分是裝幀師做法各有不同造成的。裝幀師可能會用廢紙包在封裡頁外層，或使用印刷剩餘的或空白的紙頭製作封裡頁；或者不把「襯裡」黏合固定，或者使用羊皮紙而非紙張當裡頁；也可能只有襯裡，沒有封裡餘紙；或者將紙頭與相等尺寸的對頁摺成最早的蝴蝶頁；或是選擇縫合而不只是單純黏合封裡頁，諸如此類。無論如何，我們把**封裡頁**限定專指襯裡和與其成對的封裡餘紙，闡述比較精確。

以線裝綴訂（laced-in binding）來說，會依紙稿本身縫裝的方式，用線繩、皮條或膠帶將紙稿與書封紙板固定在一起，這種裝訂方式的封裡頁通常不會視為結構的一部分。因為封裡頁只是遮住書封裡側而已，並未發揮連結書冊部件的功能。不過，學者羅伯茲（Matt Roberts）和伊瑟林頓（Don Etherington）表示：

> 在手工裝幀中，封裡頁的基本用途，是承受翻開書封時的拉力，否則拉力會作用在書本起始和末尾的區塊或頁紙上。這對書的封面和起始的區塊或頁紙來說格外重要。[602]

所以封裡頁在線裝綴訂書中或許也有結構上的功能。

而以硬殼精裝來說，封裡頁絕對具有結構功能，因為紙稿正是透過封裡頁與外殼黏連在一起。與紙稿分開製作的外殼，除了有底板和

包材，也有標準的內摺。紙稿則先經線裝或膠裝成一本，讓所有頁紙準備好包上外殼。然後，將封裡頁的襯裡黏於書封，封裡餘紙則分別與紙稿本的第一頁和最後一頁黏合。這兩張紙頁的黏著強度，就是紙稿本與書封之間的黏著強度，因此相較於線裝綴訂，這種裝訂方式脆弱很多。不過以目前討論的用途來說，結果是一樣的：做出的書都有封裡頁，襯裡黏合固定，空白紙則不固定。[603] 不過，也有可能封面兩張封裡頁和封底兩張封裡頁都沒有黏合，另外用別的材料遮住內摺。此時的襯裡頁嚴格說來不能稱作封裡頁，但可以視為書籍裝飾的一部分。

此外，裝幀師為求節省時間，不把襯裡黏合的例子也並不少見。很多書的襯裡頁都留著沒黏，變成多出一張「封裡空白紙」，內摺和剩餘的書封內側則裸露在外。裝幀師多半會利用廢紙（印刷廢紙或其他別無用處的紙張）封襯紙板內側。若是使用高磅數布料的圖書館裝訂本和精裝本，則常見紙稿與精裝硬殼只靠封裡頁接合在一起。[604]

紙是封裡頁最常使用的材料，但也可用羊皮紙、緞布、絲絹或其他布料，又或是裝幀師選擇的其他材料來製作。如果用的是紙，可能是素色紙，也可能是經不同方法裝飾的美術紙，後文會詳述。書籍設計領域有一句老生常談，說封面設計應當透過主題或美學手段，讓讀者能為書中內容預做準備。但封裡頁就不必然了。裝幀師可以在封裡頁為書籍添加與內容不相關、甚至與整個書封都不相關的裝飾。假如有某一本書純粹只想提供感官樂趣，那封裡頁裝飾本身就能身兼目的與手段。不過我們也能看到，不少書的封裡頁的確仍與書中文字內容有關。

封裡頁的材料如果是紙，多半比文稿選用的紙張更為強韌，磅數也更重。用普通紙張對摺做成封裡頁，對一本書來說會「禁不起頻繁翻閱查照」，因為書的外裝就只靠接縫處細細一條線在支撐而已。[605]（不過若是布料接縫，多少能緩減這個問題）。

裝幀師可能會希望使用鹼性的封裡頁，而且尺寸要夠大，不論使

用哪一種黏著劑將其黏合於書上，都不會害表面起皺，或是造成黏膠滲透紙張，使紙張褪色。紙張起皺會從內側拉扯書封，進而導致整個書封起皺或扭曲變形；若是黏膠滲透紙張，則會導致封裡餘紙和襯裡黏在一起。在工藝精湛的裝幀中，封裡頁紙張的紋理理想上應上下垂直，與書背平行。如果紙張上有浮水印，裝幀師會希望裝訂好後，封裡頁兩面——即襯裡和封裡餘紙的浮水印——都應該能「正讀」。此外，如果封裡頁有顏色，且用紙經下文將敘述的任一種方式裝飾過的話，使用的染料也以不會褪色為宜。

✿☐☐✿

　　花紋紙在西方出現的年代，與運用在書籍封面和封裡頁的年代大約同時。最早有人使用是 17 世紀上半葉在法國。[606] 書籍裝幀師莫不渴望學習製作大理石紙紋，但望能用這種「新」景觀裝飾自己的書。到了 17 世紀末，整個 18 世紀想必亦然，裝幀師多已能夠自行生產裝飾需要的紙張。[607] 但這項商品搶手的程度逐漸足以推動一個新的產業，到了 18 世紀初，已有許多銷售花紋紙的公司，為裝幀師供應形形色色的花紋紙，其中最常見的，是大理石紋紙、裱糊紙（paste paper）、圖塊印刷紙（block printed paper）。[608] 花紋紙製造商的數量以德國、義大利、法國最多，不過在其他國家亦可取得。19 世紀後更有龐大的印刷花紋紙產業，為裝幀師供應數量超乎想像的花紋紙。

　　這裡還必須提到另一個現象，就是書封內襯（doublure）。這一般是指豪華精裝書中，封面封底內側原該會看到襯裡頁的位置，貼上一層厚實的材料（通常是梭織絲或皮革）。有時候書封內襯甚至會延伸到封裡空白紙。書封內襯多可見圖紋裝飾，而且幾乎都是書主自行添上去的，用以增進書籍之美，很少是原出版商所為。此外，因為書封內襯會增加紙本的厚度，書通常都需要換上新的封面。不少書籍的封裡頁載有輔助讀者的資訊，例如有些會在封裡頁印上書中提到之地

理位置的地圖。「有些封裡頁設計與它包裝的故事融為一體，例如米恩 1926 年版《小熊維尼》的封裡頁，就是謝波德（E. H. Shepard）繪製的『百畝森林』（100 Aker Wood）地圖。」[609] 1908 年版《綠野仙蹤》（*The Wizard of Oz*）的封裡頁，也是一幅「奧茲國仙境」地圖（參見**彩圖 9**）。

封裡頁也可以印載出版商的宣傳圖樣。美國版（Knopf 出版）凱倫‧布魯克菲德（Karen Brookfield）的《書》（*Book*），封裡頁印有影印機和鵝毛筆的重複圖樣；英國版的則有出版商 DK（Dorling Kindersley）目擊者系列其他本書的圖像。[610] 封裡頁與正文之間亦可以存在其他關聯。納博科夫小說《魔法師》（*The Enchanter*）英譯首版中，「部分原始俄語打字稿和納博科夫的手寫訂正可見於封裡頁。」[611]

書主人、出版商、圖書館員，都可能利用封裡頁來記錄出處資訊、購買或取得日期、購買來源、買價或賣價，或是其他可能對學術研究有極大幫助的資訊。書主人也可能在封裡頁寫上題辭或獻辭。美國麻州塞勒姆（Salern）皮博迪艾薩克斯博物館（Peabody Essex Museum）的菲利浦圖書館（Phillips Library），藏有一本 17 世紀書籍，書首封裡頁內有兩位前書主簽名，分別是威廉‧布拉德福（William Bradford, 麻州首任州長）和柯頓‧馬瑟（Cotton Mather, 新英格蘭政治及宗教界的重要人物，以著作眾多聞名，也因支持塞勒姆審巫案而留下惡名），書末封裡頁則有另一位前書主簽名，是約翰‧漢考克（John Hancock），他可能是美國獨立宣言簽署者中最有名的一人。[612]

有些圖書館會替自家流通館藏書籍重新裝幀，且可能擁有自己專屬的封裡頁。加州大學十所分校中有九所擁有自己專屬的封裡頁——方便區分是哪一所分校的藏書。原始封裡頁所含資訊可能具有重大研究價值，現在的 MARC 紀錄（機讀編目格式紀錄）有專門的資料欄記錄這些資訊。假如有一本書，特別是珍本或特藏區的書，將要重新

裝幀，圖書館員通常會謹慎確認封裡頁內的資訊已經仔細儲存下來。

在市售書籍的製作上，封裡頁多半經過層疊覆膜強化，或選用特別製造的紙張，磅數比內文所用紙張略重。LBS，一家專門生產封裡頁用紙的公司，宣傳自家服務如下：

> 封裡頁：書與封面之間的重要連結。我們是製造與供應封裡
> 頁強化用紙的全球領導品牌。[613]

由此可見，封裡頁製作在製書界已然成為一個小而重要的子產業。LBS 的官方網站不只悉心強調公司的專業，對材料品質、嚴格標準、細心選擇合適之紙張顏色與紙張重量、哪些印刷法適用於哪種紙張，以及其他諸多主題，也都有詳盡討論。網站上列出可供選用的紙張，適用於膠裝書的有 13 種、線裝書 21 種、鐵絲訂裝書 5 種，其他還有數十種可用於製作封裡頁的紡織或非紡織材料，以及超過 24 種強化材料。[614] 封裡頁從當初卑微的出身，如今已自成一個產業。

❧ 📖 ❧

論及紙張表面，最常見的是未經裝飾、素色的封裡頁。學者米德頓（Bernard C. Middleton）稱之為「表面紙」（surface paper）──有時單純全白，或刷上一層顏色，然後放乾或再上一層光釉。[615] 他區分出其中一種叫「柯布紙」（Cobb Paper），經過染色但除此之外無任何裝飾。

凡有空白空間，總會吸引人將它填滿。這種衝動在製書業造就一個裝飾的世界，其中書封和書口──書最先被看見的部分，成了各種裝飾的頭號目標。早期的手抄本中，最外層空白頁單純只是用於保護，防止文本的手寫文字或彩繪髒汙磨損，表面甚至未寫上書名或作者名。但到了 16 世紀，印刷術西傳，出版商和藏書家紛紛選擇為書籍添加裝飾──不止書封外側，裡側也不可少。

聽到封裡頁，一般幾乎都會自動想到大理石紋紙，因為這是最常見用來裝飾封裡頁的紙種。但也有其他幾種裝飾紙，包括裱糊紙、荷蘭鍍金紙（dutch gilt paper），以及最常見於封裡頁的一種裝飾紙：圖塊印刷紙。大理石紋紙（又稱流沙箋），製作方式是將顏料浮於膠水（利用諸如豆科植物膠或愛爾蘭紅藻膠等膠劑調濃的一缸水）表面，在上面畫出花紋（不畫也可），再把經過特殊加工的紙張平鋪於水缸表面吸收顏料，在西方約於 16 世紀即有人製作，不過實際起源已久遠而不可考。[616] 可肯定的是到了 17 世紀，大理石紋紙已經廣用於書籍裝幀，當作書封或封裡頁用紙。

　　根據理查・沃爾夫（Richard J. Wolfe）所述：「毫無疑問，法國是歐洲第一個用大理石紋紙製作封裡頁的國家……有時甚至將大理石紋飾運用在書本身的書口。」[617] 沃爾夫疏漏了年代未提，但他說的似乎是 16 世紀。米德頓稱「大理石紋紙在 1598 年於荷蘭已見使用，但最早用大理石紋紙裝幀的英語書籍，葛蘭・波拉德（Graham Pollard）先生指出是 1655 年。」[618] 這段話雖寫在他討論封裡頁的一章，但他並未細說用於裝幀，意思是用來製作封裡頁，還是書的封面封底。

　　紙藝師很早就學會把顏料梳畫成各式圖案，但他們也看出色彩隨機灑落亦有一番美感，所以我們在彩飾封裡頁上，可看見斯托蒙特圖案（色滴任意揮灑隨機散布）、虎眼、義大利藤蔓，以及其他無圖形的顏料分布。還有一些圖案也同樣受歡迎，例如將顏料梳畫成法國蝸牛、小彩點、鋸齒紋、花束、西班牙海浪，以及其他多種圖案。[619] 以顏料可以簡單梳畫出的圖案較為常見，小彩點是其中最常見也最容易製作的一種。數個世紀來，用在大理石紋封裡頁的圖案似乎多不勝數。

　　另一種有圖案的封裡頁，基本上是德國的發明，用的是裱糊紙。這種紙在 16 世紀晚期以後製造出來。做法很簡單：將彩色顏料加入漿糊（例如麥糊或米糊）調和，用筆刷或海綿刷覆於溼潤的紙張表

面，而後利用不同手法讓顏料糊呈現出特定圖案。有一種「圖案」非常簡單，把一張已經塗上顏料的紙對摺成兩半，兩個塗料面貼合在一起後再撕開，就做出所謂的「拉印圖案」。[620] 如果趁兩面仍貼合在一起時，以不同方式擠壓紙張（例如用手指畫圓或螺旋紋），顏料糊會被推往不同方向，再把兩面撕開，「移位」的顏料糊會呈現特殊「圖案」（參見**彩圖 10**）。不論是哪一種（不論貼合後有沒有擠壓），效果都十分美麗，很多書都使用這種紙製作封裡頁。

不過最常見的還是刷上顏料糊以後，趁著紙張還溼潤時直接用手指或工具畫出紋樣。不論如何推抹顏料糊，色塊之間一定會有縫隙露出底下的頁面。可以使用的工具無限多：各種形狀的梳子、木紋刨刀、瓶蓋、橡皮章、在切面雕刻圖案的馬鈴薯、軟木塞、派餅壓褶工具等等，不勝枚舉。限制藝術家的只有自身的想像力。同時可使用的顏料糊顏色也不限於一種，可以一次塗覆多種顏色，或是待第一層顏料糊乾固後再上第二種顏色，手藝純熟的藝匠藉此方法可以創造出令人折服的圖形（螺旋、圓圈、幾何圖形、重複式樣等等）、人物肖像、花卉、風景、家具、動物，以及其他數不盡的各種圖案。

裱糊紙主要用於書封用紙，但自 17 世紀以後也可見於封裡頁。

第三種圖案紙在 19 世紀極度盛行，那就是圖章印刷紙。這項技術其實可上溯到 16 世紀末，已經有人雕刻木章以生產圖案紙，這種紙在 17 到 18 世紀十分常見，通常是幾何圖案，偶爾也有具象圖案。19 世紀，諸如義大利的雷蒙迪尼與雷茲（Remondini and Rizzi），以及法國和德國的其他公司，相繼做出漂亮的單色、雙色或三色圖章（有時甚至用上超過三種顏色），用以製造數以千計的圖案紙，供書封和封裡頁使用。[621] 不過在 19 世紀，機器印刷使得印刷圖紙大量激增並廣為傳布，歐洲各地製作出數量數之不盡的圖案，用在數百萬本書的封裡頁上。單單在巴伐利亞邦的阿莎芬堡（Aschaffenburg）這座城市裡，造紙廠 19 世紀生產的圖案紙就有上千張（**彩圖 11**）。[622] 當時封裡頁對這些紙張的需求孔急，而如德國等地的公司恰恰回應了需

求。[623]

　　我在前文曾經提到，創作**彩圖 8** 西班牙出版書籍封裡頁的藝術家，巧手慧心令人驚嘆。而阿莎芬堡紙廠發行的目錄，激起的驚奇也不亞於前。這些樣本書一頁接著一頁展示出各種圖飾：琳瑯滿目的顏色（各色紙張、墨水、色彩組合），紋理（平滑、稜紋、織紋、荔枝紋、浮雕壓紋），表面加工（霧面、半光澤、亮面），材質（仿金屬表面和墨水），印刷技法（圖塊印刷、石版印刷、絹網印刷、凸版印刷），圖案（數以千計，其中許多為多色組合印刷）。紙張可以做到像金屬、透明塑膠膜、紡織布料，乃至於數種皮革和羊皮紙。而圖案更是名副其實的數以千計：各式各樣的幾何圖形、具象圖案、花卉、動物、礦物、各種靜物、交通工具、設備器具等等，不及備載。製作這些紙張的藝術家想像力無極限。亞麻布紋飾的紙張看起來就像真的布料，仿羊皮和牛皮紙完全是原始材料逼真的替代品——這可不代表它們是贗品。從 19 世紀初次出現，到大半個 20 世紀，上述這些幾乎全都曾用在書籍的封裡頁。借助這些紙張，出版商輕易就能為書籍增添風雅，而且多出的開銷微乎其微，幾乎一毛不到。

　　其他還有多種圖紙曾用作封裡頁，但最後在這裡值得一提的是荷蘭鍍金紙。從 17 世紀末到 19 世紀初，這種裝飾華美的紙張十分流行，大多數見於德國，但也可見於義大利。荷蘭鍍金紙名稱中的「dutch」一字，可能源自「Detsch」（德意志），也可能是因為這種紙張主要使用於西歐，供應者除了德國以外，以荷蘭為最大宗，因為荷蘭人可從相鄰的德國取得。這種紙張表面通常以筆刷或海綿薄塗了一層顏料糊（和裱糊紙一樣；而顏料糊可以是單色或多色，然後用模板印出幾何圖形），接著再把金箔塗按壓印上去。金箔用的不是真金，而是某些金色的金屬，有時候會混入銅，賦予圖案一種赤銅色光澤。銀箔也有人使用。圖案利用金屬雕塊或木雕塊壓印在紙張上，這個技術事實上是凸版印刷的一個步驟，在許多紙張上可以看出這種印刷法留下的浮凸痕跡。荷蘭鍍金紙的圖案很多：幾何圖形、動物、鳥

類、自然風景、人的各種姿態、各種職業、字母、樹木、植栽、花卉、傳說故事場景、兵士、聖人（特別流行）、錦緞、神話生物等，除此之外還有很多（**彩圖 12**）。這種紙用途很廣，其中自然也包括我們討論的封裡頁。[624]

　　美學與實用的結合，常常被封為封裡頁的特色，本章雖然礙於篇幅，只能簡短介紹，但仍希望能夠傳達出這個特色，同時照亮書籍裝幀師和紙藝師製作這個書本構件時投入的專業心力。

1936 年，喬治・歐威爾（George Orwell）以他典型的誇示口吻稱「小說已經被阿諛喝采給扼殺。問問任何會思考的人為什麼『從來不讀小說』，你會發現根本的原因往往是那些推薦評論人寫的令人作嘔的廢話。」[625] 兩年後，《書的印刷》（*The Printing of Books*, 1938）作者霍布魯克・傑克遜（Holbrook Jackson），則抱持同樣極端但完全相反的看法：「比起小說本身，未來歷史學者從書衣和出版品封套廣告或許更能了解我們這個時代，〔它們〕張揚浮誇也是為了推銷小說。」[626] 他們兩人都點出小說和出版品封套廣告（blurb, 編註：以下多會簡稱「封套廣告」）之間的共生和競爭關係，兩種文本相互依存，但對讀者各有不同的期待。封套廣告在書的歷史中占有獨特的地位：傳統上不是描述性書目（descriptive bibliography）的一部分，而且因為研究型圖書館多會移除書衣，封套廣告實體也往往會與作品分開（見第二章）。[627] 書衣歷史研究多偏重外皮的圖形設計，而非上面的文字，書衣的數位影像收藏也往往省略書衣背面。[628] 封套廣告缺少歷史、定義和文獻紀錄——然而同時它卻也是現代書籍的基本要素。

出版品封套廣告的歷史

出版品封套廣告（blurb）這個名詞本身，以及在書封外皮印刷文字的做法，雖然晚至 19 世紀末、20 世紀初才出現，但用補充評論當作文字推銷的一種形式，歷史卻長得多。當年湯瑪斯・摩爾請伊拉斯謨斯為《烏托邦》（*Utopia*）寫推薦文，伊拉斯謨斯用自己的知識聲譽拉抬朋友的詩作：「我想所有博學之人應能一致同意我的看法，欣賞此人的超凡天才。」[629] 1598 年，莎士比亞《亨利四世・上篇》的書名頁，則為劇作提供另一種形式的推薦，不是請來外界專家，而是向讀者保證劇中甚受喜愛的騎士丑角具備的娛樂價值：「劇中可見約翰・法斯塔夫爵士的幽默自負。」[630] 如以上例子所示，我們或能合理地把其他書籍元素視為封套廣告的原型：包括書名頁、獻辭、序

言，全都在這段較廣義的歷史中扮演了一角。但後來真正稱為封套廣告的東西，那些另行印刷的支持背書，或書封外皮上的摘錄大意，要到書籍有了印刷布封或書衣以後才開始存在。出版商書衣於 1820 年代引進使用，書本外皮的潛力從此有了巨大變化。[631] 如同本書其他作者提到的，直至此前，鬆散的紙稿或整板書稿多由買書人或書籍銷售商自行裝訂，書封基本上強調的是物主身分，而不是宣傳廣告。且如我們在第二章所見，即使在附書封的書籍出現後，以 19 世紀的例子來看，印刷書的書封多半樸素，顯見在這個世紀大多數時間裡，外層書衣是當成保護裝置而非廣告形式。[632] 一直要到 1890 年代，書衣上才有專為推銷書籍而寫的評論。[633]

封套廣告確立地位的速度，從它不到二十年內可用來當作諷刺的載體，就能清楚得見。1906 年，美國作家兼評論家吉列·伯吉斯出版一部 60 頁的詩作，題目是《汝為俗人乎？》，諷刺守舊觀念、原創性和陳腔濫調（參見圖 **22.1**）。隔年，出版商韋布奇（B. W. Huebsch）在 1907 年年度美國書籍銷售商協會（American Booksellers' Association）大會上販售這本詩作，所附的書衣印上「對，這是出版品封套廣告！其他出版商都用了，我們為何不用？」[634] 然而，雖然封套廣告自誕生以來，其誇大其辭且厚臉皮的行銷便一直受到譏諷，但它挺過了此後種種對其可信度的攻擊而存活下來，至今仍是現代書不可少的一環，而且那種誇張修辭依舊有如封套廣告界的法定貨幣，始終流通不輟。我們從伯吉斯的例子可以看到，這個文體從誕生之初就有一種詼諧的自覺。例如這些評論文字去個人化的語氣，很明顯在查爾斯·迪凡（Charles Divine）詩集《進城之路》（*The Road to Town*）裡受到嘲諷，詩集中開頭及結尾的段落都附上標題「作者自己寫的出版品封套廣告」。[635] 九十年後，同樣一招戲謔之餘也加以利用的策略，也在加布里埃爾·塔倫（Gabriel Tallent）小說《窒愛》（*My Absolute Darling*）的封面昭然可見，螢光色的書腰上，寫著恐怖大師史蒂芬·金（Stephen King）的評語：「傑作一詞已經被太多出版品

YES, this is a "BLURB"!

All the Other Publishers commit them. Why Shouldn't We?

MISS
BELINDA
BLURB

IN
THE ACT OF
BLURBING

ARE YOU A BROMIDE?

BY
GELETT BURGESS

Say! Ain't this book a 90-H. P., six-cylinder Seller? If WE do say it as shouldn't, WE consider that this man Burgess has got Henry James locked into the coal-bin, telephoning for "Information"

WE expect to sell 350 copies of this great, grand book. It has gush and go to it, it has that Certain Something which makes you want to crawl through thirty miles of dense tropical jungle and bite somebody in the neck. No hero no heroine, nothing like that for OURS. but when you've *READ* this masterpiece, you'll know what a BOOK is, and you'll sic it onto your mother-in-law, your dentist and the pale youth who dips hot-air into Little Marjorie until 4 Q. M. in the front parlour. This book has 42-carat THRILLS in it. It fairly BURBLES. Ask the man at the counter what HE thinks of it! He's seen Janice Meredith faded to a mauve magenta. He's seen BLURBS before, and he's dead wise. He'll say:

This Book is the Proud Purple Penultimate !!

圖 22.1 伯吉斯《汝為俗人乎？》的書衣 (New York: B. W. Heubsch, 1906). Library of Congress, Rare Books and Special Collections Division, Printed Ephemera Collection

封套廣告給濫用了，但《窒愛》絕對是一本傑作。」[636] 業界其實曉得封套廣告的讚美脫不了陳腔濫調的特性，從書籍封面偶爾會動用負面評語就看得出來。這種有違直覺的宣傳策略，可用來突顯作品的爭議性或挑戰性：例如伊恩・班克斯（Iain Bank）1984 年的小說《捕蜂

器》（*The Wasp Factory*）於 2008 年重新出版，附上的一連串評論從「恭迎偉大的想像力」（《每日郵報》）到「廢話連篇」（《泰晤士報》）和「與最下流的青少年犯罪同等級的文學作品」（《泰晤士報文學增刊》）都有。[637]

封套廣告的性質，由受作品文類和市場定位決定。當代類型小說（contemporary genre fiction）傳統上比較注重情節摘要。米爾斯與波恩（Mills & Boon）系列羅曼史小說，就只有情節大綱。而若是瞄準大眾市場的小說（mid-market fiction）則傾向於結合情節描述與引用對作者的看法，如：「佩姬對母親僅有些許鮮明的印象，母親在她五歲時拋下她。」接著是對作者的評論：「她是小說界的巧匠⋯⋯刻劃人性是皮考特最拿手之事。」[638] 文學小說可能會依據作者的名望提供更多背景資訊：馬汀・艾米斯（Martin Amis）的精裝版《倫敦戰場》（*London Fields*）封底除了附上作者照片，還有約翰・凱里（John Carey）的評論：「他的風格明快如彈簧刀，對怪誕的描寫別具天賦，他人的噩夢在他筆下看來宛如維多利亞時代的水彩畫。」[639] 而若在文學經典的現代版中，封套廣告的作用往往是要替作品在普世通用的修辭中找到定位，讓現代讀者也能與過去的文本產生共鳴。這一類現代版經典雖然常見會有編輯掛名介紹作者，但封套廣告本身則不具名。例如 1971 年，企鵝經典版的喬叟《特伊勒斯與克莉賽緹》（*Troilus and Criseyde*）：「喬叟思索愛的本質，特別是人性之愛。」[640] 1977 年，柯林斯版的吳爾芙《海浪》（*The Waves*）則「邀請我們省視自己的存在觀」。[641] 有時候，附書衣的印本旨在提供多重形式的推薦：我們或許可以有效區分出背書出版品封套廣告和摘要出版品封套廣告，但這兩種形式可以同時出現。1937 年由 Knopf 出版的《消失的畫像》（*The Missing Miniature*），封面有一段不具名的指引：「盼從閱讀中獲得樂趣的人，在這本結合歡樂喜悅和刺激謎團的小說中必能找到眾多樂趣。」封面摺口處還有威廉・菲爾普斯（William Lyon Phelps）的個人意見，為這段話錦上添花：「這本書絕對使人入迷。歡笑與刺

蘭・史威夫特（Graham Swift）的小說《天堂酒吧》（*Last Orders*）引用了《泰晤士報文學增刊》《衛報》《週日泰晤士報》《每日郵報》《觀察家報》的評論，然後是一個僅其孤身一人的作家評論，只有這個評論署上作者姓名，同樣是薩爾曼・魯西迪。[645] 封套廣告暴露了文學評論界的階級之分，即便都是讚美，也非人人平等。封套廣告是網絡理論的沃土，它點出了作者與評論者之間的共生關係，即文學小說宣傳與商業出版之下隱藏的互相吹捧的模式。不少雜誌的諷刺專欄，如美國諷刺雜誌《間諜》（*Spy*）的「我們這時代的滾木運動」專欄，或英國雜誌《私探》（*Private Eye's*）的「馬屁精指南」專欄，都揭露了作家之間相互美言的習慣。當然，評論人與被評論人的相對位置是可以轉換的。T.S. 艾略特在時稱費伯與桂爾（Faber and Gwyer）的費伯出版社任職編輯時，以出版社之名寫過無數封套廣告，而在《艾略特收藏品中的文學手稿清單》（*Hand-List of the Literary Manuscripts in the T. S. Eliot Collection*）中，有一份紀錄是三本費伯出版社的圖書目錄，詩人在上面留下了標記，註明哪些書衣材料是他所寫的。[646] 艾略特白天在費伯出版社上班寫宣傳材料，發表評論而不具名。諷刺之處在於，他寫這些文字的時候沒有人知道是他，然而日後他卻會成為作家夢寐以求、盼能為自己著作背書的名字。這正提醒了我們，書、封套廣告、名人背書之間的動態關係是會隨時間變化的。海明威寫推薦評論有數十年之久，且通常都有具名。調查之下你會十分驚訝，這位文學巨人後來的地位，與他不吝讚美的那些相對無名的作家之間，境界落差極大。[647] 海明威稱一本名為《職業好手》（*The Professional*）的小說是「我所讀過描寫拳擊手的唯一佳作，也是一本出色的初試啼聲之作」。[648] 古巴旅遊指南《古巴：奇蹟之島》（*Cuba: Isla de las Maravillas*）在封面驕傲展示出海明威親筆真跡的副本，上面寫著：「這是一本很好的書。文筆流暢，圖片精美。每個前往古巴的遊人都應一讀。」[649] 名人背書以實體素材的方式出現——在這裡是一張手寫紙條的圖像———藉以傳達其真實性，這種做法並不罕見。瑪麗・朗

茲（Marie Belloc Lowndes）的小說《盔甲之縫》（*The Chink in the Armour*），書衣封面上的推薦文案展示著一封以打字機寫的信件複本，署名海明威及另兩位作家，亞歷山大·伍爾考特（Alexander Woolcott）和愛德蒙·皮爾森（Edmund Pearson）：

> **《盔甲之縫》**這部恐怖懸疑的不凡傑作，在這個國家竟如此罕為人知，且幾乎無從取得，十足令人惋惜。我們懇請您出版這本書，我們有需要時便可購入並贈予朋友。[650]

信中包含「懇請」一詞，暗示這不是典型的名人背書，而是三位作家個人真摯的請求。基於相同邏輯，莎莉·賀維（Sallie Hovey）的《夏娃洗雪冤名》（*The Rehabilitation of Eve*）也展示了一封信的完整摹本，是 1924 年 6 月 11 日，尤金·歐尼爾（Eugene O'Neill）寫給賀維，祝賀她著作出版的信。[651]

像這樣用「私人」文書傳達真誠讚美並不是新現象：從小說創始之初，這種利用隱私物件傳達真實性的做法即表現出一種自覺，顯示那個人知道公開發表的推薦可能受到批評。山繆·理查森的書信體小說《帕美拉》（*Pamela*, 1740），引起 18 世紀讀者熱烈回響，但也引起許多爭議。因為故事中，年輕女傭堅持操守，拒絕了主人的進犯，但在小說結局獲得的回報，卻是與主人成婚。讀者的解讀各有不同，有人認為這是對貞潔的真摯鼓吹，也有人認為這是鼓勵年輕女孩欲拒還迎地與雇主調情，以期藉此攀上階級階梯。為了傳達小說原欲表達的道德寓意，理查森特意用兩封信當作前言，強調這本書意在強化基督教品德觀念。[652] 後來再版修訂時，他又補上更多材料。劇作家兼詩人亞倫·希爾（Aaron Hill）曾致信讚美他的小說，理查森在二版中收錄了這封信，當作某種形式的名人背書：「自從書來到我手裡，我也沒特別做什麼，只是向別人讀了這本書，結果後來又聽人告訴我這本書；我發現我幾乎什麼也不必做。」[653] 雖然在 18 世紀，印刷書收錄作者寫給題獻對象或贊助恩主的信十分常見，但在小說作品的前言

頁收錄私人書信，則沒那麼平常。書信這時候的作用就像封套廣告兩旁的引號一樣，用私人文件或私下說的話，表現出一種形式更私密的肯定。兩種方法都暗示，封套廣告一直以來都受到自身陳腔濫調而致意義空洞的局限，而且這種局限往後還會持續下去。封套廣告這個寫作形式一直在尋找方法以超越自身所屬文類、指出自己代表的老套詞彙，但同時又始終受到常情規範的羈絆。

從書名頁到出版品封套廣告

封套廣告是屬於當代的一種行銷工具，敘述的語調、內容、角色都是在對歷史上特定一群讀者說話，以最能有效打動預設買主的方式包裝文本。封套廣告和包裝設計一樣，是在書完成後才寫成，卻會先於書被人閱讀。作為一種為吸引潛在顧客而生的書寫形式，封套廣告既是邀請函也是介紹信。所以，封套廣告與書之間的這層關係，是如何隨時間轉變的呢？試以丹尼爾・狄福（Daniel Defoe）的小說《茉兒・弗蘭德斯》（*Moll Flanders*）為例，我們可以逐步看出閱讀背景的變化如何重塑宣傳敘述，也能勘測出敘述性的封套廣告在書本構造中移動遊走的路線。《茉兒・弗蘭德斯》初版於 1721 年，是一部虛構的自傳小說，敘述一名女子淪為娼妓、竊賊，最終悔改前非的一生。這本小說以其聳動的書名頁聞名，書名頁內容簡要總結了茉兒生平故事中最淫亂的細節：

> 生於紐蓋特，六十年人生波折迭起，除卻童年以外，曾經十二年為娼妓，五度嫁為人婦（其中一次還是與她的親兄弟），做賊十二年，以重罪犯之身分移送維吉尼亞州八年，終得積攢財富，正直過活，死前已洗心懺悔。故事改寫自她本人的備忘錄。[654]

在那個尚未有印刷書衣、摺口或行銷部門的時代，這段話就是推薦文案。既包含情節敘述，又能搔人癢處，意在促進銷售。然而，這

段文字也與狄福後來對他這部小說應當如何閱讀的看法不一。狄福在《茉兒‧弗蘭德斯》的前言表示：

> 這部作品主要推薦給懂得如何閱讀，也曉得如何善加應用的人，整篇故事由頭至尾推薦予他們。希望這樣的讀者喜見其中的道德寓意更勝於虛構之談，重視啟發運用勝過與真人實事的關聯，且至最後，對作者比對所書人物的生平更感興趣。[655]

但如我們所見，《茉兒‧弗蘭德斯》的原始書名頁就像現代類型小說的封套廣告一樣，以保證真人實事、性醜聞、真實犯罪為賣點，預期讀者會對狄福明言不妥的那種詮釋觀點更有興趣，也就是他說的虛構之談、與真人實事的關聯、所書人物的生平。從小說體裁在不列顛創始之初，虛構作品的道德或美學複雜性與宣傳文案的需求，兩者之間一直存在明顯的拉扯。

與該時代其他許多小說一樣，《茉兒‧弗蘭德斯》的故事日後依然活躍於各種改編節縮和廉價小書之中。[656] 文長大幅縮短，從 1721 年原版的八開本 366 頁，一個世紀內縮短至 72 頁、24 頁、16 頁，甚至只有 8 頁。[657] 但值得注意的是，雖然小說本身愈縮愈短，封套廣告卻愈寫愈長，而且就連廉價小書的情節內容連跨幾版都未再改變以後，封套廣告仍持續不斷改寫。例如 19 世紀初 72 頁的十二開本節縮版，題為《奇女子茉兒‧弗蘭德斯私通的一生》（*The History and Intrigues of the Famous Moll Flanders*），於摘要中提供了額外的細節：

> 年方十八即遭其兄引誘墮落，而後嫁予另一名兄弟；從娼十二年，與眾多男人有染；後又四度再婚（一次與其親兄弟），與另一任丈夫婚姻八年，移送維吉尼亞州後，終在當地致富；日後回到愛爾蘭誠實過活，七十五歲去世，死時已衷心悔過。[658]

改寫延長後的書名頁放大了敘述的衝擊性。茉兒不只與一名兄弟亂倫，而是兩人；她從娼的十二年被說成「與眾多男人有染」；此外，另一任丈夫也被加入情節摘要。這個額外的細節並非此一節縮本所獨有。另外一本僅有 24 頁、篇幅更短的小書《茉兒·弗蘭德斯的幸與不幸》（*The Fortunes and Misfortunes of Moll Flanders*），出版於 1760-80 年間，甚至告訴我們更多地理位置。[659]

> 生於紐蓋特，六十年人生波折迭起。從娼十七年，五度嫁為人婦，其中一次乃與其親兄弟。行竊十二年，十一次關入布萊德威爾監獄，九次新監獄，十一次木材街拘留所，十四次門屋監獄，二十五次紐蓋特監獄。十五次縛於推車巷尾遭到鞭打，四次手遭火焚，一次遭判終身刑期。移送維吉尼亞州八年，終得以累積致富，誠實過活，死前已洗心懺悔。

　　這段敘述有一大部分甚至不是真的：原著中沒有火焚、沒有鞭打，也沒有提到「推車巷尾」。這段概要的功用，是為小說中主角經受的懲罰和牢獄過程添上地方細節。[660] 在這本廉價小冊後來一個名為《奇女子茉兒·弗蘭德斯的故事》的版本中，概要後面接著一首關於這個故事的四行詩，可以視為封套廣告或題辭：

> **讀者諸君**但觀命運忽而驟轉，
> 從其厄運之中汝當洞察預兆；
> 生而不論大小方面皆可明見，
> 人的命運乃受天行正義裁定。[661]

　　用這首道德說教詩來詮釋書中情節並不全然恰當。茉兒的故事重點是智謀、懲罰、悔悟、贖罪，是人心所驅使的行動，而非如詩中所言，只是命運之輪的轉動。

　　綜觀上述例子和《茉兒·弗蘭德斯》日後眾多改編版本，即可清楚發現，封套廣告可以在書中不同位置遊走。首先是在 1722 年見於

書名頁，但是在此後各版本《奇女子茉兒・弗蘭德斯的故事》的 24 頁廉價小冊中，封套廣告除了被複製，有時也被移動位置，挪到了卷尾。小說敘述於是結束於：

> 十二年從娼，
> 一度嫁予親兄弟：
> 論如此之賊，
> 人世間罕難再見：
> 不知疲倦的旅人，
> 你欲去向何方？
> 你瞧！在這偏遠之地
> 豈非自尋墳墓？
> 從此移放之後，
> 願你得上天堂，
> 縱然一生荒唐，
> 但死前你已悔悟。[662]

　　這首詩借用了書名頁的情節摘要，投射在小說結尾，在茉兒的人生結束之後，供我們想像女主人公未來（可能）上天堂的景象。像這樣以道德說教作結，在這部小說 18 世紀的版本裡並不罕見。1991 年出版的一部大字版，沿用初版書名頁上的文字當作自己的書名頁，封底則有以下這段敘述：

> 但她很快意識到，她想生存下來，找到一個好丈夫是必要的，因此她重新找起能保護她的人……她在絞刑架陰影下令人動容的轉變，為她換來緩刑，而她也努力在後半生中虔心懺悔。[663]

　　這段敘述為潛在的讀者群提供了某種道德解釋，以平衡原版情節概要中易招人嫌惡的細節。原版書名頁在其他現代版本裡也繼續發揮

封套廣告的功用。1981 年牛津世界經典版由史達爾（G. A. Starr）編輯，封底先複製了與原版相同的文字，接著寫：「筆法生動、諷刺，社會寫實細節豐富，此外這也是一部愛情小說，苦苦追尋家庭樂園的茉兒，是這部小說中如獲神佑的女主人公。」[664] 在這裡，封套廣告的作用是推銷故事與時代細節，而不再是提示道德教訓。在 1960 年的柯基版裡，小說多了一個副標題：「茉兒・弗蘭德斯：浪女的故事」（Moll Flanders: The story of a wanton）。這個例子的封底文案，像是原版書名頁來到 20 世紀中葉的版本，是為了搔著 60 年代讀者癢處而寫成的敘述：

> 無數年過去，茉兒・弗蘭德斯長大成熟，漸展美麗的姿容，但這無疑也預示了她的未來⋯⋯在貧民窟那些俗豔的屋室裡，她無可挽回地貶損了自己的心智和肉體。這部經典小說敘述茉兒・弗蘭德斯一生悲劇且令人驚愕的逼真故事，筆法生動，情節緊湊，敘事才華使作者在人才輩出的文學界，猶能馳名於世兩百年。[665]

柯基版的封套廣告同時訴諸情懷、情色和經典權威，提醒我們一段宣傳文案中往往有多種推力相互競爭：既求書賣得出去，也求樹立文學或經典地位；既要描述書中主旨，又盼能在小說虛構情節與人類存在的普遍經驗之間建立關聯。

如同本文所示，這個體例的長久歷史與短期演變，顯見封套廣告是如何具體而微地概括了說故事與賣故事之間的拉扯。又或者可以說：「在追溯印刷書封套廣告的角色演變之際，對文學文本自我授權的特性，以及文學與市場價值之間的強烈連結，本文也做了詳盡的考察。」

作者群

塔瑪拉・艾特金　Tamara Atkin　第十章

倫敦瑪麗皇后大學中世紀晚期至文藝復興初期文學高級講師。著有 *The Drama of Reform: Theology and Theatricality, 1460-1553*（2013）和 *Reading Drama in Tudor England*（2018）。與 Laura Still 合編論文集 *Early British Drama in Manuscript*。

席尼・伯格　Sidney E. Berger　第二十一章

出版著書超過十五本，發表文章逾六十篇，題目包含書目學、書的藝術、印刷史、中世紀文學、20 世紀文學、書的歷史等領域。任職 *Rare Books and Manuscripts Librarianship* 期刊編輯六年，目前是 *Preservation, Digital Technology and Culture* 期刊副主編。曾是皮博迪艾薩克斯博物館菲利浦圖書館 Ann C. Pingree 館主任；現為該圖書館名譽主任。他也是加州書籍中心所長（加州大學洛杉磯分校），以及加州大學河濱分校大學檔案保管暨特藏館長。*Rare Books and Manuscripts Librarianship* 期刊曾獲美國圖書館協會 ABC Clio 獎（2015）。*The Dictionary of the Book*（2017）是他的最新著作。

克萊兒・波恩　Claire M. L. Bourne　第十五章

賓州州立大學英語系助理教授，教學及研究重點是近代戲劇與書的歷史。目前正在撰寫專著，題為 *Typographies of Performance in Early Modern England*。文章屢見於 *English Literary Renaissance*、*Papers of the Bibliographical Society of America*、*Shakespeare*、*Shakespeare Bulletin* 等期刊，以及多部編輯文選，主題包括研究克里斯多福・馬羅與出版和表演的交會點、莎士比亞 1640 年後的印刷本，以及近代書籍旁註等。

梅根・布朗　Meaghan J. Brown　第七章

伏杰莎士比亞圖書館的數位製作編輯，目前正在開發館內的新數位資產平台 Miranda。擁有德州奧斯汀大學資訊系統科學碩士與佛州州立大學文本

科技史博士學位。她的研究興趣包括近代印刷商如何向讀者呈現印刷行為、近代研究中的引用方法，以及數位人文學。她發誓這些絕對有關。著作曾見於 *Book History*、*Papers of the Bibliographical Society of Canada*、*Archives Journal* 等期刊。她也是 *Papers of the Bibliographical Society of Canada* 期刊總編輯。

瑞秋・布爾瑪　Rachel Sagner Buurma　第十三章

賓州史沃斯莫爾學院英語文學副教授，研究 18 及 19 世紀文學與印刷文化、小說的歷史、20 世紀英美文學批評、文學資訊學，以及書的歷史。她最近的著作可見於 *Representations*、*Victorian Studies*、*New Literary History* 等期刊。目前即將寫完一本關於全知敘事物質史的專書，剛開始寫一本關於維多利亞時期小說家研究方法的書，同時正與 Laura Heffernan 合著一篇題目為 The Teaching Archive 的英語史研究。她也與 Joh Shaw 合作指導 Early Novels Database 計畫。

露易莎・凱爾　Luisa Cale　第三章

倫敦大學伯貝克學院高級講師。在浪漫主義文學、視覺與物質文化等領域皆有發表著作。目前的寫作計畫題目為 *The Book Unbound*，探討閱讀、收集、拆解書籍的方法，其中有章節討論到沃普爾、布萊克、狄金森。

尼可拉斯・戴姆斯　Nicholas Dames　第十二章

哥倫比亞大學人文學西奧多・卡漢教授，著有 *Amnesia Selves: Nostalgia, Forgetting, and British Fiction, 1810-1870*（Oxford, 2001）和 *The Physiology of the Novel: Reading, Neural Science, and the Form of Victorian Fiction*（Oxford, 2007）。研究專長是小說，特別關注 19 世紀英國與歐陸小說，研究興趣也包括小說理論、閱讀的歷史，以及從 17 世紀至今散文體小說的美學。目前的計畫主題是章節的歷史，從古典時代晚期的文本文化，特別是基督教早期的編輯與抄寫方法，探討到現代小說。

珍妮・戴維森　Jenny Davidson　第十八章

紐約哥倫比亞大學英語與比較文學教授。最新著作是 *Reading Jane Austen*。目前正在寫一本關於吉朋和羅馬遺跡的書。

丹尼斯・唐肯　Dennis Duncan　第一及第二十章

現居倫敦的作家兼翻譯。出版著作包括 *The Oulipo and Modern Thought*（2018）、*Babel: Adventures in Translation*（2018）、*Tom McCarthy: Critical Essays*（2016）。另一本專著 *Index, A History of the* 預計 2020 年由企鵝出版社出版。

亞莉珊卓・法蘭克林　Alexandra Franklin　第十六章

牛津大學波德利圖書館書籍研究中心統籌人。她以珍本圖書館藏員身分協助創建波德利 Broadside Ballads Online 線上資源（ballads.bodleian.ox.ac.uk），為單頁民謠的木刻插畫彙整出一套主題索引。她發表過多篇關於流行印刷品木刻畫的論文，並持續研究閱讀史和印刷圖像的運用，同時在波德立圖書館特藏部管理教育及獎學金計畫。

約瑟夫・豪利　Joseph A. Howley　第六章

哥倫比亞大學古典文學副教授。首本著作 *Aulus Gellius and Roman Reading Culture: Text, Presence and Imperial Knowledge in Noctes Atticae*（2018）從羅馬帝國時代的閱讀文化和文學趨勢探究西元 2 世紀的古羅馬散文家格利烏斯。發表過的論文主題包括古代羅馬的焚書、海外留學、知識分子文化。目前的計畫關注奴隸勞工在古羅馬書籍文化中的角色。他於 2011 年在聖安德魯斯大學取得古典文學博士學位，2014-16 年獲維吉尼亞州沙洛斯維的稀有書籍學校（Rare Book School）發給評論書目學的梅隆獎助金。

吉爾・帕丁頓　Gill Partington　第二章

劍橋大學孟比獎學金（Munby Fellowship）獎助研究員，研究文學、視覺文化與媒材的結合應用。她的研究關注書頁實體，以及書頁的非正統歷史、體例、應用和濫用。她發表過關於書籍變用藝術家 Tom Phillips 和 John Latham 的文章，目前正在進行關於非稿本書譜系的寫作計畫。

西恩・羅伯　Sean Roberts　第十七章

卡達維吉尼亞聯邦大學藝術史副教授，義大利藝術學會會長。研究關注義大利與伊斯蘭地區的交流、地圖文化史，以及印刷在藝術與科技史上的定位。著有 *Printing a Mediterranean World: Florence, Constantinople and the Renaissance of Geography*（2013），與 Tim McCall 和 Giancarlo Fiorenze 合編 *Visual Cultures of Secrecy in Early Modern Europe*（2013）。他討論製圖學、外交、版畫的論文散見於眾多期刊，包括 *Imago Mundi*、*Print Quarterly*、*Renaissance Studies*、*Journal of Early Modern History*、*Intellectual History Review*。

謝夫‧羅傑斯　Shef Rogers　第五章

紐西蘭奧塔哥大學副教授，也是該校圖書中心的統籌人。*Script and Print: Bulletin of the Bibliographical Society of Australia and New Zealand* 期刊編輯，著作權、閱讀與出版歷史學會（SHARP）會長。針對 18 世紀旅遊書、皇家出版執照、作者版權金、自由增補書籍等主題發表過多篇論文。

丹尼爾‧索耶　Daniel Sawyer　第十一章

牛津大學基督聖體學院英語與初級研究員博士後研究助理。透過結合文學文本評論和定量定性抄本學來研究中世紀英語文學。目前正在寫他第一本長可成書的中世紀晚期英語韻文歷史，同時正在編輯首部完整英語翻譯聖經《威克里夫聖經》最新版本的一部分。他也發表過論文探討少有人注意的中世紀英語詩、重新尋獲的手抄本殘本，以及令人困惑的中世紀書籤；他最近發表的一篇文章是關於 1,511 部佚失手抄本的研究。

海倫‧史密斯　Helen Smith　第八章

紐約大學文藝復興時期文學教授，英語與關係文學系系主任。著有 *Grossly Material Things: Women and Book Production in Early Modern England*（Oxford, 2012），合編有 *Renaissance Paratext*（與 Louise Wilson，2011）、*The Oxford Handbook of the Bible in Early Modern England, c. 1530-1700*（與 Kevin Killeen 和 Rachel Willie, 2015），以及 *Conversions: Gender and Religious Change in Early Modern Europe*（與 Simon Ditchfield, 2016）。也發表過眾多與近代實體文本、出版和女性文化工作廣泛相關的論文。

亞當‧史密斯　Adam Smyth　第一及第十九章

牛津大學英語文學與書籍歷史教授。除了其他發表文章以外，*Material Texts in Early Modern England*（2018）和 *Autobiography in Early Modern England*（2010）兩本書也是他的著作。目前正在為亞登版莎士比亞編輯《泰爾親王佩力克里斯》。《倫敦書評》雜誌定期可見他的文章。

蒂芬妮‧史特恩　Tiffany Stern　第十四章

伯明罕大學莎士比亞研究中心的莎翁與近代戲劇教授。專題著作有
Rehearsal from Shakespeare to Sheridan（2000）、*Making Shakespeare*（2004）、
Shakespeare in Parts（與 Simon Palfrey 合著，2007；獲 2009 年大衛‧貝文頓獎
近代戲劇研究最佳新書獎），以及 *Documents of Early Modern Performance*
（2009；獲 2010 年大衛‧貝文頓獎近代戲劇研究最佳新書獎）。與 Farah
Karim-Cooper 合編論文集 *Shakespeare's Theatres and the Effects of Performance*
（2013），另匿名編有《李爾王》（2001）、謝林頓的《情敵》（2004）、
法夸爾的《募兵官》（2010）、布羅姆的《風流船員》（2014）。她是 New
Mermaids 經典系列和亞登版莎士比亞第四系列的總編輯，以 16 至 18 世紀戲
劇文學為題寫過的篇章和文章超過 50 篇。

惠妮‧崔汀　Whitney Trettien　第四章

賓州大學英語系助理教授。針對文本技術寫過包羅廣泛的文章，從文藝
復興時期的紡織品，到皮普斯的速記書寫，乃至於巴格福的剪貼簿，以及網
路文學。她目前正採取印刷與數位混合的形式，為 17 世紀書籍研究計畫寫
作關於殘本回收的專書。

海瑟爾‧威金森　Hazel Wilkinson　第九章

伯明罕大學英語系 18 世紀文學研究員兼講師。著有 *Edmund Spenser and
the Eighteenth-Century Book*（2017），同時是線上印刷紋飾資料庫 Fleuron 的研
究負責人。目前正與 Marcus Walsh 為《牛津版波普文集》編輯波普的《道德
書信集》。

愛比蓋‧威廉斯　Abigail Williams　第二十二章

牛津大學 18 世紀研究教授。著有 *The Social Life of Books*（2017）、*Poetry
and the Creation of a Whig Literary Culture*（Oxford, 2005），編有斯威夫特《給
史黛拉的日記》（*Journal to Stella*, 2013）。她也主持利華休姆信託基金會贊
助之 Digital Miscellanies Index 索引資料庫的創建和開發。目前正在嘗試故意
誤讀 18 世紀文學與數位文化，同時著手寫作 *Between the Sheets*，探討床邊閱
讀的歷史。

❧推薦參考書目❧

副文本與書本構件

Gérard Genette, *Paratexts: Thresholds of Interpretation*, trans. Jane E. Lewin (Cambridge: Cambridge University Press, 1997)

John Herschend and Will Rogan (eds), *The Thing the Book: A Monument to the Book as Object* (San Francisco, CA: Chronicle, 2016)

Kevin Jackson, *Invisible Forms: A Guide to Literary Curiosities* (New York: Picador, 1999)

Marie Maclean, 'Pretaxts and Paratexts: The Art of the Peripheral', *New Literary History* 22, no. 2 (1991): 273-9

Helen Smith and Louise Wilson (eds), *Renaissance Paratexts* (Cambridge: Cambridge University Press, 2011)

書　衣

Mark Godburn, *Nineteenth-Century Dust Jackets* (New Castle, DE: Oak Knoll, 2016)

Charles Rosner, *The Growth of the Book Jacket* (London: Sylvan, 1954)

Martin Salisbury, The Illustrated History of the Dust Jacket: 1920-1970 (London: Thames and Hudson, 2017)

G. Thomas Tanselle, *Book-Jacket: Their History, Forms and Use* (Charlottesville, VA: Bibliographical Society of the University of Virginia, 2011)

卷首插畫

Margery Corbett and Ronald Lightbown, *The Comely Frontispiece: The Emblematic Title Page in England 1550-1660* (London: Routledge and Kegan Paul, 1979)

Alistair Fowler, *The Mind of the Book: Pictorial Title Pages* (Oxford: Oxford University Press, 2017)

David Piper, *The Image of the Poet: British Poets and Their Portraits* (Oxford: Clarendon, 1982)

W. Pollard, 'A Rough List of the Contents of the Bagford Collection', *Transactions of the Bibliographical Society* 1st series, 7 (1902-4): 143-59

Volker R. Remmert, '"Docet parva picture, quod multae scripturae non discunt": Frontispieces, Their Functions, and Their Audiences in Seventeenth-Century Mathematical Sciences', *Transmitting Knowledge: Words, Images, and Instruments in Early Modern Europe*, ed. Sachiko Kusukawa and Ian Maclean (Oxford: Oxford University Press, 2006)

書名頁

Margery Corbett, *The Comely Frontispiece* (Chicago, IL: University of Chicago Press, 1979)

Alastair Fowler, *The Mind of the Book: Pictorial Title Pages* (Oxford: Oxford University Press, 2017)

Ronald McKerrow, *Title-Page Borders Used in England and Scotland 1485-1640* (Oxford: Oxford University Press, 1932)

A. W. Pollard, *Last Words on the History of the Title-Page* (London: Nimmo, 1891)

Margaret Smith, *The Title-Page: Its Early Development 1460-1510* (London: British Library, 2000)

版權標記、出版許可與版權頁

Peter W. M. Blayney, *The Stationers' Company and the Printers of London, 1501-1557*, 2 vols (Cambridge: Cambridge University Press, 2013)

John Carter and Nicolas Barker, *ABC for Book Collectors*, 8th edn (London: British Library; New Castle, DE: Oak Knoll, 2006)

Primary Sources on Copyright (1450-1900): http://www.copyrighthistory.org

Michael F. Suarez, S. J., and H. R. Woudhuysen (eds), *The Oxford Companion to the Book*, 2 vols (Oxford: Oxford University Press, 2010)

目　錄

A. Doody, *Pliny's Encyclopedia: The Reception of the Natural History* (Cambridge: Cambridge University Press, 2010)

R. Gibson, 'Starting with the Index in Pliny', in L. Jansen (ed.), *The Roman Paratext* (Cambridge: Cambridge University Press, 2014), pp. 33-55

Georges Mathieu (ed.) *La Table des matières Son histoire, ses règles, ses fonctions, son esthétique* (Paris: Classique Garnier, 2017)

A. Riggsby, 'Guides to the Wor(l)d', in *Ordering Knowledge in the Roman Empire*, ed. J.

König and T. Whitmarsh (Cambridge: Cambridge University Press, 2007), pp. 88-107

Bianca-Jeanette Schröder, *Titel und Text: Zur Entwicklung lateinischer Gedichtuberschriften* (Berlin: de Gruyter, 1999)

致讀者信

Randall Anderson, 'The Rhetoric of Paratext in Early Printed Books', in *The Cambridge History of the Book in Britain. Vol. IV: 1557-1695*, ed. John Barnard and D. F. McKenzie (Cambridge: Cambridge University Press, 2002), pp. 636-44

Wayne Booth, *The Rhetoric of Fiction* (Chicago, IL: University of Chicago Press, 1961)

Michael Saenger, *The Commodification of Textual Engagement in the English Renaissance* (Aldershot: Ashgate, 2006)

William H. Sherman, 'The Beginning of the "End": Terminal Paratext and the Birth of Printed Culture', in *Renaissance Paratexts*, ed. Helen Smith and Louise Wilson (Cambridge: Cambridge University Press, 2011), pp. 65-87

Linda Simon, 'Instructions to the Reader: James's Prefaces to the New York Edition', in *The Critical Reception of Henry James* (London: Boydell and Brewer, 2007)

謝辭與獻辭

Terry Caesar, *Conspiring with Forms: Life in Academic Texts* (Athens, GA: University of Georgia Press, 2010)

Dustin Griffin, *Literary Patronage in England, 1650-1800* (Cambridge: Cambridge University Press, 1996)

Richard A. McGabe, *'Ungainefall Arte': Poetry, Patronage, and Print in the Early Modern Era* (Oxford: Oxford University Press, 2016)

Valerie Schutte, *Mary I and the Art of the Book Dedications: Royal Women, Power, and Persuasion* (New York: Palgrave Macmillan, 2015)

Franklin B. Williams, *Index of Dedications and Commendatory Verses in English Book before 1641* (London: Bibliographical Society, 1961)

印刷紋飾與花飾

Mark Arman, *Fleurons: Their Place in History and in Print* (Thaxted: Workshop, 1988)

Christopher Flint, 'In Other Words: Eighteen-Century Authorships and the Ornaments of Print', *Eighteen-Century Fiction* 14 (2002): 621-66

K. I. D. Maslen, *The Bowyer Ornament Stock* (Oxford: Oxford Bibliographical Society, 1973)

John Ryder, *Flowers and Flourishes* (London: Bodley Head, 1976)

P. Spedding, 'Thomas Gardner's Ornament Stock: A Checklist', *Script and Print: Bulletin of the Bibliographical Society of Australia and New Zealand* 39 (2015): 69-111

Ad Stijman, *Engraving and Etching, 1400-2000* (London: Archetype, 2012)

出場人物表

Tamara Atkin and Emma Smith, 'The Form and Function of Character Lists in Plays Printed before the Closing of the Theatres', *Review of English Studies* 65 (2014): 647-72

Matteo Pangallo, '"I will keep and character that name": Dramatis Personae Lists in Early Modern Manuscript Plays', *Early Theatre* 18 (2015): 87-118

Gary Taylor, 'The Order of Persons', in *Thomas Middleton and Early Modern Textual Culture: A Companion to the Collected Works*, ed. Gary Taylor and John Lavagnino (Oxford: Oxford University Press, 2007), pp. 31-79

頁碼、帖號、檢索關鍵字

Rebecca Bullard, 'Signs of the Times? Reading Signatures in Two Late Seventeenth-Century Secret Histories', in *The Perils of Print Culture: Book, Print and Publishing History in Theory and Practice*, ed. Jason McElligott and Eve Patten (Basingstoke: Palgrave, 2014), pp. 118-33

Richard Rouse, 'Cistercian Aids to Study in the Thirteenth-Century', in *Studies in Medieval Cistercian History II*, ed. J. R. Sommerfeldt, Cistercian Studies 24 (Kalamazoo, MI: Cistercian Publication, 1976), pp. 123-34

Paul Saenger, 'The Impact of the Early Printed Page on the History of Reading', in *Bulletin du bibliophile* (1996): 237-301

Margaret M. Smith, 'Printed Foliation: Forerunner to Printed Page Numbers?', in *Gutenberg-Jahrbuch* 63 (1988): 54-70

Eric G. Turner, *The Typology of the Early Codex* (Philadelphia, PA: University of Pennsylvania Press, 1977)

章節標題

Ugo Dionne, *La voie aux chapitres. Poétique de la disposition romanesque* (Paris: Seuil, 2008)

Aude Doody, *Pliny's Encyclopedia: The Reception of the Natural History* (Cambridge: Cambridge University Press, 2010)

Johanna Drucker, 'Graphic Devices: Narration and Navigation', *Narrative* 16, no. 2 (2008): 121-39

Laura Jansen (ed.), *The Roman Paratext: Frame, Texts, Readers* (Cambridge: Cambridge University Press, 2014)

Bianca-Jeanette Schröder, *Titel und Text: Zur Entwicklung lateinischer Gedichtuberschriften* (Berlin: de Gruyter, 1999)

題　辭

Janine Barchas, *Graphic Design, Print Culture, and the Eighteenth-Century Novel* (Cambridge: Cambridge University Press, 2003)

Ann Ferry, *The Title to the Poem* (Stanford, CA: Stanford University Press, 1996)

Ellen McCracken, *Paratexts and Performance in the Novels of Junot Díaz and Sandra Cisneros* (Basingstoke: Palgrave Macmillan, 2016)

Kate Rumbold, *Shakespeare and the Eighteenth-Century Novel: Cultures of Quotation from Samuel Robinson to Jane Austen* (Cambridge: Cambridge University Press, 2016)

舞台指示

Phillip Butterworth, *Staging Conventions on Medieval English Theatre* (Cambridge: Cambridge University Press, 2014)

Sarah Dastagheer and Gillian Woods (eds), *Stage Directions and Shakespearean Theatre* (London: Bloomsbury, 2018)

Alan C. Dessen, *Elizabethan Stage Directions and Modern Interpreters* (Cambridge: Cambridge University Press, 1985)

T. H. Howard-Hill, 'The Evolution of the Form of Plays in English during the Renaissance', *Renaissance Quarterly* 43 (1990): 112-45

Linda McJannet, *The Voice of Elizabeth Stage Directions* (Newark, DE: University of Delaware Press, 1999)

逐頁題名（書眉）

Fredson Bowers, 'Notes on Running-Titles as Bibliographical Evidence', *The Library*, 4th series, 19, no. 3 (1938): 315-38

Matthew Day, '"Intended to Offenders": The Running Titles of Early Modern Books', in *Renaissance Paratexts*, ed. Helen Smith and Louise Wilson (Cambridge: Cambridge University Press, 2011), pp. 32-48, p. 47

Charlton Hinman, *The Printing and Proofreading of the First Folio of Shakespeare* (Oxford: Clarendon Press, 1963)

Malcolm Parkes, 'The Influence of the Concepts of Ordinatio and Compliatio on the Development of the Book', in *Scribes Scrips and Readers: Studies in the Communication, Presentation and Dissemination of the Medieval Texts* (London: Hambledon, 1991), pp. 35-70

Edwin E. Willoughby, 'A Note on the Typography of the Running Titles of the First Folio', *The Library*, 4th series, 9 (1929): 385-7

木刻版畫

Antony Griffiths, *The Print before Photography: An Introduction to European Printmaking, 1550-1820* (London: British Museum, 2016)

Edward Hodnett, *Five Centuries of English Book Illustration* (Aldershot: Scholar, 1988)

Sachiko Kusukawa, *Picturing the Book of Nature: Image, Text, and Argument in Sixteenth-Century Human Anatomy and Medical Botany* (Chicago, IL: University of Chicago Press, 2011)

Ruth S. Luborsky, 'Woodcuts in Tudor Books: Clarifying Their Documentation', *Papers of the Bibliographical Society of America* 86, no. 1 (1992): 67-81

Matilde Malaspina and Yujie Zhong, 'Image-Matching Technology Applied to Fifteenth-Century Printed Book Illustration', *Lettera Matematica International Edition* 5, no. 4 (2017): 287-92

Christopher Marsh, 'A Woodcut and Its Wanderings in Seventeenth-Century England', *Huntington Library Quarterly* 79, no. 2 (2016): 245-62

金屬雕版

Susan Dackerman (ed.), *Prints and the Pursuit of Visual Knowledge* (Chicago, IL: University of Chicago Press, 2011)

Antony Griffiths, *The Print before Photography: An Introduction to European*

Printmaking, 1550-1820 (London: British Museum, 2016)

David Landau and Peter Parshall, *The Renaissance Print: 1470-1550* (New Haven, CT: Yale University Press, 1994)

Evelyn Lincoln, *Brilliant Discourse: Pictures and Readers in Early Modern Rome* (New Haven, CT: Yale University Press, 2014)

註 腳

Claire Connolly, 'A Bookish History of Irish Romanticism', in *Rethinking British Romantic History, 1770-1845*, ed. Porscha Fermanis and John Regan (Oxford: Oxford University Press, 2014), pp. 271-96

Anthony Grafton, *The Footnote: A Curious History* (Cambridge, MA: Harvard University Press, 1999)

Evelyn B. Tribble, *Margins and Marginality: The Printed Page in Early Modern England* (Charlottesville, VA: University Press of Virginia, 1993)

Evelyn B. Tribble, '"Like a Looking-Glas in the Frame": From the Marginal Note to the Footnote', in *The Margins of the Text*, ed. D. C. Greetham (Ann Arbot, MI: University of Michigan Press, 1997), pp. 229-44

Marcus Walsh, 'Scholarly Documentation in the Enlightenment: Validation and Interpretation', in *Ancients and Moderns in Europe: Comparative Perspectives*, ed. Paddy Bullard and Alexis Tadié (Oxford: Voltaire Foundation, 2016), pp. 97-112

勘誤表

Ann Blair, 'Errata Lists and the Reader as Corrector', in *Agent of Change: Print Culture Studies after Elizabeth L. Eisenstein*, ed. Sabrina Alcorn Baron, Eric N. Lindquist, and Eleanor F. Shevlin (Amherst, MA: University of Massachusetts Press, 2007)

Alexandra da Costa, 'Negligence and Virtue: Errata Notices and their Evangelical Use', in *The Library* 7th series, 19, no. 2 (June 2018), 159-73

Paul Fyfe, 'Electronic Errata: Digital Publishing, Open Review, and the Futures of Correction', in *Debated in the Digital Humanities*, ed. Matthew K. Gold (Minneapolis, MN: University of Minnesota Press, 2012), pp. 259-80

Seth Lerer, *Error and the Academic Self: The Scholarly Imagination, Medieval to Modern* (New York: Columbia University Press, 2002)

David, McKitterick, *Print, Manuscript and the Search for Order 1450-1830* (Cambridge: Cambridge University Press, 2003)

索　引

Lloyd W. Daly, *Contribution to a History of Alphabetization in Antiquity and the Middle Ages* (Brussels: Latomus, 1967)

Mary A. Rouse and Richard H. Rouse, 'La Naissance des index', in *Histoire de l'édition française*, ed. Henri-Jean Martin and Roger Chartier, 4 vols (Paris: Promodis, 1983), 1, pp. 77-85

Richard H. Rouse and Mary A. Rouse, 'The Verbal Concordance to the Scriptures', *Archivum fratrum praedicatorum* 44 (1974): 5-30

Hans H. Wellisch, 'Incunabula Indexes', *The Indexer* 19, no. 1 (1994): 3-12

Henry Wheatley, *What Is an Index? A Few Notes on Indexes and Indexers* (London: Index Society, 1878)

封裡頁

Sidney E. Berger, 'Dutch Guilt Papers as Substitutes for Leather', *Hand Papermaking* 24, no. 2 (Winter 2009): 14-16

Douglas Cockerell, *Bookbinding, and the Care of Books: A Text-book for Bookbinders and Librarians* (London: Sir Issac Pitman & Sons, 1937)

David Pearson, *English Bookbinding Styles, 1450-1800* (London: British Library; New Castle, DE: Oak Knoll, 2005)

Tanya Schmoller, *Remondini and Rizzi: A Chapter in Italian Decorated Paper History* (New Castle, DE: Oak Knoll, 1990)

Richard J. Wolfe, *Marbled Paper: Its History, Technique, and Patterns, with Special Reference to the Relationship of Marbling to Bookbinding in Europe and the Western World* (Philadelphia, PA: University of Pennsylvania, 1990)

出版品封套廣告

Matthew J. Bruccoli and Judith S. Baughman, *Hemingway and the Mechanism of Fame: Statements, Public Letters, Introductions, Forewords, Prefaces, Blurbs, Reviews, and Endorsements* (Columbia, SC: University of South California Press, 2006)

Mark Davis, 'Theorizing the Blurb: The Strange Case at the End of the Book', *Meanjin* 53, no. 2 (1994): 245-57

David McKitterick, 'Changes in the Look of the Book', in *The Cambridge History of the Book in Britain, vol. VI, 1830-1914* (Cambridge: Cambridge University Press, 2009), pp. 75-116

G. Thomas Tanselle, *Book-Jacket: Their History, Forms and Use* (Charlottesville, VA: Bibliographical Society of the University of Virginia, 2011

❀ 註　釋 ❀

第一章　序，以及前言、導讀、緒論、簡介

1　Laurence Sterne, *The Life and Opinions of Tristram Shandy, Gentlema*n, ed. Ian Campbell Ross (Oxford: Oxford University Press, 2009), pp.225-6.

2　Wilkie Collins, *The Moonstone, with an Introduction by T.S. Elliot* (Oxford: Oxford University Press, 1928); *Revelation, with an introduction by Will Self* (Edinburgh: Canongate, 1998).

3　M. de Vigneul-Marville [Bonaventure d'Argonne], *Melanges d'histoire et literature*, vol. I of 3 (Paris: Claude Prudhomme, 1701), p.332.

4　Isaac D'Israeli, *Curiosities of Literature*, ed. Benjamin Disraeli (Widdleton, 1872), vol. I, p.128; Ellen McCracken, *Paratexts and Performance in the Novels of Junot Diaz and Sandra Cisneros* (Basingstoke: Palgrave Macmillan, 2016), p.40, noted and discussed in Rachel Sagner Buurma, Chapter 13, 'Epigraphs'.

5　Louis MacNeice, 'Snow', in *Collected Poems* (London: Faber and Faber, 1979), p.30.

6　以組合零件的概念分析一本書，比較新近且玩心未泯的嘗試，可見 *The Thing the Book: A Monument to the Book as Object*, ed. John Herschend and Will Rogan (San Francisco, CA: Chronicle, 2016)，書中有多位藝術家和作家對書本構件的思考，包括 Martin Creed、Miranda July、Ed Ruscha、Jonathan Lethem；另亦可見 Kevin Jackson, *Invisible Forms: A Guide to Literary Curiosities* (London: Picador, 1999).

7　例如可見 Helen Smith and Louise Wilson (eds), *Renaissance Paratexts* (Cambridge: Cambridge University Press, 2011).

8　Gérard Genette, *Seuils* (Paris: Seuil, 1987); *Paratexts: Thresholds of Interpretation*, trans. Jane E. Lewin (Cambridge: Cambridge University Press, 1997).

9　Charles Beecher Hogan, *A bibliography of Edwin Arlington Robinson* (New Haven, CT: Yale University Press, 1936), iii. Noted in Gill Partington, Chapter 2, 'Dust Jackets'.

10　例如可見 David Pearson, *English Bookbinding Styles, 1450-1800* (London: British Library; New Castle, DE: Oak Knoll, 2005); Dard Hunter, *Papermaking: The History and Technniques of an Ancient Craft* (New York: Knopf, 1943); Robert Bringhurst, *The*

Elements of Typographic Style (Vancouver: Hartley and Marks, 1992).

11 Pliny the Elder, *The History of the World, Commonly called, The Natural Historie of C. Plinius Secundus*, trans. Philemon Holland (London: Adam Islip, 1601)

12 William Tyndale, *A Compendious introduction, prologe, or preface up on the pistle of Paul to the Romaynes* (Worms: Peter Schoffer, 1526).

13 William Tyndale, *The Prophete Jonas* (Antwerp: Merten de Keyser, 1531?)

14 Alasdair Gray, *The Book of Prefaces* (London: Bloomsbury, 2000). pp7-9.

15 John Milton, *Paradise Lost* (1668), pp. [3-16].

16 *Grub Street Journal*, no. 322 (26 February 1736), p.2. 原　文　為 'Il fallout lire les ouvrages des anciens dans des Manuscrits…[et] tous ces accompagnemens methodique…de traductions, de prefaces, d'avertissmens, de divisions, de notes, de commentaires, & de tables. Les Grammaires & les Dictionnaires qui sont les clefs d'erudition, etoient alors fort rares', Pierre Daniel Huet, *Huetiana, ou Pensees diverses de M. Huet, evesque d'Avranches*, ed. P.-J. T. d'Olivet (Paris: Jacques Estienne, 1722), pp. 171-2.

17 這兩個名詞其實在一種情況下是可以互換的，例如像卡克斯頓宣稱：「伊索第一章的前言或序曲在此展開。」*Aesop's Fables* (Westminister, 1484), sig. d5r.

18 *Grub Street Journal*, no. 318 (29 January 1736).

19 Jonathan Swift, *A Tale of a Tub* (London: John Nutt, 1704), pp121-2.

20 Sterne, *Tristram Shandy*, p. 226.

第二章　書　衣

21 回收文本有時候會用來當作書套，例如 Richard Stanyhurst, *The First Fovre Bookes of Virgils Æneis, Translated into English Hericall Verse* (1583) 的一個印本，外包裝紙是用十二世紀 *Aeneid* (Oxford: Bodleian, Wood 106) 的手稿做的。

22 Tanselle 和 Godburn 都指出，要辨識最早的書衣並討論它與出版商已經開始製造生產的保護外層有何雷同之處很有難度。

23 G. Thomas Tanselle, *Book-Jacket: Their History, Forms and Use* (Charlottesville, VA: Bibliographical Society of the University of Virginia, 2011), p.11.

24 這個發明又與裝幀技術過渡至「硬殼裝幀」（精裝）有關，精裝讓封面可以另行製作，之後再與稿本黏合，大幅加快製書速度。

25 Mark Godburn, *Nineteenth-Century Dust Jackets* (New Castle, DE: Oak Knoll, 2016), p.32.

26 Michelle Pauli, 'Earliest-Know Book Jacket Discovered in Bodleian Library', *Guardian*, 24 April 2009: https://www.theguardian.com/books/2009/apr/24/earliest-

dust-jacket-library.

27 Godburn, *Nineteenth-Century Dust Jackets*, p.30.

28 Tanselle, *Book-Jackets*, p.69.

29 根據 Thomas Tanselle，從 1860 年代起有許多摺口書衣的例子存在，摺口書衣在這個時間點以後成為標準做法。

30 Godburn, *Nineteenth-Century Dust Jackets*, pp. 101-2.

31 Godburn, *Nineteenth-Century Dust Jackets*, p. 120.

32 Godburn, *Nineteenth-Century Dust Jackets*, p. 117.

33 Sean Jennett, *The Making of Books* (London: Faber and Faber, 1951), p. 452.

34 Godburn, *Nineteenth-Century Dust Jackets*, p. 152.

35 Tanselle, *Book-Jacket*, p. 77.

36 Leonard Leff, *Hemingway and His Conspirators: Hollywood, Scribners, and the Making of American Dream* (Lanham, MD: Rowman and Littlefield, 1999), p.115.

37 Tanselle, *Book-Jacket*, p. 61.

38 John T. Winterich, *Publisher's Weekly* 116 (21 December 1929): 2885.

39 Jacob Schwarz, *1100 Obscure Points* (London: Ulysses Bookshop, 1931), p. ix.

40 Rockwell Kent, *News-Letter of the American Institute of Graphic Arts* 26 (December 1930): 2. 引用於 Tanselle, *Book-Jacket*, fn. 57.

41 Gérard Genette, *Paratexts: Thresholds of Interpretation*, trans. Jane E. Lewin (Cambridge: Cambridge University Press, 1997), p. 1.

42 Tanselle, *Book-Jacket*, p. 58.

43 Mark Godburn, 'The Earliest Dust-Jacket: Lost and Found', *Script and Print* 32, no. 4 (2008): 233.

44 Julie Anne Lambert, 'Dustjackets in the Bodleian Library'（未發表論文，由 2017 年蘇富比於倫敦大學召開之書衣專題研討會上的演講修訂而成）。

45 Lambert, 'Dustjackets in the Bodleian Library'.

46 Rosner 記載圖書館（當時的大英博物館）於 1923 年開始會把書衣保留下來，不再丟棄，「但不是與書留在一起，而是另外集合成捆。」然而，該怎麼處置書衣、書衣該保存於哪裡，不到十年就形成了問題。大英博物館官方決定，館內空間僅足夠保存一部分挑選後的書衣。見 Charles Rosner, *The Growth of the Book Jacket* (London: Sylvan, 1954), p. xiii.

47 照 Henry Petroski 原意引用於 Tanselle, *Book-Jacket*, p. 41.

48 Tanselle 觀察到，一般可能以為能在描述性書目中找到這個細節，但其實書目學「對納入書衣的描述一直特別抗拒」；見 *Book-Jacket*, p. 24.

49 Tanselle, *Book-Jacket*, p. 7. 像 Paul Gaskell 至今仍被奉為書目學標準教科書的 *New Introduction to Bibliography* 只挪出一個段落討論書衣，即可證明 Tanselle 的觀察。

50 引用於 Tanselle, *Book-Jacket*, p. 7.

51 Richard de la Mare, 'A Publisher on Book-Production', 1935, 引用於 Rosner, *The Growth of the Book Jacket*, p. xiii.

52 Charles Beecher Hogan, *A Bibliography of Edwin Arlington Robinson* (New Haven, CT: Yale University Press, 1936), p. iii.

53 Edwin Gilcher, *A Bibliography of George Moore* (Dekalb, IL: Illinois University Press, 1970), p. xiii.

54 Rosner, *The Growth of the Book Jacket*, p. xiii.

55 Tanselle, *Book-Jacket*, p. 53.

56 Anthony Rota, *Apart from the Text* (Ann Arbor, MI: University of Michigan, Private Libraries Association, 1998), p. 139.

57 Tanselle. *Book-Jacket*, p. 54.

58 Jacques Derrida, *Of Grammatology* (corrected edition; Baltimore, MD: Johns Hopkins University Press, 1998), p. 144.

59 最近的例子是 Martin Sailsbury, *The Illustrated History of the Dust Jacket: 1920-1970* (London: Thames and Hudson, 2017)，其他還有許多探討書衣插畫的專書。

60 這些書衣版權現歸伊斯林頓地方歷史中心（Islington Local History Centre）所有。

61 Bodleian Libraries, University of Oxford: https://www.bodleianshop .co.uk/christmas-797/gift-wrap/winter-playtime-giftwrap.html; Bodleian Libraries, University of Oxford: https://www.bodleianshop .co.uk/gifts/bookshelf/the-devastating-man-notecard.html

第三章　卷首插畫

62 Margery Corbett and Ronald Lightbown, *The Comely Frontispiece: The Emblematic Title Page in England 1550-1660* (London: Routledge and Kegan Paul, 1979), pp. 7-8; Alistair Fowler, *The Mind of the Book: Pictorial Title Pages* (Oxford: Oxford University Press, 2017), pp.16-18.

63 Fowler, *The Mind of the Book*, p.5.

64 Antony Griffiths, *The Print before Photography: An Introduction to European Printmaking 1550-1820* (London: British Museum, 2016), p. 185.

65 Michael F. Suarez and H. R. Woudhuysen, *The Book: A Global History* (Oxford: Oxford University Press, 2013), p. 235.

66 *OED*, 3 and 4.

67　Roger Gaskell, 'Priting House and Engraving Shop: A Mysterious Collaboration', *Book Collector* 53 (2004): 213-51.

68　Griffiths, *The Print before Photography*, pp. 185-6.

69　*Catalogue of Pepys Library at Magdalen College Cambridge*, gen. ed. Robert Laham (Woodbridge: D. S. Brewer, 1980), III, A. W. Aspital 彙編 , pp. 87-175.

70　Jan Van Der Waals, 'The Print Collection of Samuel Pepys', *Print Quarterly* 1, no. 4 (1984): 236-57, esp. 238 and 252.

71　Antony Griffths, 'The Bagford Collection': https://www.bl.uk/picturing-places/ articles/the-bagfor-collection, accessed 11 December 2017; A. W. Pollard, 'A Rough List of the Contents of the Bagford Collection', *Transactions of the Bibliographical Society* 1st series, 7 (1902-4): 143-59; Milton McC. Gatch, 'John Bagford, Bookseller and Antiquary', *British Literary Journal* 12, no.2 (Autumn 1986): 150-71.

72　Gaskell, 'Printing House and Engraving Shop', p. 127.

73　Volker R. Remmert, '"Docet parva picture, quod multae scripturae non discunt": Frontispieces, Their Functions, and Their Audiences in Seventeenth-Century Mathematical Sciences', *Transmitting Knowledge: Words, Images, and Instruments in Early Modern Europe*, ed. Sachiko Kusukawa and Ian Maclean (Oxford: Oxford University Press, 2006), pp. 239-70, 268.

74　Margreta de Grazia, *Shakespeare Verbatim: The Reproduction of Authenticity and the 1790 Apparatus* (Oxford: Clarendon, 1991), p. 82.

75　De Grazia, *Shakespeare Verbatim*, 81; David Piper, *The Image of the Poet: British Poets and Their Portraits* (Oxford: Clarendon, 1982), p. 52.

76　Stuart Sillars, *The Illustrated Shakespeare* (Cambridge: Cambridge University Press, 2008), p. 62; 關於敘事性卷首插畫，見 Stuart Sillars, 'Defining Spaces in Eighteenth-Century Shakespeare Illustration', *Shakespeare* 9, no. 2 (2013): 149-67.

77　Mark Rose, 'The Author as Proprietor: Donaldson v. Becket and the Genealogy of Modern Authorship', *Representation* 23 (Spring 1988): 51-85; Thomas F. Bonnell, *The Most Disreputable Trade: Publishing the Classics of English Poetry 1765-1810* (Oxford: Oxford University Press, 2008), pp. 32-4.

78　Shearer West, 'Shakespeare and the Visual Arts', in *Shakespeare in the Eighteenth Century*, ed. Fiona Ritchie and Peter Sabor (Cambridge: Cambridge University Press, 2012), pp. 223-53, 232.

79　W.K. Wimsatt, *The Portrait of Alexander Pope* (New Haven, CT: Yale University Press, 1965); Malcom Baker, *The Marble Index: Roubiliac and Sculptural Portraiture in Eighteenth-Century Britain* (New Haven, CT: Yale University Press, 2015), pp. 261-75.

80　Patrica Fara, 'Images of Émilie Du Châtelet', *Endeavour* 26, no. 2 (2002): 39-40;

Gerald L. Alexanderson, 'About the Cover: Voltaire, Du Châtelet, and Newton', *Bulletin of the American Mathematical Society* 52, no. 1 (2015): 114-18. 關於沙特萊侯爵夫人，見 Mary Terrall, 'Émilie Du Châtelet and the Gendering of Science', *History of Science* 33 (1995): 283-310.

81　Corbett and Lightbown, *The Comely Frontispiece, Fowler, The Mind of the Book*, pp. 42-53.

82　Horace, *Complete Works*, ed. John Marshall (London: Dent, 1953), 39; *Satires, Epistles and Ars Poetica*, trans. H. Rushton Fairclough (Cambridge, MA: Harvard University Press, 1928), p.39.

83　關於女巫有很相似的描述，見 Charles Grignion 論 Henry Fuseli 為 Johann Caspar Lavater 所繪插畫，*Essays in Physiognomy* (1793), British Museum, Department of Prints and Drawings, 1863, 0509.77.

84　'Cur facunda parum decoro / inter verba cadit lingua silentio'（「何以在我言語之際，用不合宜的沉默，阻止我一度雄辯的舌頭」），Horace, *The Odes and Epodes*, trans. C. E. Bennett (Cambridge, MA: Harvard University Press, 1988), p. 285. 關於這些卷首插畫的書誌史，見 D. H. Weinglass, *Prints and Engraved Illustrations by and after Henry Fuseli* (Cambridge: Scholar, 1994), pp. 174-7, nos. 136-8.

85　Weinglass, *Prints and Engraved Illustrations by and after Henry Fuseli*, pp. 90-2, no.80.

86　Juvenal, Satire XI, 27, in *Juvenal and Persius*, ed. and trans. Susanna Morton Braund (Cambridge, MA: Harvard University Press, 2004), p. 403（書名頁的引用誤註為 'Sat. IX'）。

87　William Blake, *Visions of the Daughters Albion*, Copy G, plate 2. Cambridge, MA, University of Harvard, Houghton Library, Lowell 1217.5F.

88　William Blake, *Visions of the Daughters Albion*, Copy A, plate 11. London, British Museum, 1847, 0318.116-21.

89　Martin Butlin, *The Paintings and Drawings of William Blake* (New Haven: published for the Paul Mellon Center for Studies in British Art by Yale University Press, 1981), 85.5.

90　Gaskell, 'Printing House and Engraving Shop', p. 220.

91　William Blake, *Visions of the Daughters Albion*, Copy O, plate I and 12. London, British Museum, 1940, 0713.27.1; 1940, 0713.27.12.

第四章　書名頁

92　A. W. Polland, *Last Words on the History of the Title Page* (London: Nimmo, 1891).

93　可見如 Theodore Low De Vinne, *Title Pages as Seen bu a Printer* (New York: Grolier Club, 1901); Ronald McKerrow, *Title Page Borders Used in England and Scotland 1485-1640* (Oxford: Oxford University Press, 1932); Margery Corbett, *The Comely Frontispiece* (Chicago, IL: University of Chicago Press, 1979); Margaret Smith, *The Title Page: Its Early Development 1460-1510* (London: British Library, 2000); and Alastair Fowler, *The Mind of the Book: Pictorial Title Pages* (Oxford University Press, 2017).

94　Stanley Morison, *First Principle of Typography* (Cambridge: Cambridge University Press, 1967), p.11.

95　Jeffrey Masten, 'Ben Johnson's Head', *Shakespeare Studies* 28 (2000): 160-8, 163.

96　Giulio Menn, '"Give me a drink!": Scribal Colophones in Medival Manuscripts', *MedivalFragments* (blog), 28 September 2012, https://medivalfragments.wordpress. com/2012/09/28/give-me-a-drink-scribal-colophons-in-medival-manuscripts/.

97　Smith, *Title Page*, p. 25.

98　D. Vance Smith, *The Book of the Incipit: Beginnings in the Fourteenth Century* (Minneapolis, MN: University of Minnesota Press, 2001).

99　Alastair Fowler 簡單討論過一個相似案例，人稱烏格海姆的查士丁尼，現存於德國哥達研究圖書館，討論見 *The Mind of the Book*, pp. 18-20。當時威尼斯的彩飾搖籃本有利用錯視畫彩飾繪出破舊羊皮紙效果的潮流。

100　Smith, *Title Page*, p. 87. 關於 Accipies 木刻版畫，見 Robert Proctor, 'The Sccipies Woodcut', *Bibliographica* 1 (1894): 52-63.

101　Smith, *Title Page*, p. 68.

102　Smith, *Title Page*, p. 132. 關於英格蘭與蘇格蘭地區書名頁邊飾的發展，見 McKerrow, *Title Page Borders*。

103　這本書是兩篇部落格文章的主題：Whitney Trettien, 'A Blank Poem (1723); or, the Present of Absence', *diapsalmata* (blog), 29 August 2010; Sarah Werner, 'Reading Blanks', *Wynken de Worde* (blog), 10 October 2010.

104　Jacob Blanck, *The Title Page as Bibliographical Evidence* (Berkeley, CA: University of California, 1966).

105　Elizabeth Evenden, *Patents, Pictures and Patronage: John Day and the Tudor Book Trade* (Burlington, VT: Ashgate, 2008), pp. 32ff.

106　James Mitchell, 'The Use of the False Imprints "Londres" during the French Revolution, 1787-1800', *Australian Journal of French Studies* 29, no. 2-3 (1992): 185-219.

107　Mitch Fraas, 'Don't Believe that Imprint', *Mapping Books* (blog), 14 June 2013, http://mappingbooks.blogspot.com/2013/06/dont-believe-that-imprint.html.

108　Godwin, *Nuncius inanimatus* (1629), STC 11944, Folger Shakespeare Library. 另

兩本宣稱在烏托邦印製的書為 John Taylor 的 *Odcombs complaint* (1613), STC 23780 和 *A copie of quaeries, or A comment upon the life, and actions of the grand tyrant and his complices* (1659).

109　Adrian Johns, *Piracy: The Intellectual Property Wars from Gutenberg to Gates* (Chicago, IL: University of Chicago Press, 2009), pp. 8-9.

110　Thomas Frognall Dibdin, *Bibliomania; or Book-Madness; a Bibliographical Romance* (London, 1842), p. 326; Milton McC. Gatch, 'John Bagford as a Collector and Disseminator of Manuscript Fragments', *Library* 7, no. 2 (June 1985): 95-114.

111　Gatch, 'Bagford as Collector', p.96; Milton McC. Gatch, 'John Bagford, Bookseller and Antiquary', *British Library Journal* (1986): 150-71.

第五章　版權標記、出版許可與版權頁

112　關於創用 CC 授權條款的完整細節，見 https://creativecommons.org/.

113　見 'Printer's device' 和 'Imprint' 兩章，*The Oxford Companion to the Book*, ed. Michael F. Suarez, S. J. and H. R. Woudhuysen (Oxford: Oxford University Press, 2010).

114　見 Daniel Sawyer 於第十一章對簽名的討論。

115　對英語書，David Foxon 很有效地從語法上分析 18 世紀初版權標記的細節。他對「出版商」「書商」「印刷商」等名詞的詳細區分，也適用於之前或之後的世紀。D. F. Foxon, *Pope and the Early Eighteenth-Century Book Trade*, rev. and ed. James McLaverty (Oxford: Clarendon, 1991), pp. 1-12.

116　Peter W. M. Blayney, *The Stationers' Company and the Printers of London, 1501-1557*, 2 vols (Cambridge: Cambridge University Press, 2013), p. 76.

117　見 'Imprint', *Oxford Companion to the Book*.

118　Blayney, *Stationers' Company*, pp. 484-5; 粗體為原書所加。

119　關於 1695-1760 年不列顛王室特許執照，完整討論見 Shef Rogers, 'The Use of Royal Licenses for Printing in England, 1695-1760: A Bibliography', *The Library*, 7, no. 1 (2000): 133-92。其他法律管轄區會為具有同等文化意義的書核發執照，例如記述科學發現之作，或遭盜版風險高的作品，如利率表或單位量表。

120　*Primary Source on Copyright (1450-1900)*, https://www.copyrighthistory.org.

121　Blayney, *Stationers' Company*, p. 861.

122　Cyrill P. Rigamonti, 'Deconstructing Moral Rights', *Harvard International Law Journal* 47, no. 2 (2006): 353-412.

123　Natalie Zemon Davis, '"Any Resemblance to Persons Living or Dead": Film and the Challenge of Authenticity', *Yale Review* 86 (1986-7): 457-82.

124 關於紙型鉛版，參見第十六章 Alexandra Franklin 討論木刻版印刷。

125 John Carter and Nicholas Barker, *ABC for Book Collectors*, 8th edn (London: British Library; New Castle, DE: Oak Knoll, 2006), pp. 103-4.

126 'What Is a Numberline?', *Bibliology Blog*, https://www.biblio.com/blog/2010/12/what-is-a-numberline/.

127 見 James Raven, *What Is the History of the Book* (Cambridge: Polity, 2018) 書名頁背面所列的四組 ISBN，Mobi 電子書版、epub 電子書版、精裝版、平裝版各有各的書號。假如該書也取得有聲書版的 ISBN，將能真正見證書的歷史。

第六章　目　錄

128 我完成本章時，尚未能取得剛出版但明顯有必要讀的一本書，Georges Mathieu (ed.), *La Table des matières Son histoire, ses règles, ses fonctions, son esthétique* (Paris: Classique Garnier, 2017).

129 *Cont. Hisp.* 70. 拉丁語見 T. Mommsen, *Chronica minora saec.* IV. V. VI. VII (Munich: Monumenta Germaniae Historica, 1894), p. 533. 我的翻譯參考 K. M. Wolf, *Conquerors and Chroniclers of Medieval Spain* (Liverpool: University of Liverpool Press, 1990). 感謝 Dr Rachel Stein 指引我找到這個段落，Professor Wolf 與我討論他的翻譯。

130 A. Riggsby, 'Guides to the Wor(l)d', in *Ordering Knowledge in the Roman Empire*, ed. J. König and T. Whitmarsh (Cambridge: Cambridge University Press, 2007), pp. 88-107. 注意 Riggsby 把「目錄」歸因於文本分段，但文本分段這個特點嚴格來說在本書屬於「章節標題」的探討範圍。

131 歐洲各地區的印刷文化是在何時以何種形式確定目錄的位置，這會是更大的研究主題。

132 我省略未談的主要是聖經章節標題的傳統，這個豐富而獨特的傳統值得單獨研究，主要可見 D. De Bruyne, *Sommaires, divisions et rubriques de la Bible latine* (Namur: Godenne, 1914), trans. P.-M. Bogaert, *Summaries, Divisions and Rubrics of the Latin Bible* (Turnhout: Brepols, 2015).

133 我指的是摩根圖書館收藏的多個版本，只有一部手抄本是例外，任何特藏圖書館現有的版本大多可以這麼說。

134 Pliny NH Pr.333 Riggsby, 'Guides', p.90. 關於普林尼的目錄及其在印刷時代的生命，務必閱讀 A. Doody, *Pliny's Encyclopedia: The Reception of the Natural History* (Cambridge: Cambridge University Press, 2010).

135 肯定還有其他存在於拉丁語和希臘語典籍；見第十二章關於愛比克泰德《語錄》的討論，《語錄》的章節標題作用就像以下討論的格利烏斯的標題。

136 古拉丁語文本隨標題和行間標題一同流傳，這方面有許多有趣且特別的例子。可靠的研究見 B. Schröder, *Titel und Text: zur Entwicklung lateinischer Gedichtuberschriften* (Berlin: De Gruyter, 1999).

137 「卷」這個字提醒我們，古希臘羅馬的書要用去好幾個卷軸，日後合併為一本以後，古目錄指引的路徑更形複雜。關於寇魯邁拉，見 J. Henderson, 'Columella's Living Hedge: The Roman Gardening Book', *Journal of Roman Studies* 92 (2002): 110-33, 111-13。每本書開頭這個位置和聖經標題的位置相同，總結該書內容的作用和輔助指引的作用不相上下（或者更大）：L. Light, 'French Bibles c. 1200-30 and the origin of the Paris Bible', *History of the Book in the West: 400AS-1455*, ed. J. Roberts and P. Robinson (Farnham: Ashgate, 2010), pp. 262-5. 原刊於 R. Gameson (ed.), *The Early Medieval Bible: Its Production, Decoration and Use* (Cambridge: Cambridge University Press, 1994), pp. 168-73。

138 Riggsby, 'Guides', p.91. 須注意的是，愛比克泰德的目錄雖被認為出自古代，但不符合這個分類，因為文本前言並未提到它。流傳的古典文本附有目錄，但文內未明顯提及目錄的存在，有可能表示目錄是抄書者添寫的。

139 更深入的討論見 J. A. Howley, *Aulus Gellius and Roman Reading Culture: Text, Presence and Imperial Knowledge in the Noctes Atticae* (Cambridge: Cambridge University Press, 2018) 第一章。

140 關於此一手抄本的年代、抄本學與圖像，見 E. A. Lowe and E. K. Rand, *A Sixth-Century Fragment of the Letters of Pliny the Younger: A Study of Six Leaves of an Uncial Manuscript Preserved in the Pierpont Morgan Library New York* (Washington, DC: Carnegie Institution of Washington, 1922)。關於此一殘本的目錄（或「索引」）及其對閱讀普林尼書信的暗示，見 R. Gibson, 'Starting with the Index in Pliny', *The Roman Paratext*, ed. L. Jansen (Cambridge: Cambridge University Press, 2014) 和 J. Bodel, 'The Publication of Pliny's Letters', *Pliny the Book-Maker*, ed. I. Marchesi (Oxford: Oxford University Press, 2015), pp. 13-104。

141 這個小點的位置在 f48v 經擦除調整。抄書匠可能受平衡對稱的美感吸引，省略了目錄裡的其中一項，這個省略的項目後來經常被加回正確位置。

142 S. Butler, 'Cicero's capita', *The Roman Paratext*, ed. L. Jansen (Cambridge: Canbridge University Press, 2014), pp. 73-111.

143 Gibson, 'Starting with the Index in Pliny', p.45.

144 Olga Weijers, *Dictionnaires et repertoires au moyen age. Une etude du vocabulaire* (Turnhout: Brepols, 1991), pp. 94-9 將「table des matières」與「tables alphabetiques」區分開來，前者是我說的目錄，後者我會稱為索引：關於兩者的區分，以及為這些裝置命名的複雜性，可見第二十章。中世紀目錄與其他各種裝置和策略皆有關聯，Weijers 對此有更完整的詳述，也見 Christopher de Hamel, 'The European Medieval Book', *The Book: A Global History*, ed. Michael F.

Suarez and H. R. Woudhuysen (Oxford: Oxford University Press, 2013), pp. 59-79.

145 話雖如此，目錄有時仍稱為「前文」或「預備」資料。把文本和副文本區分為不同標號的帖，恰可說明目錄在多大程度上屬於或不屬於一本書。注意：據我所知，印刷師運送或出售的如果是已摺好的紙稿，有可能會標明裝幀順序。

146 Johannes Andreas, prefatory epistle to the 1469 *Noctes Atticae* of Sweynheyn and Pannartz, f5r.

147 依西多祿作品目錄的某些形式，可追溯至 Braulio 主教對原文的修訂：S. A. Barney, W. J. Lewis, J. A. Beach, and O. Berghof, *The Etymologies of Isidore of Seville* (Cambridge: Cambridge University Press, 2006), 34. 關於其傳播之混亂，見 Schröder, *Titel und Text*, pp. 146-50.

148 Morgan MS G.28, two partial and disbound leaves. 標題劃分似與現代編輯本一致，但編號（一如常見）不同。

149 售後對目錄的修改或補充，與對印刷的修正或補充一樣多變；例如，Princeton 1480 年帕瑪版在手抄本標題之間加入了羅馬數字。這也提醒我們，近代書應參照愈多抄本或印本愈保險。

150 1503 年，阿爾杜發表一篇冗長的文章抨擊里昂的盜版，但無明顯作用。

151 1500 年版 Albertinus Vercellensis, f1r.

152 阿爾杜的序言，見他為 *I Tatti* 版希臘及拉丁語經典寫的序：N. G. Wilson, *The Greek Classics* (Cambridge, MA: Harvard University Press, 2016) and J. N. Grant, *Humanism and the Latin Classica* (Cambridge, MA: Harvard University Press, 2017).

153 阿爾杜在他 1502 年出版的波勒克斯《特殊詞彙表》（*Onomasticon*）序言中特別解釋，每一章開頭未附字母索引，而是改附出現順序表，他稱之為「capita rerum」，借用了（不論是否有意）1,200 年前格利烏斯用來稱呼其目錄的名詞（參見第十二章）。

154 現收藏於 Houghton 的一個印本裡，其中第二個索引令某名失望的讀者忍不住手寫為該索引加上第三個索引：A. Blair, 'Corrections Manuscrites et Liste d'Errata a la Renaissance', in *Esculape et Dionysos: Mélanges en l'honneur de Jean Céard*, ed. J. Dupèbe, F. Giacone, E. Naya, and A.-P. Pouey-Mounou (Paris: Droz, 1008), pp. 269-86.

155 M. Foucault, *The Order of Things: An Archaeology of the Human Sciences* (New York: Vintage, 1973).

156 對《天朝仁學廣覽》的描述，見於波赫士的散文 'John Walkins' Analytical Language': J. L. Borges, *Collected Nonfictions*, ed. Eliot Weinberger (London: Penguin, 1999), p. 231.

157 J. L. Borges, *Collected Fictions*, trans. A. Hurley (London: Penguin, 1998), p.119-28.

158 Borges, *Collected Fiction*, p. 127.

159　William Caxton, *Recuyell of the Historyes of Troye* (Bruges, 1473?), EEBO image 2a.

160　同前引書，EEBO image 351b。

161　同前。

162　James Henry Ferguson, 'Preface', in *The Philosophy of Things* (Denver, CO, 1922), pp. i-xiv; David Graham Phillips, 'Why', in *The Husband's Story: A Novel* (New York: D. Appleton, 1911), p.1.

163　[Mary Astell], 'The Preface', *An Essay in defence of the female sex, in a letter to a lady. Written by a lady* (London: for S. Butler, 1721), p. i.

164　Miles Coverdale, 'A prologue. Myles Couerdale Unto the Christen reader', *Biblia the Byble, that is, the holy Scrypture of the Olde and New Testament, faithfully translated in to Englyshe* (Southwark?: J. Nycolson, [1535]),✠4ᵛ.

165　William Seres, 'The Printer to the reader, greetying', in Baldassarre Castiglione, *The coutyre of Count Baldessar Castilio* , trans. Thomas Hoby (London: William Seres, 1561), A2r.

166　Ben Jonson, 'To the memory of my beloued, the Authore Mr. William Shakespeare: And what he hath left vs', in *Mr William Shakespeares comedies, histories, & tragedies: published according to the true originall copies* (London: Issac Iaggard and Edward Blount, 1623), ᵖA4ʳ.

167　Thomas Snodham, 'The Printer to the Reader', in Pasquil [pseud.], *Pasquils palinodia, and his progress to the tauern where the survey of the sellar, you are presented with a pleasant pynt of poeticall sherry* (London: Thomas Snodham, 1619), A2ʳ.

168　J. S. [J. Nutt?], 'The Bookseller to the Reader', in Thomas Brown, *A Collection of Miscellany Poems, Letters, &c* . 2nd ed (London: J. Nutt, 1700), π2ʳ.

169　T. J. Cobden-Sanderson and Emery Walker, 'The Printers to the Reader', in John Milton, *Paradise Lost: A Poem in XII Books* (Hammersmith: Doves Press, 1902), p. 14.

170　Grant Showerman, 'Introduction', in Adeline Belle Hawes, *Citizens of Long Ago: Essays on the Life and Letters in the Roman Empire* (New York: Oxford University Press, 1934), p. vii.

171　Herbert J. C. Grierson and Sandy Wason, 'An Introduction on Introductions Being a Preface to Prefaces', in *The Personal Note: Or First and Last Words from Prefaces, Introductions, Dedications, Epilogue* (London: Chatto and Windus, 1946), p.1.

172　'Review of *The Novels and Tales of Henry James*', *Literary Digest* (21 March 1908): 418.

173　同前。

174 Linda Simon, 'Instruction to the Reader: James's Prefaces to the New York Edition', in *The Critical Reception of Henry James* (London: Boydell and Brewer, 2007), p.30.

175 Richard Watkins, 'To the Gentle Gentlewomen Readers', in *A Petite Pallace of Pettie his pleasure contaynyng many pretie hystories by him set foorth in comely colours, and most delightfully discoursed* (London: By R. W[atkins], [1576], A.ii.^{r}.

176 Ben Jonson, 'To the Reader in Ordinarie' and 'To the Reader Extraordinary', in *Catiline his Conspiracy* (London: [William Stansby?] for Walter Burre, 1611), A3^r.

177 John Kerrigan, 'The Editor as Reader: Constructing Renaissance Texts' in *The Practice and Representation of Reading in England*, ed. James Raven, Helen Smallm and Naomi Tadmor (Cambridge: Cambridge University Press, 1996) p. 112.

178 Thomas Berthelet, 'The Printer to the Reader', in Plutarch, *The table of Cebes the philosopher* (London: by Thomas Berthelet, [1545?], Ai^v; Henry Denham, 'The Printer to the Reader', in Reginald Scot, *A perfite platforme of a hoppe garden* (London: Henry Denham, 1574), B3^r.

179 John Lion, [pseud, Greenstreet House Press], 'To the Reader' in Anonymous, *A reply to Fulke, In defense of M. D. Allens scroll of articles, and books of purgatorie. By Richard Bristo Doctor of Diuinitie* (Louaine [i.e. East Ham]: Iohn Lion [i.e. Greenstreet House Press], 1580, 3E4^v.

180 William Caxton in Thomas Malory, *Le Morte Darthur* (Westminster: William Caxton, 1485), f. iii^r.

181 William Ponsonby, 'The Printer to the Gentle Reader', in Edmund Spencer, *Complaints Containing sundrie small poems of the worlds vanitie* (London: for William Ponsonby, 1591), A2^r.

182 Thomas Berthelet, 'To the Reder', in John Gower, *De Confessione Amantis* (London: Thomas Berthelet, 1532), aa3^r.

183 Christopher Barker, 'The Printer to the Reader', in William Parry, *A true and plaine declaration of the horrible treasons, practiced by William Perry the traitor, against the Queens Maiestie* (London: Christopher Barker, [1585], F4^v.

184 Robert Crowley, 'The Printer to the Reader', in William Langland, *The Vision of Pierce Plowman* (London: [Richard Grafton] for Robert Crowley, 1550), *2^r.

185 Archibald Bell, 'To the Publick', in Phillis Wheatley, *Poems on Various Subjects, Religious and Moral* (London: printed for A. Bell, and sold by Messrs. Cox and Berry, King-Street, Boston 1773), $^\pi$4^r.

186 同前引書。

187 Michael Saenger, *The Commodification of Textual Engagements in the English Renaissance* (Aldershot: Ashgate, 2006), p.18.

188 John Awdelay, 'The Printer to the Reader', in *The fraternitye of vacabondes As wel of*

ruflyng vacabondes, as of beggarly, of women as of men, of gyrles, as of boyes, with their proper names and qualities (London: John Awdelay, 1575), A1ᵛ.

189　Anonymous, 'The Printer to the Reader', in George Gascoigne, *A hundreth sundrie flowers* (London: Henry Bennyman [and Henry Middleton] for Richard Smith, A2ʳ.

190　Mark Twain, 'A Whisper to the Reader', in *Pudd'nhead Wilson and those extraordinary twins* (New York: Harper, 1899), pp. vii-ix.

191　David Seed, 'Framing the Reader in Early Science Fiction', *Style* 47, no.2 (2013): 137-67.

192　John Wayland, 'Prynter to the Reader', in John Lydgate, *The Fall of prynces. Gathered by John Bochas, fro[m] the begynnyng of the world vntyll his time, translated into English by John Lidgate monke of Burye Wherunto id added the dall of al such as since that time were noble in Englande: diligently collected out of the chronicles* (Londini: in aedibus Johannis Waylandi, [1554]), † rv.

193　William Baldwin, 'William Baldwin to the Reader', in *A myrroure for magistrates* (Londini: In aelibus Thomae Marshe, [1559]), A1ʳ.

194　Richard Niccols, 'To the Reader', in *A mirour for magistrates being a true chronicle historie of vntimely falls of such vnfortunate princes and men of note, as haue happened since the first entrance of Brute into this iland, vntill this our latter age* (London: Felix Kingston, 1610), A4ᵛ.

195　[Thomas Creede and Valentine Simmes], 'The Printers to the courteous reader, health and happinesse', in Raoul Le Fèvre, *The auncient historie, of the destruction of Troy... Translated out of French into English, by W. Caxton*, ed. William Fiston (London: Thomas Creede [and Valentine Simmes], 1569/7), (æ).4ʳ.

196　同前。

197　'The Printer to the Courteous Reader, wisheth Health and Happiness', in Raoul Le Fèvre, *The destruction of Troy in three book*s, 7th edition (London: R. I. for S[amuel] S[peed], to be sold by F[rancis] Coles ... and C. Tyus, 1663), A2ᵛ.

198　John Heminges and Henry Condell, 'To the great Variety of Readers', *VVilliam Shakespeare comedies, histories, & tragedies*, ᵖA3ʳ.

第八章　謝辭與獻辭

199　Eyal Ben-Ari, 'On Acknowledgements in Ethnographies', *Journal of Anthropological Research* 43 (1987): 63-84, 68.

200　關於獻辭與贊助之間不自在的關係，見 Dustin Griffin, *Literary Patronage in England, 1650-1800* (Cambridge: Cambridge University Press, 1996); Richard

McCabe, '*Ungainefull Arte': Poetry, Patronage, and Print in the Early Modern Era* (Oxford: Oxford University Press, 2016); Valerie Schutte, *Mary I and the Art of Book Dedications: Royal Women, Power, and Persuasion* (New York: Palgrave Macmillan, 2015); and Franklin B. William*s, Index of Dedications and Commendatory Verses in English Books before 1641* (London: Bibliographical Society, 1961).

201 https://www.buzzfeed.com/jzebarrow/the-27-greatest-book-dedications-you-will-ever-rea-mvjw?utm_term=.guAVJJ2gm#.qa6rRR2vd.

202 Robert Cawdry, *A table alphabeticall conteyning and teaching the true writing, and vnderstanding of hard vsual English word*s (London, 1604), A1r.

203 William Turner, *The first and seconde partes of the herbal of William Turner* (Cologne: [Heirs of] Arnold Birckman, 1568), *2r.

204 Nicholas Billingsley, *A Treasury of Divine Raptures Consisting of Serious Observations, Pious Ejaculations, Select Epigrams...* (London: T. J. for Thomas Parkhurst, 1667), A3v-A4r.

205 Calvin J. Medlin, *Yearbook Layout* (Ames, IA: Iowa State University Press, 1960): p. 129.

206 例如見 George Baker 印刷優美的 *The composition of making of the moste excellent and pretious oil called oleum* (1574)，特徵是有一段使用斜體字的獻辭，收尾成三角形，並加上方向顛倒的段落符號，緊接著的致讀者信和之後的內容皆改回黑色哥德體；John Lyly 的 *Euphues and his England* (1588)，獻辭使用羅馬體，刻意誇張冗長，然後逐漸縮短，接到使用哥德體寫的〈致英格蘭的紳士淑女〉；還有像是莎士比亞 *Venus and Adonis* (1595) 常為人所討論的獻給南安普頓的斜體獻辭。

207 Christopher Ricks, 'Umpteens', *London Review of Books* 12, no. 22 (22 November 1990): 16-17, 17.

208 John Taylor, *Sir Gregory Nonsense his news from no place* (London, 1622), A3r-A4v.

209 Francis Bacon, *The Oxford Francis Bacon IV: The Advancement of Learning*, ed. Michael Kiernan (Oxford: Clarendon Press, 2000), p. 20.

210 Echthrus gar moi keimos, omos aidao pulusin, / O sch eteron men keuthei eni phresin, allo de bazei (*The Iliad*, Book 9, line 412). 波普譯為：「誰敢將心中想法訴予他人，我的靈魂將厭惡他，如同厭惡地獄之門。」('Who dares think one thing, and another tell, My soul detests him as the gates of Hell')

211 Samuel Johnson, 'Dedication', *Rambler* 136 (6 July 1751): 32, 31.

212 Nathan Field, *A woman is a weather-cocke* (London, 1612), A3r.

213 Thomas Gordon, *A dedication to a great man, concerning dedications* (London, 1718), A3v.

214 Anna North, 'On Acknowledgements', *Paris Review*, 6 July 2011: https://www.

theparisreview.org/blog/2011/07/06/on-acknowledgments/.

215 Sam Sacks, 'Against Acknowledgements', *New Yorker*, 24 August 2012: https://www.newyorker.com/books/page-turner/against-acknowledgements.

216 Terry Caesar, *Conspiring with Forms: Life in Academic Texts* (Athens, GA: University of Georgia Press, 2010), p.34.

217 Ben-Ari, 'On Acknowledgements in Ethnographies', p. 71.

218 Jan B. Gordon, *Gossip and Subversion in Nineteenth-Century British Fiction: Echo's Economies* (Basingstoke: Macmillan, 1996), p. xii.

219 Caleb M. Brown and Donald M. Henderson, 'A New Horned Dinosaur Reveals Convergent Evolution in Cranial Ornamentation in Ceratopsidae', *Current Biology* 25, no. 12 (2015): 1641-8. 女方後來似乎答應了。

220 以上兩個例子皆引用於 David Barnett, 'Stories Told by Book Dedications', *Guardian*, 20 July 2011: https://www.theguardian.com/books/2011/jul/20/book-dedications.

221 Henriette Lazaridis, 'The Story behind the Story: An Appreciation of Authors' Acknowledgements', *Millions*, 9 January 2012: https://themillions.com/2012/01/the-story-behind-the-story-an-sppreciation-of-authors-acknowledgments.html.

222 W.B. Gooderham 出版過於二手書中發現的獻辭選集，名為 *Dedicated to... the Forgotten Friendships, Hidden Stories and Lost Loves Found in Second-Hand Books* (Ealing: Bantam Press, 2013).

223 https://www.abebooks.co.uk/Winters-Night-Traveller-Calvino-Italo-Minerva/1834413177/bd.

224 Ben-Ari, 'On Acknowledgements in Ethnographies', p. 63.

225 見 Jack Stillinger, *Multiple Authorship and the Myth of Scholarly Genius* (Oxford: Oxford University Press, 1991); 更極端的例子，見同作者對 Hilary Mantel, Wolf Hall (2009) 所寫的註釋與謝辭。

226 Ben-Ari, 'On Acknowledgements in Ethnographies', p. 65.

227 Caesar, *Conspiring with Forms*, pp. 30-1.

228 Caesar, *Conspiring with Forms*, p. 39.

229 Arthur Marotti, 'Poetry, Patronage, and Print', *Yearbook of English Studies* 21 (1991): 2.

230 Michael Drayton, *Englands Heroicall Epistles* (London: J. Roberts for N. Ling, 1599), H3r.

231 Gérard Genette, *Paratexts: Thresholds of Interpretation*, trans. Jane E. Lewin (Cambridge: Cambridge University Press, 1997), pp. 123-4.

232 詳見推特 hashtag，#ThanksForTyping。

第九章　印刷紋飾與花飾

233　Henry R. Plomer, *English Printers' Ornament* (London: Grafton, 1924), p.20.

234　Plomer, *English Printers' Ornament*, p. 20. 關於《禮拜書》，見 Katja Airaksinen, 'The Morton Missal: The Finest Incunable Made in England', *Transactions of the Cambridge Bibliography Society* 14 (2009): 147-79.

235　劍橋三一學院收存的印本即可見手繪上色。見 Airaksinen, 'The Morton Missal', pp.163-4.

236　Plomer, *English Printers' Ornament*, pp. 22-3.

237　David Scott Kastan, 'Print, Literary Culture and the Book Trade', in *The Cambridge History of Early Modern English Literature*, ed. David Loewenstein and Janel Mueller (Cambridge: Cambridge University Press, 1999), pp. 81-116, 88.

238　R. B. McKerrow, *Printers' and Publishers' Devices in England and Scotland 1485-1640* (London: Bibliographical Society, 1913), no. 11.

239　McKerrow, *Printers' and Publishers' Devices*, no. 46a.

240　Joseph A. Dane, *What Is a Book? The Study of Early Printed Books* (Notre Dame, IN: University of Notre Dame Press, 2012), p. 128.

241　Benjamin Franklin, *Autobiography and Other Writings*, ed. Ormond Seavey (Oxford: Oxford University Press, 2008), p.55. 富蘭克林的紋飾可參見於 C. William Miller, *Benjamin Franklin's Philadelphia Printing 1728-1766* (Philadelphia, PA: American Philosophical Society, 1974).

242　德沃德 1507 年（不確定）印行 Nicholas Love 翻譯之 St Bonaventure, *Meditationes Vita Christi* (ESTC S109702) 即採用此做法。

243　15 世紀彩飾師使用的圖案樣冊，摹本可見 *The Göttingen Model Book*, ed. Hellmut Lehmann-Haupt (Columbia, MO: University of Missouri Press, 1972)。不列顛印刷書著名的例子是 Thomas Geminus, *Morysse and Damashin Renewed and Encreased* (London:1548).

244　William Caslon, *A Specimen of Printing Type*s (London: Dyden Leach, 1764); Alexander Wilson, *A Specimen of Printing Types* (Glasgow, 1789); *Muestras de los punzones y matrices de la letra que se funde en el Obrador fe la Imprenta Real* (Madrid, 1799).

245　裝飾偶有實際用處，例如印刷時尾飾能具體支撐紙張的大範圍空白，或如邊框可以（佛萊明指出）「保護文字，因為小書邊緣常因翻閱磨損」。*Cultural Graphology: Writing after Derrida* (Chicago, IL: University of Chicago Press, 2016), p. 75.

246　Fleming, *Cultural Graphology*, p. 75.

247　Fleming, *Cultural Graphology*, p. 75.

248 Joseph Moxon, *Mechanick Exercises on the Whole Art of Printing (1683-84)*, ed. Herbert Davis and Harry Carter (Oxford: Oxford University Press, 1958), p. 24.

249 關於理查森創意運用花飾，見 Anne C. Henry, 'The Re-mark-able Rise of '...': Reading Ellipsis Marks in Literary Texts', in *Ma(r)king the Text: The Presentation of Meaning on the Literary Page*, ed. Joe Bray, Miriam Handley, and Anne C. Henry (Aldershot: Ashgate, 2000), pp. 120-43, 131; Janine Barchas, *Graphic Design, Print Culture, and the Eighteenth-Century Novel* (Cambridge: Cambridge University Press, 2003), p. 257; Anne Toner, *Ellipsis in English Literature: Signs of Omission* (Cambridge: Cambridge University Press, 2015), pp. 67-76.

250 Toner, *Ellipsis*, p. 76.

251 見 James McLaverty, *Pope, Print, and Meaning* (Oxford: Oxford University Press, 2001), p.61.

252 Barchas, *Graphic Design*, p. 133.

253 Hazel Wilkinson, 'Printers' Flowers as Evidence in the Identification of Unknown Printers: Two Examples from 1715', *The Library* 7, no. 14 (2013): 70-9.

254 關於此鑑別法，見 Keith Maslen 之著作，特別是 *Samuel Richardson of London, Printer* (Otago: University of Otago Press, 2001).

255 S. Blair Hedges, 'Wormholes Record Species History in Space and Time', *Biology Letters* 9 (2013).

256 Philip Luckombe, *History of the Origin and Progress of Printing* (London, 1770), p. 289.

257 Luckombe, *History*, p. 289.

258 維多利亞時期邊框與首字母花飾範例，見 Carol Belanger Grafton (ed.), *Pictorial Archive of Printer's Ornaments from the Renaissance to the 20th Century* (New York: Dover, 1980). 更多維多利亞時期圖飾範例，見 Zeese and Company, *Specimens of Electrotypes* (1885) 及 H. H. Green, *Specimens of Printing Types* (1852).

259 John Buchanan-Brown, *Early Victorian Illustrated Books* (London: British Library; New Castle, DE: Oak Knoll, 2005), p. 17.

260 Mark Arman, *Fleurons: Their Place in History and in Print* (Thaxted: Workshop, 1988), p. 23.

261 John Ryder, *Flowers and Flourishes* (London: Bodley Head, 1976), p. 10.

262 Frederic Warde, *A Book of Monotype Ornaments* (London: Lanston Monotype Corporation, 1928).

263 見 David Bethel, 'Creating Printers' Flowers', in *Type and Typography: Highlights from Matrix* (West New York, NJ: Mark Batty, 2003), pp. 256-67, 216.

264 Beatrice Ward, 引用於 Bethel, 'Creating Printers' Flowers', p. 216.

265 Bodleian Library, shelf mark Rec. a.36.

266 *Shakespeare's Poems*, ed. Katherine Duncan-Jones and H. R. Woudhuysen (London: Arden, 2007), p. 502; *The Poems of T. S. Eliot*, ed. Christopher Ricks and Jim McCue (London: Faber, 2015), p. 313.

第十章　出場人物表

267 Jenny Colgan, 'Mount! By Jilly Cooper review—daft, boozy joy', *Guardian*, 15 September 2016: https://www.theguardian.com/books/2016/sep/15/mount-by-jilly-cooper-review.

268 見 Gray Taylor; 'The Order of Persons', in *Thomas Middleton and Early Modern Textual Culture: A Companion to the Collected Works*, ed. Gray Taylor and John Lavagnino (Oxford: Oxford University Press, 2007); pp. 31-79; Tamara Atkin and Emma Smith, 'The Form and Function of Character Lists in Plays Printed before the Closing of the Theatres', *Review of English Studies* 65 (2014): 647-72; and Matteo Pangallo, '"I will keep and character that name": Dramatis Personae Lists in Early Modern Manuscript Plays', *Early Theatre* 18 (2015): 87-118.

269 關於貝爾參與他的劇作及其他作品之出版，見我的著作第三章：*Reading Drama in Tudor England* (London: Routledge, 2018), pp. 101-44.

270 人物表脫離劇本與在倫敦有固定劇場的商業表演公司興起，兩者之間的關聯可見探討於 Taylor, 'Order', pp. 58-60.

271 Random Cloud, '"The very names of the Persons": Editing and the Invention of Dramatick Character', in *Staging the Renaissance: Reinterpretations of Elizabethan and Jacobean Drama*, ed. David Scott Kastan and Peter Stallybrass (New York: Routledge. 1991), pp. 88-96, 95.

272 *Wisdom* (Washington, DC, Folger, MS V.a.354, ff. 98r-121v), f. 121r; *The Castle of Perseverance* (Washington, DC, Folger MS V.a.354, ff. 154r-191v), f. 161r. 現存 Digby 版 *Wisdom* (Oxford, Bodleian Library, MS Digby 133, ff. 158r-169v) 殘稿並沒有人物表。我計算時也排除了流傳到中世紀後期的中世紀戲劇手稿。

273 1530 年代初，印刷商 John Rastell 在兩部劇本中實驗過把人物表放在卷末的位置，但在其他所有印刷於劇場時期（1576-1642）之前、之間、之後的近代劇本裡，人物表皆偏好放在卷首。拉丁語僅偶爾使用，且典型只用在古典戲劇的譯本；但有一個著名的例外，人物表被放在書名頁的背面，就是 John Bale, *Three Laws* ([1548?], STC 1287)。因此這些特徵很少被印刷書採用，更從來不曾一起出現在印刷書中。

274 Pamela M. King, 'Morality Plays', in *The Cambridge Companion to Medieval English Theatre*, ed. Richard Beadle (Cambridge: Cambridge University Press, 1994), pp.240-

64, p.247.

275 J.R. Green, *Theatre in Ancient Greek Society* (London: Routledge, 1994), p. 163.

276 各類型英語書籍對這幅木雕版畫的運用,詳細(但未臻詳盡)的討論可見於 Martha Driver, *The Image in Print: Book Illustration in Late Medieval England and Its Sources* (London: British Library, 2004), pp. 55-67.

277 該例取自 *Impatient Poverty* (1560, STC 14112.5), title page.

278 Pangallo, 'Dramatis Personae', p. 95.

279 Pangallo, 'Dramatis Personae', p. 98.

280 Jane Griffiths, 'Lusty Juventus', in *The Oxford Handbook of Tudor Drama*, ed. Thomas Betteridge and Greg Walker (Oxford: Oxford University Press, 2012), pp. 262-75, 270; Pangallo, 'Dramatis Personae', p. 95.

281 其他約近當代的人物表對角色分配提供了比較詳細的說明,相關討論可見我的論文 '"The Personages that Speake": Playing with Parts in Early Printed Drama', *Medieval English Theatre* 36 (2014): 48-69, esp. 51-4.

282 Taylor, 'Order', 61.

283 見 Taylor, 'Order', 66.

284 各自照這些指導原則排序的人物表範例,見 Atkin and Smith, 'Form and Function', pp. 658-66.

285 Janine Barchas, *Graphic Design, Print Culture, and the Eighteenth-Century Novel* (Cambridge: Cambridge University Press, 2003), pp. 199-9, 193.

286 同樣思維的戲劇例子,見 Atkin and Smith, 'Form and Function', 663.

287 Gérard Genette, *Paratexts: Thresholds of Interpretation*, trans. Jane E. Lewin (Cambridge: Cambridge University Press, 1997), p. 399.

288 Genette, *Paratexts*, p. 2.

第十一章　頁碼、帖號、檢索關鍵字

289 Oxford, Bodleian Library, MS Laud Misc. 388, f. 282ra; 拼字、標點、句讀略經現代慣用法改寫。感謝 Cosima Gillhammer 告訴我有此一例。

290 多個對葉,即多個雙葉,摺在一起形成一個裝訂單位,用以稱呼這個單位的名詞,在抄本學和書目學底下不同的子領域也各有不同。粗略來說,這個單位在手抄本通常稱為「對頁」,在印刷書則稱「帖」或「帖號」。我在這裡統一使用帖指稱一個對葉對摺的單位,不論它所在的書是抄本或印本。「帖號」容易混淆的多重含意則在下段簡短討論。

291 Eric G. Turner, *The Typology of the Early Codex* (Philadelphia, PA: University of Pennsylvania Press, 1977), pp. 77-8.

292　Vienna, Österreichischen Nationalbibliothek, MS Lat. 15; Vercelli, Biblioteca e Archivio Capitolare, MS 117.

293　Magaret M. Smith, 'Printed Foliation: Forerunner to Printed Page Numbers?', *Gutenberg-Jahrbuch* 63 (1988): 58 (fig. 1).

294　Oxford, Bodleian Library, MS Bodley 814; 例如見 f. 90（帖 IX⁶ 的第二葉），一方面標有單純的葉號「b」，另一方面又有一個比較模糊的「I ij」，是同時標記帖和葉的記號。

295　Rebecca Bullard, 'Signs of the Times? Reading Signatures in Two Late Seventeenth-Century Secret Histories', in *The Perils of Print Culture: Book, Print and Publishing History in Theory and Practice*, ed. Jason McElligott and Eve Patten (Basingtoke: Palgrave, 2014), pp. 118-33.

296　Michelle P. Brown, *A Guide to Western Historical Scripts from Antiquity to 1600* (Toronto: University of Toronto Press, 1990), p. 4. Ayman Fu'ād Sayyid, *Al-Kitāb al-'Arabī al-makhṭūṭ wa-'ilm al-makhṭūṭāt*, 2 vols (Cairo: al-Dār al-Miṣrīyah al-Lubnānīyah, 1997), 1，pp. 45-6, 追溯阿拉伯手抄本最早於 9 世紀初出現檢索關鍵字（參考引用於 Adam Gacek, *Arabic Manuscripts: A Vademecum for Readers* (Leiden: Brill, 2009), p50）.

297　例如見 Carl D. Atkins, 'The Application of Bibliographical Principles to the Editing of Punctuation in Shakespeare's "Sonnets"', *Studies in Philology* 100, no. 4 (Autumn 2003): 500-1.

298　Philip Gaskell, *A New Introduction to Bibliography* (Oxford: Oxford University Press, 1972), p.53.

299　Oxford, Bodleian Library, MS Digby 185, f. 87ᵛ.

300　MS Digby 185, f. 135ᵛ.

301　可參考如 O. S. Pickering, 'Brotherton Collection MS 501: A Middle English Anthology Reconsidered', Leeds Studies in English n.s., no.21 (1990): 144.

302　例如 Oxford, Bodleian Library, MSS Laud Lat. 8 and Laud Misc. 488.

303　Turner, *Early Codex*, 74-6.

304　Oxford, Bodleian Library, MS Bodley 296: ff. 1-176 的右頁均以紅、黑墨水寫上羅馬數字葉碼。

305　保存於 London, Lambeth Palace, MS 260 (ff. 138r-139ᵛ) 的抄書目錄是解讀開頭編號的關鍵。也可見 Richard H. Rouse and Mary A. Rouse, *Preachers, Florilegia and Sermons: Studies on the 'Manipulus florum' of Thomas of Ireland*, Studies and Texts 47 (Toronto: Pontifical Institute of Mediaeval Studies, 1979), p.33; 以及 Paul Saenger, 'The Impact of the Early Printed Page on the History of Reading', *Bulletin du bibliophile* (1996): 237-301.

306　注意手抄本研究給的參考文獻，通常用原已存在的**葉碼**來指**頁碼**，例如「f.

70r」是書中的一頁，即該一對開葉的右頁。

307 如有使用點和字母代替數字的葉碼系統，相關討論可見於 Richard Rouse, 'Cistercian Aids to Study in the Thirteenth Century', in *Studies in Mediaeval Cistercian History II*, ed. J. R. Sommerfeldt, Cistercian Studies 24 (Kalamazoo, MI: Cistercian Publications, 1976), pp. 123-34, 129-30.

308 缺乏一致性恰也為中世紀抄本創造了一項辨識工具：次對開頁紀錄（secundo folio record）。例如至少在散文文本中，不同抄書匠寫的抄本，在第二對開頁右面開頭的單詞絕對不會一樣，因此可將次對開頁開頭這幾個單詞記入目錄，當作辨認特定抄本的獨特特徵。見 James Willoughby, 'The Secundo folio and Its Use, Midieval and Modern', *The Library* 12, no. 3 (2011).

309 例如 London, British Library, MSS Harley 4196 和 Cotton Galba E.ix 抄自同一範本，且都複抄了範本的頁碼和劃線。

310 R. H. Rouse and M. A. Rouse, 'The Verbal Concordance to the Scriptures', *Archivum fratrum praedicatorum* 44 (1974): 8-10.

311 Charles F. Briggs, 'Late Medieval Texts and Tabulae: The Case of Giles of Rome, *De regimine principum*', *Manuscripta* 37 (November 1993): 258.

312 Smith, 'Foliation', pp. 56-9, 67-9. 也可見 Saenger, 'Impact', pp. 263-75.

313 例如可見 *Hore beatissime virginis Marie ad legitimum Sarisburiensis ecclesie ritum, cum quindecim orationibus beate Brigitte, ac multis alijs orationibus pulcherrimis, et indulgentijs, cum tabula aptissima iam vltimo adiectis*, STC 15945 (Paris: François Regnault, 1526; copy consulted: Oxford, Bodleian Library, Douce BB 185); 或 *Hore beatissime virginis Marie ad legitimum Sarisburiensis ecclesie ritum, cum quindecim orationibus beate Brigitte, ac multis alijs orationibus pulcherrimis, et indulgentijs, cum tabula aptissima iam vltimo adiectis. M.D.xxxiiii*, STC 15984 (Paris: François Regnault, 1534; copy consulted: Oxford, Bodleian Library, Gough Missals 177).

314 Smith, 'Foliation', p. 69 (fig. 2).

315 Saenger, 'Impact', pp. 275-8.

316 關於電子書的功能評估，見 Naomi S. Baron, *Words Onscreen: The Fate of Reading in a Digital World* (Oxford: Oxford University Press, 2015), 特別是 pp. 209-14。

第十二章　章節標題

317 銅碑殘片的詳細描述和歷史背景，見 Andrew Lintott, *Judicial Reform and Land Reform in the Roman Republic: A New Edition, with Translation and Commentary, of the Laws from Urbino* (Cambridge: Cambridge University Press, 1992)。

318 見 Shane Butler, 'Cicero's Capita', in *The Roman Paratext: Frame, Texts, Readers*, ed.

Laura Jansen (Cambridge: Cambridge University Press, 2014), pp. 73-111, p.83.

319 原文抄本及翻譯來自 *Roman Statutes*, ed. M. H. Crawford, vol.1 (London: Institute for Classical Studies, 1996), pp. 67-73, 87-93.

320 同前引書，頁 49。

321 見 Ugo Dionne, *La voie aux chapitres. Poétique de la disposition romanesque* (Paris: Seuil, 2008), p. 214.（譯按：原文 Ugo Dionne 有誤）

322 見 Pierre Petitmengin, 'Capitula païens et chrétiens', in *Titres et articulation du tete dans les ouvrages antiques*, ed. J.-C. Fredouille, Marie-Odile Goulet-Caze, Philippe Hoffmann, and Pierre Petitmengin (Paris: Institut d'Études Augustiniennes, 1997), pp. 491-507, p.500.

323 「拓樸」一詞我借用自 Matthijs Wibier, 'The Topography of the Law Book: Common Structures and Modes of Reading', in *The Roman Paratext: Frame, Texts, Readers,* ed. Laura Jansen (Cambridge: Cambridge University Press, 2014), pp. 56-72.

324 見 Gérard Genette, *Paratexts: Thresholds of Interpretation*, trans. Jane E. Lewin (Cambridge: Cambridge University Press, 1997), p. 300.

325 見 Hermann Mutschmann, 'Inhaltsangabe und Kapitelüberschrift im Antiken Buch', *Hermes* 46, no. 1 (1911): 93-107, 95.

326 此一交互關係詳述於 Bianca-Jeanette Schröder, *Titel und Text: Zur Entwicklung lateinischer Gedichtuberschriften, mit Untersuchungen zu lateinischen Buchtiteln, Inhaltsverzeichnissen und anderen Gliederungsmitteln* (Berlin: de Gruyter, 1999), pp. 153-4.

327 見 Aude Doody, *Pliny's Encyclopedia: The Reception of the Natural History* (Cambridge: Cambridge University Press, 2010), pp. 98-106. 亦見 A. Riggsby, 'Guides to the Wor(l)d', in *Ordering Knowledge in the Roman Empire*, ed. Jason Kong and Tim Whitmarsh (Cambridge: Cambridge University Press, 2007), pp. 88-107; 93-8.

328 Riggsby, 'Guides', pp. 98-101. 關於格利烏斯的標題，更詳盡的論述見 Joseph Howley, 'How To Read the Noctes Atticae', in *Aulus Gellius and Roman Reading Culture: Text, Presence and Imperial Knowledge in the Noctes Atticae* (Cambridge: Cambridge University Press, 2018).

329 關於優西比烏，見 Gustave Bardy 為《教會史》（*Ecclesiastical History*）所寫序，收於 *Sources Chrétiennes 31* (Paris: Cerf, 1952), p. vii.

330 見 Josie Billington, 'On Not Concluding: Realist Prose as Practical Reason in Gaskell's *Wives and Daughters*', *Gaskell Journal* 30 (2016): 23-40.

331 Riggsby, 'Guides', p. 91.

332 關於這些及其他用法，見 Schröder, *Titel und Text*, pp. 323-6; Petitmengin, 'Capitula', pp. 492-5.

333 Cyril Lambot, 'Lettre inédite de S. Augustin relative au "De Civitate Dei"', Revue

Bénédictine 51 (1939): 109-21.

334 見 Anthony Grafton and Megan Williams, *Christianity and the Transformation of the Book: Origen, Eusebius, and the Library of Caesarea* (Cambridge, MA: Havard University Press, 2008), p. 39.

335 見 Robert Dobbin 在 *Epictetus: Discourses Book 1* (Oxford: Clarendon, 1998), p. 65 的評註；或 Jackson Hershbell, 'The Stoicism of Epictetus: Twentieth Century Perspectives', *Aufstieg und Niedergang der Römischen Welt II* 35, no. 3 (1989): 2148-63.

336 以上標題為 Robin Hard 翻譯自 *Epictetus: Discourses, Fragments, Handbook* (Oxford: Oxford University Press, 2014)。

337 見 Dobbin, *Epictetus*, p. 128.

338 見 Dobbin, *Epictetus*, p. 161，他實際上提議以「論自給自足」當作該章節的主要標題。

339 關於愛比克泰德的「先入觀念」，有用的研究包括 Henry Dyson, *Prolepsis and Ennoia in the Early Stoa* (Berlin: de Gruyter, 2009); A. A. Long, *Stoic Studies* (Cambridge: Camridge University Press, 1996); F. H. Sandbach, 'Ennoia and Prolepsis in the Stoic Theory of Knowledge', *Problems in Stoicism*, ed. A. A. Long (London: Athlone, 1971)。

340 Hard, *Epictetus: Discourses*, p. 48.

341 同前引書，pp. 19, 94-5。

342 *The Didascalicon of Hugh of St. Victor: A Medieval Guide to the Arts*, trans. Jerome Taylor (New York: Columbia University Press, 1991), p. 93. 拉丁語原文來自 C. H. Buttimer, ed., *Hugonis de Sancto Victore Didascalicon de studio legendi* (Washington, DC: Catholic University Press, 1939), p. 60.

343 不過，托爾斯泰為《安娜‧卡列尼娜》（*Anna Karenina*, 1873-7）其中一章寫下著名的標題，即尼可萊‧列文死去一章的標題「死亡」（俄語：Смерть）──以此，他在敘述最深刻的跨越界線故事同時，也實現了劃出界線的效果。

344 Anthony Trollope, *Framely Parsonage*, ed. P. D. Edwards (Oxford: Oxford University Press, 1980), p. 517.

345 同前，p. 520。

346 我在 'Trollope's Chapters', *Literature Compass* 7, no. 9 (2010): 855-60 對托洛普的標題做法有更詳盡的討論。

347 Thomas Mann, *Doctor Faustus: The Life of the German Composer Adrian Leverkuhn as Told by a Friend*, trans. John Woods (New York: Vintage, 1999), p. 417.

第十三章　題　辭

348　約翰生首版《英語字典》將「epigraph」定義為「雕像上銘刻的文字」，後續版本中簡化成「銘刻的文字」。（《英語字典》本身亦引用了賀拉斯《書信集》作題辭。）

349　Ann Ferry, *The Title to the Poem* (Stanford, CA: Stanford University Press, 1996), p. 232. 吉奈特同樣認為，作者的盾徽——具體來說是盾徽上時而會出現的銘文，或可視為題辭的前身。見 Gérard Genette, *Paratexts: Thresholds of Interpretation*, trans. Jane E. Lewin (Cambridge: Cambridge University Press, 1997), p. 144.

350　Louis Lohr Martz, *Poet of Exile: A Study of Milton's Poetry* (New Haven, CT: Yale University Press, 1980), p. 36.

351　Ferry, *The Title to the Poem*, p. 233.

352　詳見 Early Novel Database project: https://github.com/earlynovels/end-database，與題辭相關分頁於網址後加上 18c-epigraphs.tsv.

353　Genette, *Paratexts*, pp. 157-8. 吉奈特對題辭功能的分類見 pp. 156-60.

354　Fran Ross, *Oreo* (New York: New Directions, 2015 [1974]), p. vi. 《奧利奧》開頭的題辭首先是「奧利奧，定義：外黑內白的人」，羅斯接下來三個題辭疑似都是假歷史人物之口說出的虛構之言，分別出自作者（「奧利奧，我不是」）、福樓拜（「一則可能發生的故事」）、維根斯坦（「嗝！」）。

355　吉奈特暗示用題辭評註書名是 20 世紀出現的現象，但其他學者發現更早之前就有此功能；見 Ferry, *The Title to the Poem*。

356　Genette, *Paratexts*, p. 158.

357　吉奈特詳述各種與相對「有名望的」作者、文學傳統、文類建立的關聯，且暗示這種做法的目的是要提升文本地位。但是與其他作者、傳統、文類建立關聯卻別無其他目的的例子，也很容易找到或想像。

358　Genette, *Paratexts*, p.158.

359　關於這些題辭的意義和來源，見 Brent Edwards, 'Introduction' to W. E. B. Dubois, *The Souls of Black Folk*, ed. Brent Hayes Edwards (Oxford: Oxford University Press, 2007), p. xxii. 關於杜博依斯引用靈歌的來源，愛德華引用 Ronald M. Radano, 'Soul Texts and the Blackness of Folk', *Modernism/Modernity* 2, no. 1 (January 1998): 85-7 and Eric J. Sundquist, *To Wake the Nation: Race in the Making of American Literature* (Cambridge, MA: Harvard University Press, 1993), pp. 490-525.

360　Dubois, *The Souls of Black Folk*, p. 33.

361　Edwards, 'Introduction', p. xxi.

362　Edwards, 'Introduction', p. xxii.

363 關於題辭的意義，可參考之閱讀材料眾多，見 Sundquist 及 Ross Posnock, *Culture and Color: Black Writers and the Making of the Modern Intellectual* (Cambridge, MA: Harvard University Press, 1998), pp. 263-4. 欲詳知題辭的特殊含義，特別是某些詩作與廢奴和反奴隸歷史建立關聯的方式，見 Daniel Hack, *Reaping Something New: African American Transformations of Victorian Literature* (Princeton, NJ: Princeton University Press, 2016), pp. 176-206.

364 Janine Barchas, *Graphic Design, Print Culture, and the Eighteenth-Century Novel* (Cambridge: Cambridge University Press, 2003), p. 88.

365 Price, *The Anthology and the Rise of the Novel from Richardson to George Eliot* (Cambridge, MA: Harvard University Press, 2000), p. 91.

366 Price, *The Anthology and the Rise of the Novel*, p. 91. 普萊斯指出：「《諾桑覺寺》中，是這些引用的存在，而非敘事的上下文，給了我們哥德文本互涉的初始線索。」

367 我沿用吉奈特使用的「親筆題辭」（autographic epigraph）一詞，指由作者本人所寫的題辭（p. 145）。

368 Kate Rumbold 提出哥德式小說題辭虛構化的概念，她注意到雷德克利夫小說引用莎士比亞的題辭「雖然看似超脫文本的權威敘事者管轄，但往往表現出小說人物對世界、乃至對自身的看法」。*Shakespeare and the Eighteenth-Century Novel: Cultures of Quotation from Samuel Robinson to Jane Austen* (Cambridge: Cambridge University Press, 2016), p. 134.

369 吉奈特在 *Paratexts* 書中推測，總體來說，題辭人（挑選題辭的人）在某些例子裡可能是書中人物的可能性，並以盧梭的 *Julie* 為例提出疑問，探討題辭是作者的選擇，還是「拾獲手稿」的一部分，因此也屬於小說的一部分。(p. 154)

370 John Plotz, *Semi-Detached: The Aesthetics of Virtual Experience since Dickens* (Princeton, NJ: Princeton University Press, 2017), p. 410.

371 Peter Stallybrass, 'Book and Scrolls: Navigating the Bible', in *Books and Readers in Early Modern England*, ed. Jennifer Anderson and Elizabeth Sauer (Philadelphia, PA: University of Pennsylvania, 2002), pp. 42-79, p. 42.

372 Ellen McCracken, *Paratexts and Performance in the Novels of Junot Díaz and Sandra Cisneros* (Basingstoke: Palgrave Macmillan, 2016), p. 40. 值得一提的是，很多電子閱讀器也有隨選按鍵，可帶讀者回到副文本的所在位置，不過這些元素經轉換為數位格式，有時已經面目全非。

373 LaTex 套裝樣式包：https://ctan.org/pkg/epigraph?lang=en；APA 格式部落格：http://blog.apastyle.org/apastyle/2013/10/how-to-format-an-epigraph.html；Wikibooks: http://en.wekibooks.org/wiki/Template:Epigraph；TEI 題辭標記規則：http://www.tei-c.org/release/doc/tei-p5-doc/en/html/ref-epigraph.html.

第十四章　舞台指示

374 引用《第一對開本》的內容，皆取自 Charlton Hinman, *Mr William Shakespeares Comedies, Historie, & Tragedies* [The Norton Facsimile] (New York: Norton, 1968) 提供的摹本，並使用該版的直通行號（TLN）。

375 William Shakespeare, *The Works*, ed. Alexander Pope, 6 vols (1725), 1, p. xviii.

376 William Shakespeare, *The Works*, ed. Lewis Theobald, 7 vols (1733), 4, p. 30.

377 Lewis Theobald, *Shakespeare Restored* (1726), p. 138.

378 Shakespeare, *Works*, ed. Theobald, 7, p. 295.

379 事實上，啞劇留下的傳統往往與對白不同，這種分歧並不罕見。見 Tiffany Stern, 'Inventing Stage Directions; Demoting Dumb Shows', *Stage Directions and Shakespearean Theatre*, ed. Sarah Dustagheer and Gillian Woods for Arden Shakespeare (London: Methuen, 2018), pp. 19-43.

380 William Shakespeare, *The Plays*, ed. Samuel Johnson and George Steevens, 10 vols (1773), 4, p. 530.

381 William Shakespeare, *The Plays and Poems*, ed. Edmond Malone, 10 vols in 11 parts (1790), 4, p. 435.

382 Phillip Butterworth, *Staging Conventions on Medieval English Theatre* (Cambridge: Cambridge University Press, 2014), p. 4.

383 更多見 Linda McJannet, *The Voice of Elizabeth Stage Directions* (Newark, DE: University of Delaware Press, 1999).

384 William Stevenson, *Gammer gurtons nedle* (1575), C4r, B2r; John Bale, *Kynge Johan* (1538), ed. J. Payne Collier (1838), p. 41.

385 Robert Wilson, *Three Ladies of London* (1584), EIV; Thomas Preston, *Cambises* (1570), c2v; Ulpian Fulwell, *Like Will to Like* (1587), A3r.

386 Leslie Thomson, 'A Quarto "Marked for Performance": Evidence of What?', *Medieval and Renaissance Drama in England* 8 (1996): 176-210.

387 更多見 T. H. Howard-Hill, 'The Evolution of the Form of Plays in English during the Renaissance', *Renaissance Quarterly* 43 (1990): 112-45.

388 John Marston, *The Insatiate Countess* (1613), E_{IV}. Thomas Heywood, *If you know not me, you know no bodie* (1605), D1r.

389 關於抄寫指示，更多見 Tiffany Stern, *Documents of Performance* (Cambridge: Cambridge University Press, 2009), pp. 154, 181-4.

390 Thomas Kyd, *Spanish Tragedy* (1592), E_{IV}.

391 見 Stern, 'Scrolls', in *Documents of Performance*, pp. 174-200.

392 L. S., *Noble Stranger* (1640), G3r.

393 John Fletcher and William Shakespeare, *The Two Noble Kinsmen* (1634), c3v.

394 奧蘭多的「分冊」，Dulwich MSS 1: http://www.henslowe-alleyn.org.uj/images/ MSS-1/Article-138/o8r.html.

395 Robert Greene, *Orlando Furioso* (1594), G1r.

396 Warren Smith, 'New Light on Stage Directions in Shakespeare', *Studies in Philology* 47 (1950): 173-81, p. 178.

397 Shakespeare, *Works*, ed. Theobald, 5, p. 443.

398 W. B. Long, '"A bed/ for Woodstock": A Warning for the Unwary', *Medieval and Renaissance Drama in England* 2 (1985): 91-118.

399 Francis Beaumont, *Phylaster* (1620), C4r.

400 關於幕後情節，更詳盡見 Tiffany Stern, 'Backstage-Plots', in *Documents of Performance*, pp. 201-31；關於進場退場，更詳盡見 Mariko Ichikawa, *Shakespearean Entrances* (Basingstoke: Palgrave, 2002), 各處。

401 Gordon Craig, *The Art of the Theatre* (Edinburgh: T. N. Foulis, 1905), pp. 29-30.

402 Jean Schiffman, 'Taking Directions', *Backstage*, 5 March 2003: https://www. backstage.com/new/taking-directions/.

403 Samuel Beckett, *Endgame* (New York: Grove Press, 1958), p. 2.

404 Legal insertion in American Repertory Theatre's programme for *Endgame* (1984).

405 Bernard Shaw, *Man and Superman* (New York: Brentano's, 1905), p. 61.

406 Funk and Wagnall's *New Standard Dictionary of the English Language* (1929), 4, p. 2361.

407 'Stage, n.', *OED Online*, Oxford University Press, June 2016.

第十五章　逐頁題名（書眉）

408 特別見 Fredson Bowers, 'Notes on Running-Titles as Bibliographical Evidence', *The Library*, 4th series, 19, no. 3 (1938): 315-38.

409 Charlton Hinman, *The Printing and Proofreading of the First Folio of Shakespeare* (Oxford: Clarendon Press, 1963), esp. pp. 171-5.

410 R. B. McKerrow, *An Introduction to Bibliography for Literary Students* (Oxford: Clarendon, 1928), p. 26; and John Carter's *ABC for Book Collectors*, 9th edn, rev. Nicolas Barker and Simran Thadani (New Castle DE: Oak Knoll, 2016), p. 141.

411 Seán Jennett, *The Making of Books*, 4th edn (New York: Frederick A. Praeger. 1967), pp. 293-6.

412 Joseph Moxon, *Mechanick Exercises: Or the Doctrine of Handy-works. Applied to the Art of Printing*, vol. 2 (London: Joseph Moxon, 1683).

413 Guy Miège, *The English Grammar, or, The grounds and genius of the English tongue*

(London: Guy Miège, 1688), sig. K$_{IV}$.

414 E. A. Lowe, 'Some Facts about Our Oldest Latin Manuscripts', in *Paleographical Papers*, 1907-1965, ed. Ludwig Biebler (Oxford: Clarendon, 1972), I, pp. 199-207.

415 Malcolm Parkes, 'The Influence of the Concepts of *Ordinatio* and *Compliatio* on the Development of the Book', in *Scribes Scrips and Readers: Studies in the Communication, Presentation and Dissemination of the Medieval Texts* (London: Hambledon, 1991), pp. 35-70, pp. 53-4.

416 Parkes, '*Ordinatio*', p. 37.

417 Mary A. Rouse and Richard H. Rouse, *Authentic Witnesses: Approaches to Medieval Texts and Manuscripts* (Notre Dame, IN: University of Notre Dame Press, 1991), pp. 198 and 200; and Parkes '*Ordinatio*', p. 53.

418 Parkes, '*Ordinatio*', p. 64.

419 Goran Proot, 'Converging Design Paradigms: Long-Term Evolutions in the Layout of Title Pages of Latin and Vernacular Editions Published in the Southern Netherlands, 1541-1660', *Papers of the Bibliographical Society of America* 108, no. 3 (2014): 269-305, 302.

420 見 Matthew Day, '"Intended to Offenders": The Running Titles of Early Modern Books', in *Renaissance Paratexts*, ed. Helen Smith and Louise Wilson (Cambridge: Cambridge University Press, 2011), pp. 32-48, p. 47.

421 Thomas Bilson, *The survey of Christs sufferings for mans redemption* (London: John Bill, [1604]).

422 George Ridpath, *The stage condemn'd* (London: John Salusbury, 1698), sig. A4r.

423 John Tombes, *Christs commination against scandalizers* (London: Edward Forest, 1641), sig. *6r.

424 George Swinnock, *HEAVEN and HEKK EPITOMIZED* (London: Thomas Parkhurst, 1659), sig. c8r.

425 Richard Blome, *The present state of His Majesties and territories in America* (London: Dorman Newman, 1687), sig. A3v.

426 William Allen, *Catholicism, or, Several enquiries* (London: Walter Kettilby, 1683), sig. c8v.

427 Samuel Clark, *Scripture-justification* (London: Thomas Parkhurst, 1698), sig. [A]4v.

428 Jean Claude, *An historical defense of the Reformation* (London: John Hancock, 1683), sig. C2v.

429 John Cameron, *An examination of those plausible appearances which seeme most to commend the Romish Church. and to preiudice the reformed* (Oxford: Edward Forest, 1626). STC 4531.

430 Luke Milbourne, *Notes on Dryden's Virgil* (London: R. Clavill, 1698), sig. A2v.

431 Terence, *Comœdiæ sex* (London: Richard Pynson, 1497).

432 Aaron T. Pratt, 'The Status of Printed Playbooks in Early Modern England', PhD diss. (2016), chapter 2, n7.

433 Tara L. Lyons, 'Genealogies of the Collection: Seneca in Print' [unpublished], p. 5.

434 *Hercules Furens* [Pforz 860], *Thyestes* [Pforz 865 copy 1], and *Troas* [Pforz 866].

435 Aaron T. Pratt, 'Stab-Stitching and the Status of Early English Playbooks as Literature', *The Library*, 7th series, 16, no. 3 (2015): 304-28.

436 STC 4965, Folger Shakespeare Library.

437 其中一例（Hans Beer-pot），目錄裡的標題僅與書名頁的書名相符。

第十六章　木刻版畫

438 William Jackson (ed.), *Records of the Court of the Stationer's Company 1602-1640* (London: Bibliographical Society, 1957), p. 4.

439 Bridget Heal, *A Magnificent Faith: Art and Identity in Lutheran Germany* (Oxford: Oxford University Press, 2017), pp. 25-6.

440 James Knapp, *Illustrating the Past in Early Modern England: The Represpentation of History in Printed Books* (Aldershot: Ashgate, 2003), pp. 154-5.

441 Antony Griffiths, *The Print before Photography: An Introduction to European Printmaking, 1550-1820* (London: British Museum, 2016), p. 486; Adam Smyth, 'Almanacs and Ideas of Popularity', in *The Elizabethan Top Ten: Defining Print Popularity in Early Modern England*, ed. Andy Kesson and Emma Smith (Farnham: Ashgate, 2013), pp. 125-131; Peter Stallybrass, 'Hamlet's Tables and the Technologies of Writing in Renaissance England', *Shakespeare Quarterly* 5, no. 4 (Winter, 2004): 396.

442 Lilian Armstrong, 'The Impact of Printing on Miniaturists in Venice after 1469', in *Printing the Written Word: The Social History of Books, circa 1450-1520*, ed. Sandra Hindman (London: Cornell University Press, 1991), pp. 174-202, pp.192-6.

443 Margaret M. Smith, *The Title Page; Its Early Development* (London: British Library, 2000), p. 76.

444 Antony Griffiths, *Prints and Printmaking: An Introduction to the History and Techniques*, 2nd edn (London: British Museum, 1996), pp. 29-30; 60.

445 Peter Parshall and Rainer Schoch et al., *Origins of European Printmaking: Fifteenth-Century Woodcuts and Their Public* (New Haven, CT: Yale University Press, 2006), pp. 21-3.

446 Nigel F. Palmer, 裝幀敘述為 Andrew Honey 所寫，'Blockbooks, Woodcut and

Metalcut Single Sheets', in *A Catalogue of Books Printed in the Fifteenth Century Now in the Bodleian Library, Oxford*, ed. Alan Coates et al. (Oxford: Oxford University Press, 2005), pp. 1-50.

447　也可見 Claire Bolton, *The Fifteenth-Century Printing Practices of Johann Zainer, Ulm, 1473-1478* (Oxford: Oxford Bibliographical Society, 2016), pp. 51-2.

448　Seth Lerer, 'The Wiles of a Woodcut: Wynkyn de Worde and the Early Tudor Reader', *Huntington Library Quarterly* 59, no. 4 (1996): 381-403, 386-7.

449　中國在 9 世紀以前已有木版印刷書，現存於大英圖書館的一個印本印於 868 年，是目前已知最早印於紙上且年代日期完整的木版書。

450　Bettina Wagner (ed.), *Blockbücher des 15. Jahrhunderts. Eine Experimentierphase im frühen Buchdruck: Beiträge der Fachtagung in der Bayerischen Staatsbibliothek München am 16. und 17. Februar 2012* (Wiesbaden: Harrassowitz, 2013).

451　Tobin Nellhaus, 'Mementos of Things to Come: Orality, Literacy, and Typology in the *Bibilia Pauperum*', in *Printing the Written Work: The Social History of Books, c. 1450-1520*, ed. Sandra Hindman (London: Cornell University Press, 1991), pp. 292-321.

452　Karen L. Bowen and Dirk Imhof, 'Reputation and Wage: The Case of Engravers Who Worked for the Plantin-Moretus Press', *Simiolus Netherlands Quarterly for the History of Arts* 30, no. 3/4 (2003): 161-95.

453　Daniel De Simone (ed.), *A Heavenly Craft: The Woodcut in Early Printed Books: Illustrated Books Purchased by Lessing J. Rosenwald at the sale of the Library of C. W. Dyson Perrins* (New York: G. Braziller, in association with the Library of Congress, Washington, DC: 2004), pp. 50-1.

454　Lerer, 'Wiles of a Woodcut', p. 389.

455　特別見 Edward Hdnett, *English Woodcuts, 1480-1535* (Oxford: Oxford University Press, 1973); Ruth Samson Luborsky and Elizabeth Morley Ingram, *A Guide to English Illustrated Books, 1536-1602* (Tempe, AZ: Medieval and Renaissance Texts and Studies, 1998); *Harvard College Library, Department of Printing and Graphic Arts: Catalogue of Books and Manuscripts*, Ruth Mortimer 彙編，Philip Hofer and William A. Jackson 監修 (Cambridge, MA: Belknap Press Harvard University Press, 1964-); Ina Kok, *Woodcuts in Incunabula Printed in the Low Countries* (Houten: HES and De Graaf, 2013).

456　Griffiths, *The Print before Photography*, pp. 60-1.

457　James Knapp, *Illustrating the Past in Early Modern England: The Representation of History in Printed Books* (Aldershot: Ashgate, 2003), pp. 188-91, 248.

458　Ruth S. Luborsky, 'Connections and Disconnections between Images and Texts: The Case of Secular Tudor Book Illustration', *Word and Image* 3 (1987): 74-83; Knapp,

Illustrating the Past, pp. 162-206.

459 Alexandra Franklin, 'Making Sense of Broadside Ballad Illustrations in the Seventeenth and Eighteenth Centuries', in *Studies in Ephemera: Text and Image in Eighteenth-Century Print*, ed. Kevin D. Murphy and Sally O'Driscoll (Lewisburg, PA: Bucknell University Press, 2013), pp. 172-5.

460 Matthew Brown, *The Pilgrim and the Bee: Reading Rituals and Book Culture in Early New England* (Philadelphia, PA: University of Pennsylvania Press, 2007), pp. 71-2.

461 *Alphabet du premier age, où les prières, les sept pseaumes et les litanies des saints sont au-long* (Narbonne: Caillard fils, 1816) (Morgan Library, New York, PML 86152).

462 Ruth S. Luborsky, 'Woodcuts in Tudor Books: Clarifying Their Documentation', *Papers of the Bibliographical Society of America* 86, no. 1 (1992): 67-81, 80.

463 Sachiko Kusukawa, *Picturing the Book of Nature: Image, Text, and Argument in Sixteenth-Century Human Anatomy and Medical Botany* (Chicago, IL: University of Chicago Press, 2011), pp. 64-9.

464 Sachiko Kusukawa, 'Leonhart Fuchs on the Importance of Pictures', *Journal of the History of Ideas* 58, no. 3 (July 1997): 403-27, 406.

465 J. B. de C. M. Saunders, and Charles D. O'Malley, *The Illustrations from the Works of Andreas Vesalius of Brussels* (New York: Dover, 1950, repr. 1973), pp. 47-8. 見 Sean Robert 於第十七章的討論。

466 Thomas Geminus, *Compendiosa totius anatomie delineation* (London, 1545).

467 Griffiths, *The Print before Photography*, pp. 21, 181, 486.

468 David Davis, '"The vayle of Eternall memorie": Contesting Representatios of Queen Elizabeth in English Woodcuts', *Word and Image* 27, no.1 (2011): 65-76; 有一個因印刷錯誤修改木刻塊的例子可見於 Charles Gerard, 'Un exemplaire exceptionnel du Dante di Brescia de1487', *La Bibliofilia* 4 (1903): 402. 感謝 Matilde Malaspina 告訴我此例。

469 Collin Clair, 'The Bishops' Bible 1568', *Gutenberg Jahrbuch* (1962): 287-90; Margaret Aston, 'The Bishops' Bible Illustrations', *Studies in Church History* 28 (1992): 267-85.

470 Margaret Aston, 'Bibles to Ballads: Some Pictorial Migrations', in *Christianity and Community in the West: Essays for John Bossy* (Aldershot: Ashgate, 2001), pp. 106-36.

471 *Specimens of Early Wood Engraving: Impressions of Wood-Cuts from the Collections of Mr Charnley* (Newcastle, 1858).

472 Giles Bergel et al., 'Content-Based Image-Recognition on Printed Broadside Ballads: The Bodleian Libraries' ImageMatch Tool', *IFLA Library* e-print, http://library.ifla. org/id/eprint/209 (2013): 5-6/

473 Roger Chartier, 'Reading Matter and "Popular" Reading: From the Renaissance to the

17th Century', in *A History of Reading in the West*, ed. Guglielmo Cavallo and Roger Chartier; trans. Lydia G. Cochrane (Oxford: Polity, 1999), p. 278.

474　Tessa Watt, *Cheap Print and Popular Piety, 1550-1640* (Cambridge: Cambridge University Press, 1991); Paul Korshin, *Typologies in England, 1640-1820* (Princeton, NJ: Princeton University Press, 1982), p. 31.

475　Aston, 'Bibles to Ballads', note 28.

476　Griffiths, *The Print before Photography*, p. 405.

477　Martyn Ould, 'The Workplace: Places, Procedures, and Personnel 1668-1780', in *The History of Oxford University Press; Volume I. Beginnings to 1780,* ed. Ian Gadd (Oxford: Oxford University Press, 2013), p. 231.

478　Allan Cunningham, *Great English Painters, Selected Biographies form 'Lives of Eminent British Painters',* ed. W. Sharp (London, 1886), p. 285.

479　Pater C. G. Issac, *William Davison's New Specimen of Cast-Metal Ornaments and Wood Types: Introduced with an Account of His Activities as Pharmacist and Printer in Alnwick, 1780-1858* (London: Printing Historical Society, 1990).

480　James Mosley, 'Dabbing, abklastchen, clichage...', *Journal of the Printing Historical Society* 23 (Autumn 2015): 73-5. John Jackson and W. A. Chatto, *A Treatise on Wood Engraving, Historical and Practical* (London: Chatto and Windus, 1881), pp. 647-8, 722.

481　*A note by William Morris on his aims in founding Kelmscott press, together with a short description of the press by S. G. Cockerell & An Annotated list of the books printed threat* (London: Hammersmith Kelmscott Press, 1898).

482　Paul Needham, John Dreyfus, and Joseph R. Dunlap, *William Morris and the Art of the Book* (London: Oxford University Press, 1976), p. 87.

483　Luborsky, 'Woodcuts in Tudor Books'; Knapp, *Illustrating the Past*, pp. 49-50.

第十七章　金屬雕版

484　凹版畫的材料與製程介紹，見 Antony Griffiths, *The Print before Photography* (London: British Museum, 2016), esp. pp. 38-49.

485　類似說法特別見 David Landau and Peter Parshall, *The Renaissance Print: 1470-1550* (New Haven, CT: Yale University Press/National Gallery of Art, 2009), pp. 9-10.

486　關於古代凹版技術的詳盡介紹，見 Ad Stijman, *Engraving and Etching, 1400-2000* (London: Archetype Publication, 2012), pp. 23-30.

487　Sean Roberts, *Printing a Mediterranean World* (Cambridge, MA: Harvard University

Press, 2013), pp. 92-7.

488 R. A. Skelton, 'Introduction', *Claudius Ptolemy: Cosmographia, Rome, 1478* (Amsterdam: Theatrum Orbis Terrarum, 1966), p. viii.

489 Tony Campbell, 'Letter Punches: A Little-Known Feature of Early Engraved Maps', *Print Quarterly* 4 (1987): 151-4.

490 見新近發現之此筆生意的契約，發表於 Lorenze Boninger, 'Il contratto per la stampa e gli inizi del commercio del *Comento sopra la comedia*', in *Per Cristoforo Landino, lettore di Dante*, ed. Lorenz Boninger and Paolo Procaccioli (Florence: Le Lettere, 2016), pp. 97-118.

491 Peter Keller, 'The Engravings in the 1481 Edition of the Divine Comedy', in *Sandro Botticelli: The Drawings for Dante's Divine Comedy*, ed. H. Altcappenberg (London: Royal Academy of the Arts, 2000), pp. 326-33; and Palo Procaccioli, 'Introduction', *Christoforo Landino: Comento sopra la Comedia* (Rome: Salierno, 2001).

492 Oxford University, Bodleian Library, Auct. 2QI. II.

493 Sean Roberts, 'Tricks of the Trade: The Secrets of Early Engraving', in *Visual Cultures of Secrecy in Early Modern Europe*, ed. Timothy McCall, Sean Roberts, and Giancarlo Fiorenza (Kirksville, MO: Truman State University Press, 2013), pp. 182-208. 最近者見 Christina Neilson, 'Demonstrating Ingenuity: The Display and Concealment of Knowledge in Renaissance Artists' Workshops', *I Tatti Studies in the Italian Renaissance* 19 (2016): 63-91.

494 Skelton, *Cosmographia: Rome, 1478*, p. v.

495 關於早期印刷手工上色，見 Susan Dackerman, *Painted Prints: The Revelation of Colour* (University Park, PA: Penn State University Press, 2002).

496 Madeleine Viljoen, 'Etching and Drawing in Early Modern Europe', in *The Early Modern Painter-Etcher*, ed. Michael Cole (University Park, PA: Penn State University Press, 2016), pp. 37-52.

497 不過，版畫師自發明之初已實驗過許多機械化的方法為作品上色。特別見 Ad Stijnman and Elizabeth Savage (eds), *Printing Color, 1400-1700* (Leiden: Brill, 2015). 關於德布魯因，見 Benjamin Schmid, *Inventing Exoticism: Geography, Globalism, and Europe's Early Modern World* (Philadelphia, PA:University of Pennsylvania Press, 2015), pp. 44-5

498 Susan Dackerman, 'Prints as Instruments', in *Prints and the Pursuit of Visual Knowledge* (Chicago, IL: University of Chicago Press, 2011), pp. 19-34; and Suzanne Karr Schmidt, *Interactive and Sculptural Printmaking in the Renaissance* (Leiden: Brill, 2017).

499 Kelli Wood, 'The Art of Play', PhD dissertation, History of Art, University of Chicago, 2006.

500 特 別 見 Jessica Maier, *Rome Measured and Imagined* (Chicago, IL: University of Chicago Press, 2006), pp.143-51.

501 眾多相關文獻中，初步可見 Sharon Gregory, *Vasari and the Renaissance Print* (Farnham: Ashgate, 2012), pp. 83-114; and Laura Morretti and Sean Roberts, 'From the Vite or the Ritratti: Previously Unknown Portraits form Vasari's Libro de'Disegni', *I Tatti Studies in the Italian Renaissance* 21 (2018): 105-36.

502 相關技術發展的總論，見 Domenico Laurenza, *Art and Anatomy in Renaissance Italy: Images from a Scientific Revolution* (New York: Metropolitan Museum of Art, 2012).

503 Griffiths, *The Print before Photography*, pp. 50-61.

504 Maria H. Loh, *Still Lives: Death, Desire, and the Portrait of the Old Master* (Princeton, NJ: Princeton University Pree, 2015), pp. 20-1.

505 特別見 Dackerman, *Prints and the Pursuit of Visual Knowledge.*

506 特 別 見 Evelyn Lincoln, *Brilliant Discourse: Pictures and Readers in Early Modern Rome* (New Haven, CT: Yale University Press, 2014).

507 見 Alessandra Baroni and Manfred Sellink (eds), *Stradanus, 1523-1605: Court Artist of the Medici* (Turnhout: Brepols, 2012); Lia Markey, 'Stradano's Allegorical Invention of the Americas in Late Sixteenth-Century Florence', *Renaissance Quarterly* 65 (2012): 385-442.

508 見 Marcel van den Broecke et al. (eds), *Abraham Ortelius and the First Atlas* (Utrecht: HES, 1998).

509 Tine Luk Meganck, *Erudite Eyes: Friendship, Art, and Erudition in the Network of Abraham Ortlieus* (Leiden: Brill, 2017).

510 Johannes Keuning, 'The "Civitates" of Braun and Hogenberg', *Imago Mundi* 17 (1963): 41-4; and Hillary Ballon and David Friedman, 'Portraying the City in Early Modern Europe: Measurement, Representation, and Planning', in *The History of Cartography*, 3, part 1, ed. David Woodward (Chicago, IL: University of Chicago Press, 2007), pp. 680-704.

511 C. Koeman, Günter Schilder, Peter van der Krogt, and Marco van Egmond, 'Commercial Cartography and Map Production in the Low Countries, 1500-ca. 1672', in David Woodward, ed., *The History of Cartography*, Vol. 3 (Chicago, IL: University of Chicago Press, 2007); and Krogt, 'The Atlas Major of Joan Blaeu', in *Atlas Major of 1665* (Köln: Taschen, 2005).

512 Huigen Leeflang and Ger Luijten (eds), *Hendrick Goltzius 1558-1617* (Amsterdam: Waanders, 2003).

第十八章　註　腳

513　Marcus Walsh, 'Scholarly Documentation in the Enlightenment: Validation and Interpretation', in *Ancients and Moderns in Europe: Comparative Perspectives*, ed. Paddy Bullard and Alexis Tadié (Oxford: Voltaire Foundation, 2016), pp. 97-112.

514　Richard Simon, *Histoire critique du texte du Nouveau Testment* (Rotterdam: Reinier Leers, 1689), 引用於 Walsh, 'Scholarly Documentation', p. 99.

515　Evelyn B. Tribble, '"Like a Looking-Glas in the Frame": From the Marginal Note to the Footnote', in *The Margins of the Text*, ed. D. C. Greetham (Ann Arbot, MI: University of Michigan Press, 1997), pp. 229-44, 229.

516　Pierre Bayle, *Dictionnaire Historique et Critique*, 6th edn, 4 vols (Basel: Jean Louis Brandmuller, 1741).

517　Lawrence Lipking, 'The Marginal Gloss', *Critical Inquiry* 3, no. 4 (1977): 609-55, 625.

518　這在當時並不是新現象，見 Peter W. Cosgrove, 'Undermining the Text: Edward Gibbon, Alexander Pope, and the Anti-Authenticating Footnote', in *Annotation and Its Text*, ed. Stephen A. Barney (New York: Oxford University Press, 1991), pp. 130-51, 134.

519　Jonathan Swift, *A Tale of a Tub and Other Works*, ed. Marcus Walsh (Cambridge: Cambridge University Press, 2010), vol. 1 of *The Cambridge Edition of the Works of Jonathan Swift*, p. xxxiv.

520　Swift, *Tale of a Tub*, pp. 105-6; 圖克的信件全文當作附錄附於 pp. 213-3。學術文獻近幾世紀來的完整發展史，見 Robert J. Connors, 'The Rhetoric of Citation Systems, Part I: The Development of Annotation Structures from the Renaissance to 1990', *Rhetoric Review* 17, no. 1 (1998): 6-48.

521　Evelyn B. Tribble, *Margins and Marginality: The Printed Page in Early Modern England* (Charlottesville, VA: University Press of Virginia, 1993), p. 9.

522　*The Dunciad Variorum. With the Prolegomena of Scriblerus* (London: A. Dod, 1729, rpt. Leed: Scolar Press, 1966). 我認為頁 22 到 23，第一章到第二章的銜接處，可以合理入選 18 世紀眾英國文學作品之中最優秀的門面。

523　'Preface', *Johnson on Shakespeare*, ed. Arthur Sherbo, intro. Bertrand H. Bronson, vol. 1 of 2 (New Haven, CT: Yale University Press, 1968), vol. 7 of *The Yale Edition of the Works of Samuel Johnson*, p. 111.

524　Henry Fielding, *The History of Tom Jones, a Foundling*, ed. Thomas Keymer and Alice Wakely (London: Penguin, 2005), XIII. V, p. 617.

525　Samuel Richardson, *Clarissa, or The History of a Young Lady* (1747-48), ed. Angus Ross (London: Penguin, 1985), p. 509.

526 Richardson, *Clarissa*, p. 17.

527 Claire Connolly, 'A Bookish History of Irish Romanticism', in *Rethinking British Romantic History, 1770-1845*, ed. Porscha Fermanis and John Regan (Oxford: Oxford University Press, 2014), pp. 271-96, 273.

528 這段敘述大量參考了 Roger Lonsdale 著作中優秀的批註,見 Roger Lonsdale, *The Poems of Thomas Gray, William Collins, Oliver Goldsmith* (London: Longmans, Green and Co., 1969).

529 引用於 Lonsdale, *Poems of Thomas Gray*, p. 158; 中間省略處出自原引用者。

530 *Poems by Mr Gray* (London: J. Dodsley, 1768). 不過格拉斯哥的版本有個顯著差異:可能是比提決定,頁尾能出現的註釋有限,格雷數量更多的文本註應該印在書尾而非頁尾。見 'Notes by the Author, Now first published at the desire of Readers, who thought the PROGRESS of POESY, and the WELCH BARDS needed illustration', *Poems by Mr Gray* (Glasgow: Robert and Andrew Foulis, 1768), p. 59.

531 Lonsdale, *Poems of Thomas Gray*, p. 180.

532 *Poems by Mr Gray*, pp. 53-4.

533 Robert Crawford, *The Modern Poet: Poetry, Academia, and Knowledge since the 1750s* (Oxford: Oxford University Press, 2008), pp. 49, 51-2.

534 Christina Lupton, *Knowing Books: The Consciousness of Mediation in Eighteenth-Century Britain* (Philadelphia, PA: University of Pennsylvania, 2012), p. 128.

535 Anthony Grafton, *The Footnote: A Curious History* (Cambridge, MA: Harvard University Press, 1999), pp. 32-3.

536 Hume to Strahan, 引用於 Grafton, *The Footnote*, pp. 102-3.

537 *The Autobiographies of Edward Gibbon*, ed. John Murray (London: John Murray, 1896), Memoir E, 339 n. 64.

538 [John Smith], *The Printer's Grammar* (London: printed by L. Wayland and sold by T. Evans, 1787), pp. 124-5.

539 Edward Gibbon, *The History of the Decline and Fall of the Roman Empire*, 3 vols, ed. David Womersley (London: Penguin/ Allen Lane, 1994), chap. VII, n. 19, 1:195.

540 Marcus Walsh, *Shakespeare, Milton, and Eighteenth-Century Literary Editing: The Beginnings of Interpretive Scholarship* (Cambridge: Cambridge University Press, 1997), p. 25.

541 Gérard Genette, *Paratexts: Thresholds of Interpretation*, trans. Jane E. Lewin, intro. Richard Mackey (Cambridge: Cambridge University Press, 1997), pp. 342; 關於附註完整篇章見 pp. 319-43.

第十九章　勘誤表

542　*Letters of James Joyce*, vol. 1, ed. Stuart Gilbert (New York: Viking Press, 1957), p. 187.

543　Robert Croft, *The place, case, and humble proposals of the truly-loyal and suffering officers* (1663), p. 12.

544　David, McKitterick, *Print, Manuscript and the Search for Order 1450-1830* (Cambridge: Cambridge University Press, 2003), p. 99. 我加的粗體。

545　關於錯誤與勘誤表，最重要的學術研究有 McKitterick, *Print, Manuscript*, pp. 97-165; David McKitterick, *A History of Cambridge University Press* (Cambridge: Cambridge University Press, 1992), 3 vols, vol 1, pp. 235-53; Ann Blair, 'Errata Lists and the Reader as Corrector', in *Agent of Change: Print Culture Studies after Elizabeth L. Eisenstein*, ed. Sabrina Alcorn Baron, Eric N. Lindquist, and Eleanor F. Shevlin (Amherst, MA: University of Massachusetts Press, 2007), pp. 21-40; Seth Lerer, *Error and the Academic Self: The Scholarly Imagination, Medieval to Modern* (New York: Columbia University Press, 2002), pp. 15-54; and Alexandra da Costa, 'Negligence and Virtue: Errata Notices and their Evangelical Use', in *The Library 7th series*, 19, no. 2 (June 2018), 159-73.

546　Emanuel Ford, *Parismus*, Part 2 (1599), sig. A4v.

547　Robert Record, *The ground of artes teaching the worke and practice of arithmetike* (1552), 'fautes escaped', sigs. a1v-a3v.

548　Robert Chambers, *Palestina* (1600), 'Faultes escaped'.

549　Record, *The ground of artes*, 'fautes escaped'.

550　George Mackenzie, *Aretina, or, The Serious Romance* (1660), sig. A8v.

551　Johann Oberndorf, *The anatomyes of the true physition, and counterfeit mounte-banke* (1602), p. 43.

552　Blair, 'Errata Lists', p. 26.

553　Elizabeth L. Eisenstein, *The Printing Revolution in Early Modern Europe* (Cambridge: Cambridge University Press, 1983), p. 51.

554　John Milton, *Paradise Regain'd* (1671), sig. P4r.

555　Blair, 'Errata', p. 41, 引用 Hugh Amory.

556　Thomas Heywood, *An Apologie for Actors* (1612), sig. G4r.

557　Blair, 'Errata Lists', passim; Lerer, *Error and the Academic Self*, pp. 23-9.

558　Godfrey Goodman, *The Fall of Man* (1618), sig. [Ff7]v.

559　F. W. Bateson, 'The Errata in The Tatler', in *Review of English Studies* 5, no. 18 (April 1929), pp. 155-66, 156.

560　*The Mysteries of Love and Eloquence* (1658), 'Errata', sig A4v.

561 *Lives and Works of the Uneducated Poets* (1831), 引用於 Noel Malcolm, *The Origins of English Nonsense* (London: Fontana, 1997), p. 29.

562 John Taylor, *Sir Gregory Nonsense His News from no place* (1622), sig. A5v.

563 *The Collected Works of Samuel Taylor Coleridge*, Bollingen Series lxxv, 16 vols (Princeton, NJ: Princeton University Press, 1969-2001), 1, p. 70, n. 2. 感謝 Seamus Perry 提供此例。

564 *A. E. Housman: Selected Prose*, ed. John Carter (Cambridge: Cambridge University Press, 1961), p. 12.

565 *The Poems of Alexander Pope: The Dunciad (1728) and the Dunciad Variorum (1729)*, ed. Valerie Rumbold (London: Pearson Education, 2007), p. 311.

566 Chambers, *Palestina*, 'Faults escaped'.

567 Richard Bellings, *A Sixth Booke to the Countesse of Pembrokes Arcadia* (Dublin, 1624), sig. A4v.

568 Geoffrey Hill, *Broken Hierarchies: Poems 1952-2012* (Oxford: Oxford University Press, 2015), p.269.

569 Ian Hamilton Finlay, *Selections* (Berkeley, CA: University of California Press, 2012), p. 190.

570 Paul Muldoon, 'Errata', in *Hay* (London: Faber and Faber, 1998); Charles Simic, 'errara', in *Selected Early Poems* (New York: George Braziller, 2013).

571 Lord Byron, *The Complete Poetical Works*, ed. Jerome J. McGann, vol. II (Oxford: Clarendon Press, 1980), 'Errata'.

572 *The Complete Poetry of Robert Herrick*, ed. Tom Cain and Ruth Connolly, 2 vols (Oxford: Oxford University Press, 2013), vol. 1, p. 422.

573 F. W. Moorman (ed.), *The Poetical Works of Robert Herrick* (Oxford: Clarendon, 1915), p. 4. F. W. Moorman (ed.), *The Poetical Works of Robert Herrick* (London: Oxford University Press, 1921), p. vi.

574 例如：https://www.nytimes.com/2017/02/25/us/politics/trump-press-conflict.html.

575 Paul Fyfe, 'Electronic Errata: Digital Publishing, Open Review, and the Futures of Correction', in *Debated in the Digital Humanities*, ed. Matthew K. Gold (Minneapolis, MN: University of Minnesota Press, 2012), pp. 259-80, p. 260.

576 Fyfe, 'Electronic Errata', p. 269.

577 Peter Spielberg, 'James Joyce's Errata for American Editions of *A Portrait of the Artist*', in *Joyce's Portrait: Criticism and Critiques*, ed. Peter Spielberg and Thomas E. Connolly (New York: Appleton-Century-Crofts, 1963), pp. 318-28, p. 319.

578 Toshiyuki Suzuki, 'A Note on the Errata to the 1590 Quarto of the Faerie Queene', *Studies in the Literary Imagination* 38, no. 2 (2005): 1-16, 1.

第二十章　索　引

579　「索引」（index）一詞在 17 世紀之前尚未普遍採用。考慮到這個名詞令人頭疼的複數問題——究竟該是 indexes 還是 indices ？——惠特利在《何為索引？》書中，拿莎劇《特洛伊羅斯與克瑞希達》（*Troilus and Cressida*）為例，認為假如英語化的文法形式對莎士比亞來說就夠好了，對我們來說應該也夠好了：

And in such indexes, although small pricks

To their subsequent volumes, there is seen

The baby figure of the giant mass

Of things to come at large. (I.iii.806-9)

（中譯大意是：雖然這些索引在整部書中像是扎人的小刺，但在其中可以看見後續總體內容的縮影，就像看到巨大質量的幼小身影。）

Henry Wheatley, *What Is an Index? A Few Notes on Indexes and Indexers* (London: Index Society, 1878).

580　['Le Moyen Age n'aime pas l'ordre alphabétique qu'il considèrait comme une antithèse de la raison.'] Mary A. Rouse and Richard H. Rouse, 'La Naissance des index', in *Histoire de l'édition française*, ed. Henri-Jean Martin and Roger Chartier, 4 vols (Paris: Promodis, 1983), 1, pp. 77-85. 關於字母排序，更詳盡的總論見 Lloyd W. Daly, *Contribution to a History of Alphabetization in Antiquity and the Middle Ages* (Brussels: Latomus, 1967).

581　['titres courants, têtes de chapitres en rouge, initiales alternativement rouges et bleues, initiales de tailles différentes, indication des paragraphes, renvois, noms des auteurs cités']. Rouse and Rouse, 'La Naissance des index', p. 78.

582　依據 Quétif 和 Echard 最先在 18 世紀初做的推斷，傳統上皆相信第二部經文彙編是三名英格蘭人—— Richard of Stavensby、John of Darlington、Hugh of Croydon 籌畫的。不過 Rouse 夫婦找到證據，證明實際只有 Richard 參與。Jacob Quétif and Jacob Echard, *Scriptores ordinis praedicatorum recensiti*, 2 vols (Paris, 1719), 1, p. 209; Richard H. Rouse and Mary A. Rouse, 'The Verbal Concordance to the Scriptures', *Archivum Fratrum Praedicatorum* 44 (1974): 5-30, 13-15.

583　Oxford, Bodleian Library MS Lat. Misc. b. 18, f. 61.

584　很多記載採納 Quétif 和 Echard 的觀點，認為第三部經文彙編出自 Conrad Halberstadt 之手。但 Rouse 夫婦證明第三部經文彙編在 1286 年已於市面流通，出現在一名巴黎書商的銷售清單上，以時間來說早於 Halberstadt 活躍的 1321 年。Rouse and Rouse, 'Verbal Concordance', pp. 18-20.

585　Robert Grosseteste, *Tabula*, ed. Philipp Roseman, *Corpus Christianorum: Continuatio Mediaevalis* 130 (1995): 233-320, 265.

586 Oxford, Bodleian Library, MS Bodley 198, f. 31v.

587 Augustine, T*he City of God against the Pagans*, trans. David S. Wiesen, vol. 3 of (London: Harvard University Press, 1968), p. 31.

588 London, British Library, Royal MS 8 G ii, f. iv.

589 Jacobus de Varagine, *Legenda aurea sanctorum* (Westminster, 1483), sig. [pi]2r.

590 Hans H. Wellisch, 'Incunabula Indexes', *The Indexer* 19, no. 1 (1994): 3-12.

591 Ranulf Higden, *Polychronicon*, trans. John Trevisa (Westminster, 1482), sig. a3v.

592 Cato, *Catonis disticha* (Westminister, 1484), sig. [pi] 5v.

593 Erasmus, *In elenchum Alberti Pii brevissima scholia per Erasmu[s] Rot.* (Basel: Froben, 1532), sig. m2r.

594 Galileo Galilei, *Dialogue Concerning the Two Chief World Systems—Ptolrmaic and Copernican*, trans. Stillman Drake, 2nd edn (London: University of California Press, 1967 [1632]), p. 185.

595 Jonathan Swift, 'A Discourse Concerning the Mechanical Operation of the Spirit', in *The Tale of a Tub* (London: John Nutt, 1704), pp. 283-325, p. 325.

596 Charles Boyle, *Dr Bentley's Dissertations on the Epistles of Phalaris, and the Fables of Aesop, Examin'd*, 2nd edn (London: Thomas Bennet, 1698), sig. U2r-U3v. 關於金恩的索引，詳見 Dennis Duncan, 'Hoggs that Sh-te Soap, p.66', *Times Literary Supplement*, 15 January 2015, pp. 14-15.

597 例如見 William Bomley, *Remarks in the Grande Tour of France and Italy*, 2nd edn (London: John Nutt, 1705); John Gay, *Trivia: Or, the Art of Walking the Streets of London* (London: Bernard Lintott, 1716); [William King], *The Transactioneer* (London, 1700).

598 Francis Wheen, *How Mumbo-Jumbo Conquered the World* (London: Harper, 2004); Alan Patridge, *Nomad* (London: Trapeze, 2016); Charlie Brooker, *Dawn of the Dumb* (London: Faber and Faber, 2012). 以上例子皆取自 Paula Clarke Bain 索引主題的部落格：http://baindex.org.

第二十一章　封裡頁

599 因為紙張不是唯一使用的材料，所以用封裡頁一詞會好過末頁紙（endpaper）。有些文獻說封裡頁中靠書身側不固定的襯頁有時稱為蝴蝶頁（flyleaf），但蝴蝶頁嚴格來說屬於印刷文字的一部分，封裡頁則是裝幀的一部分。

600 內摺往往會加上燙金花紋裝飾，尤其以皮革裝幀書最為常見。這種裝飾在當時稱為 dentelles（法語「蕾絲」的意思）。

601 Pearson, *English Bookbinding Styles 1450-1800: A Handbook* (London: British Library; New Castle, DE: Oak Knoll, 2005), p. 31.

602 Matt Roberts and Don Etherington, *Bookbinding and the Conservation of Books: A Dictionary of Descriptive Terminology* (Washington, DC: Library of Congress, 1981), p. 89.

603 書商將此簡稱為 FFEP（front free end paper, 前封裡空白紙）。

604 見 Roberts and Etherington, *Bookbinding and the Conservation of Books*, p. 89.

605 Roberts and Etherington, *Bookbinding and the Conservation of Books*; http://cool. conservation-us-org/don/dt/dt1192.html.

606 Pickwoad，電子郵件交流。也可見 Richard J. Wolfe, *Marbled Paper: Its History, Technique, and Patterns, with Special Reference to the Relationship of Marbling to Bookbinding in Europe and the Western World* (Philadelphia, PA: University of Pennsylvania, 1990), pp. 14, 35; Pearson, *English Bookbinding Styles*, p. 39.

607 見 Wolfe, *Marbled Paper*, p. 14.

608 Wolfe 和 Haemmerle 對此現象有詳盡記述。見 Albert Haemmerle, *Buntpapier: Herkommen, Geschichte, Techniken; Beziehungen zur Kunst* (Munich: Georg D. W. Callway, 1961). 第二版也由同出版社於 1997 年出版。

609 'Under the Covers: A Visual History of Decorated Endpapers', Beinecke Library 展覽目錄冊, Yale University, 18 January-31 May 2014; 此段敘述可見於 http:// beinecke.library.yale.edu/exhibitions/under-covers-visual-history-decorated-endpapers.

610 英國版封裡頁上出現的目擊者系列叢書圖案，數量不盡相同。出版社每發行一本目擊者系列的新書，也會在封裡頁增加新的圖案。有些印本有 100 本書的圖案，有些 116 個，有些 137 個。

611 書衣出版品封套廣告，Vladimir Nabokov, *The Enchanter*, trans. Dimitri Nabokov (New York: G. P. Putnam's Sons, 1986).

612 這本書是 Richard Rogers, *Seven treatises containing such discretion as is gathered out of the Holy Scriptures*, 5th edn (London: Thomas Man for Richard Thrale, 1630).

613 LBS: http://www.lbsbind.com/photo-books/endsheets/.

614 同前。

615 Bernard C. Middleton, *A History of English Craft Bookbinding Technique* (London: Hafner, 1963), pp. 37-8.

616 為讓膠水表面的顏料能順利轉移並黏附於紙張上，須先塗上一層媒染劑——通常是一層透明平滑的明礬水溶液。

617 Wolfe, *Marbled Paper*, p. 14.

618 Middleton, *A History*, p. 34.

619 很多大理石紋紙的圖形（甚至是無圖形的大理石紋紙）都有名字，但也有其

他無數更多藝術想像力的結晶，是單一造紙師的獨家作品，而且可能沒有名字。見 Wolfe, *Marbled Paper*.

620 當然了，不是把一張紙對摺，而是將兩張紙黏合，也能做出相同效果。這個方法可做出兩張幾乎一模一樣的完整「圖案」。圖案兩字加上引號，是因為紙上其實不會有真正所謂的圖案，只有線條造型。

621 見 Tanya Schmoller, *Remondini and Rizzi: A Chapter in Italian Decorated Paper History* (New Castle, DE: Oak Knoll, 1990). 在英格蘭，藝術家如 Walter Crane, Enid Marx, Paul Nash, Sarah Nechamkin, Diana Wilbraham, Edward Bawden, Eric Ravillous 等人，創造出眾多可供封裡頁使用的圖紋紙，後六人還是庫爾文出版社的指定合作者。

622 阿沙芬堡的各家公司發行了許多樣本書，其中許多收錄了逾 1,500 種紙樣。

623 Douglas Cockerell 提醒，簡單的印刷圖樣很適合封裡頁，「但過度繁複的封裡紙，尤其是試圖做出立體效果者，很少能夠成功。」(pp. 83-4) 見 Cockerell, *Bookbinding, and the Care of Books: A Text-book for Bookbinders and Librarians*, 4th edn (London: Sir Issac Pitman & Sons, 1937).

624 見 Sidney E. Berger, 'Dutch Guilt Papers as Substitutes for Leather', *Hand Papermaking* 24, no. 2 (Winter 2009): 14-16.

第二十二章　出版品封套廣告

625 George Orwell, 'In Defence of the Novel', *New English Weekly*, 12 and 19 November 1936, 重印於 *The Collected Essays, Journalism and Letters of George Orwell*, ed. Sonia Orwell and Ian Angus (London: Secker and Warburg, 1968).

626 Holbrook Jackson, *The Printing of Books* (London: Cassell, 1938), p. 252.

627 關於書衣的書目爭論，見 G. Thomas Tanselle, *Book-Jackets: Their History, Forms and Use* (Charlottesville, VA: Bibliographical Society of the University of Virginia, 2011), pp. 24-40.

628 波德利圖書館將約翰‧強生藏區的書衣數位化，基本上只保留封面與書背。關於書衣歷史重圖像勝於文字，見 Thomas S. Hansen, *Classic Book Jackets: The Design Legacy of George Salter* (Princeton, NJ: Princeton Architectural Press, 2005).

629 Erasmus to John Froben, 25 August 1517, preface to Thomas More, *Utopia*, in *The Complete Works of St. Thomas More*, ed. Edward Surtz, S. J., and J. H. Hexter (New Haven, CT: Yale University Press, 1965), vol. 4, p. 3.

630 Q1 title page, 1598, 重現於 *King Henry the Fourth Part 1*, ed. David Scott Kastan (London: Arden, 2002), p. 107.

631 David McKitterick, 'Changes in the Look of the Book', in *The Cambridge History*

of the Book in Britain Vol VI, 1830-1914, ed. David McKitterick (Cambridge: Cambridge University Press, 2009), pp. 75-116, p. 99.

632 見 McKitterick, 'Changes in the Look of the Book', pp. 102-4.

633 Tanselle, *Book Jackets*, p. 15.

634 Tanselle, *Book Jackets*, p. 16. 此書衣有兩個複本收藏於國會圖書館珍本書區。

635 Charles Divine, *The Road to Town: A Book of Poems* (New York: T. Seltzer, 1925).

636 Gabrielle Tallent, *My Absolute Darling* (London: Fourth Estate, 2017).

637 Iain Banks, *The Wasp Factory* (London: Macmillan, 1984, rept, Abacus 2008).

638 「八年前，洛根・泰特傷透了瑪麗安・康威的心⋯⋯但這些年來，她從未停止愛他。」Lilian Peake, *No Second Parting* (London: Mills and Boon, 1977); Jodi Picoult, *Harvesting the Heart* (London, Hodder, 2011).

639 Martin Amis, *London Fields* (London: Jonathan Cape, 1989).

640 Geoffrey Chaucer, *Troilus and Criseyde*, ed. Neville Coghill (Harmondsworth: Penguin, 1978).

641 Virginia Woolf, *The Waves* (London: Collins, 1989).

642 Erich Kastner, *The Missing Miniature* (New York, Knopf, 1937).

643 William Barnes, 'To his friend M. Io. Tatham on his Francis Theater', prefacing John Tatham, *Francis Theater* (London, 1640), A2v.

644 Hanif Kureishi, *The Buddha of Suburbia* (London: Faber and Faber, 1990).

645 Graham Swift, *Last Orders* (London: Picador, 1996).

646 *A Preliminary Hand-List of the Literary Manuscripts in the T.S. Eliot Collection bequeathed to King's College Cambridge* (Cambridge: King's College, 1970). Tanselle 認為出版品封套廣告中的文字只會在該處重複出現，所以應該列入作者生平著作目錄中。Tanselle, *Book Jackets*, p. 19.

647 *Hemingway and the Mechanism of Fame: Statements, Public Letters, Introductions, Forewords, Prefaces, Blurbs, Reviews, and Endorsements*, ed. Matthew J. Bruccoli with Judith S. Baughman (Columbia, SC: University of South California Press, 2006).

648 W. C. Heinz, *The Professional* (New York: Harper, 1958).

649 Ernesto T. Brivio, *Cuba: Isla de las Maravillas* (Havana: Luis David Rodriguez, 1953).

650 Marie Belloc Lowndes, *The Chink in the Armour* (New York: Longmans, Green, 1937).

651 Sallie Hover, *The Rehabilitation of Eve* (Chicago, IL: Hyman-McGee, 1924).

652 *Samuel Richardson, Pamela: Or Virtue Rewarded*, ed. Albert J. Rivero (Cambridge: Cambridge University Press, 2011), pp. 4-8. 書信來自 Jean Baptiste de Freval 和 Rev William Webster。

653 Aaron Hill to Samuel Richardson, preface to the second edition of *Pamela*, reproduced in Rivero (ed.), p. 464.

654 Daniel Defoe, *The Fortunes and Misfortunes of the Famous Moll Flanders &c*, 2nd edition (London, 1722).

655 Defoe, preface to *Moll Flanders*, p. iii.

656 Pat Rogers 認為《茉兒・弗蘭德斯》只存活在這些遭刪節的版本中。Pat Rogers, 'Classics and Chapbooks', in *Literature and Popular Culture in Eighteenth-Century England* (Brighton: Harvester, 1985), pp, 162-82, p. 178.

657 Pat Rogers, 'Moll in the Chapbooks', in *Literature and Popular Culture in Eighteenth-Century England*, pp. 183-97, p. 184.

658 *The History and Intrigues of the Famous Moll Flanders* (London, printed and sold by J. Hollis, Shoemaker Row). 72p. Long duodecimo. Bodleian Library, Oxford, Harding A 57 (11).

659 *The Fortunes and Misfortune of Moll Flanders* (London, printed and sold at no. 4 Aldermary Church Yard). 24p. Long duodecimo. Bodleian Library, Oxford, Harding A 63 (18). 根據 Rogers 對這部小說之廉價小書的研究，由 Dicey family 廉價書社推出的這個版本，為往後所有小書版本奠下了出版品封套廣告的敘述主軸——不過後來這些版本中的書名頁經常會更動。

660 這段文字重複出現在以下各印本的書名頁：*The Fortunes and Misfortune of Moll Flanders* (London, printed for and sold by J. Pitts, no. 14, Great St Andrew Street, Seven Dials), 24p. Long duodecimo. Bodleian Library, Oxford, adds. 275 (11). 以及在蘇格蘭出版的 *The History of the Famous Miss Moll Flanders* (Edinburgh, printed by A. Robertson, opposite the foot of the Assembly Close, 1791). Bodleian Library, Oxford, Harding A 73 (1), 24p, Long duodecimo. ESTC T300469.

661 *The History of the Famous Miss Moll Flanders* (Edinburgh, 1791). ESTC T300469.

662 *The History of the Famous Moll Flanders* (Falkirk, printed and sold by T. Johnston, c. 1798-1810), ESTC T300506. P. 24. Long duodecimo. Bodleian Library, Oxford, Douce PP 165 (6).

663 Daniel Defoe, *Moll Flanders* (Isis Clear Type Classic; Oxford:; Clio, 1991).

664 Daniel Defoe, *Moll Flanders*, ed. and intro G. A. Starr (Oxford: Oxford University Press, 1981).

665 Daniel Defoe, *Moll Flanders: The Story of a Wanton* (London: Corgi/Transworld, 1960).

☙ 索 引 ☙

A

神龕飾框（*aediculae*）129
《伊索寓言》（*Aesop's Fables*）43, 215
阿爾丁葉（Aldine leaf）122
阿爾杜・曼努提烏斯（Aldus
　　Manutius）122
阿佛烈大帝（Alfred the Great）16
威廉・艾倫（Allen, William）206
馬汀・艾米斯：《倫敦戰場》（Amis,
　　Martin: *London Fields*）297
阿貢內（Argonne, Bonaventure d'）11
論點提要（*argumenta*）165
阿利安：《語錄》（Arrian: *Discourses
　　of Epictetus*）80
巴伐利亞的阿莎芬堡（Aschaffenburg,
　　Bavaria）289
瑪麗・阿斯特（Astell, Mary）93
珍・奧斯汀（Austen, Jane）169
約翰・奧狄雷：《流浪漢兄弟會》
　　（Awdelay, John: *The fraternitye of
　　vacabondes*）99

B

韋布奇（B. W. Huebsch）295
法蘭西斯・培根：《論學術進展》
　　（Bacon, Francis: *The Advancement of
　　Learning*）107

約翰・巴格福（Bagford, John）37
約翰・貝爾：（Bale, John）133
《三律法》（*The Three Law*）209
伊恩・班克斯：《捕蜂器》（Banks,
　　Iain: *The Wasp Factory*）296
珍寧・巴徹斯（Barchas, Janine）124
克里斯多佛・巴可（Barker,
　　Christopher）98
《綠野仙蹤》（*The Wizard of Oz*）286
皮耶・貝爾：《歷史批判辭典》
　　（Bayle, Pierre: *Dictionnaire Historique
　　et Critique*）244
法蘭西斯・博蒙特與約翰・弗萊契：
　　《燃燒的荊棘騎士》（Beaumont,
　　Francis and Fletcher, John: *The Knight
　　of the Burning Pestle*）139-140
山繆・貝克特：《終局》（Beckett,
　　Samuel: *Endgame*）196
亞契巴德・貝爾（Bell, Archibald）99
班—艾里（Ben-Ari, Eyal）113
阿諾德・班尼特（Bennett, Arnold）
　　112
理查・本特利（Bentley, Richard）245
法蘭西斯柯・伯林蓋里：《七日地理
　　學》（Berlinghieri, Francesco: *Seven
　　Days of Geography*）231
〈伯恩文學與藝術作品保護公約〉
　　（Berne Convention for the Protection
　　of Literary and Artistic Work）68
湯瑪斯・貝塞萊特（Berthelet,
　　Thomas）97
大衛・貝特（Bethel, David）128
約翰・畢威克（Bewick, John）127
湯瑪斯・畢威克（Bewick, Thomas）
　　228
聖經（Bible, the）51, 67, 93, 118, 148,
　　155, 161, 163-66, 218, 220, 226-27,

木馬人文 77

如何做一本書
書中的每個小地方都有存在的用意，
了解書的架構，重新認識一本書
BOOK PARTS

編　　者	丹尼斯・唐肯&亞當・史密斯（Dennis Duncan & Adam Smyth）
譯　　者	韓絜光
社　　長	陳蕙慧
責任編輯	翁淑靜
特約編輯	陳錦輝
校　　對	沈如瑩
封面設計	江宜蔚
內頁排版	洪素貞
行銷企劃	陳雅雯、尹子麟、余一霞

讀書共和國 集團社長	郭重興
發行人暨 出版總監	曾大福
出　　版	木馬文化事業股份有限公司
發　　行	遠足文化事業股份有限公司
	231新北市新店區民權路108-4號8樓
電　　話	（02）22181417
傳　　真	（02）86671065
電子信箱	service@bookrep.com.tw
郵撥帳號	19588272木馬文化事業股份有限公司
客服專線	0800-221-029
法律顧問	華洋國際專利商標事務所 蘇文生律師
印　　刷	呈靖彩藝有限公司
初　　版	2021年7月

定　　價	500元
Ｉ Ｓ Ｂ Ｎ	978-986-359-969-2

特別聲明：
書中言論不代表本社／集團之立場與意見，文責由作者自行承擔

如何做一本書：書中的每個小地方都有存在的用
意，了解書的架構，重新認識一本書 / 丹尼斯.唐
肯 (Dennis Duncan), 亞當.史密斯 (Adam Smyth)
編；韓絜光譯. -- 初版. -- 新北市：木馬文化事業股
份有限公司出版：遠足文化事業股份有限公司發
行, 2021.07
　面；　公分
譯自：Book parts.
ISBN 978-986-359-969-2(平裝)

1. 出版業

487.7　　　　　　　　　　　　110008133